S M W Prasanna Ariyarathna
Madurika Nanayakkara
S.C. Thushara

Une évaluation de l'état de préparation des agriculteurs à la transition vers des pratiques biologiques :

S M W Prasanna Ariyarathna
Madurika Nanayakkara
S.C. Thushara

Une évaluation de l'état de préparation des agriculteurs à la transition vers des pratiques biologiques :

preuves du système Mahaweli h, au Sri Lanka

ScienciaScripts

Imprint

Any brand names and product names mentioned in this book are subject to trademark, brand or patent protection and are trademarks or registered trademarks of their respective holders. The use of brand names, product names, common names, trade names, product descriptions etc. even without a particular marking in this work is in no way to be construed to mean that such names may be regarded as unrestricted in respect of trademark and brand protection legislation and could thus be used by anyone.

Cover image: www.ingimage.com

This book is a translation from the original published under ISBN 978-620-7-46573-6.

Publisher:
Sciencia Scripts
is a trademark of
Dodo Books Indian Ocean Ltd. and OmniScriptum S.R.L publishing group

120 High Road, East Finchley, London, N2 9ED, United Kingdom
Str. Armeneasca 28/1, office 1, Chisinau MD-2012, Republic of Moldova, Europe
Printed at: see last page
ISBN: 978-620-7-27074-3

Copyright © S M W Prasanna Ariyarathna, Madurika Nanayakkara, S.C. Thushara
Copyright © 2024 Dodo Books Indian Ocean Ltd. and OmniScriptum S.R.L publishing group

UNE EVALUATION DE LA PREPARATION DES AGRICULTEURS A LA TRANSITION VERS LES PRATIQUES BIOLOGIQUES : EVIDENCE FROM MAHAWELI SYSTEM H, IN SRI LANKA

par

S M W Prasanna Ariyarathna

Remerciements

Tout d'abord, j'exprime ma sincère gratitude à mes superviseurs, le Dr Madururika Nanayakkara et le Dr S. C. Thushara, pour leurs conseils et leur soutien inestimables tout au long de ce parcours académique difficile. Leur expertise et leur mentorat ont joué un rôle déterminant dans l'élaboration de ce projet de recherche.

Je remercie sincèrement le coordinateur du cours, le professeur C. Pathirawasam, et le professeur Wasanthi Madurapperuma pour leur soutien généreux et leurs conseils perspicaces, qui ont éclairé le chemin de cette étude dès son commencement.

Je remercie tout particulièrement mes chers collègues, M. J. A. C. Kolitha Jayasingha, M. Wikumsiri Abhayawardana et Mme Nimali Chandima Senarathna. Leur collaboration a été déterminante pour la réussite de l'administration de l'enquête dans le cadre de cette étude.

Le dévouement et le soutien indéfectible de mon épouse bien-aimée, Mme Chandarani Kumari Jayasingha, ont été la force motrice qui a maintenu ma motivation tout au long de ce parcours.

J'exprime ma gratitude aux équipes académiques et non académiques du DBA pour leur professionnalisme et leurs contributions amicales à cette recherche académique, y compris le personnel de la Faculté des études supérieures de l'université.

Dédicace

Je dédie l'ensemble de mon travail de thèse à mon épouse bien-aimée, Mme Chandrani Kumari Jayasingha, en témoignage de ma profonde reconnaissance pour son soutien et ses encouragements indéfectibles. Son enthousiasme inégalé et ses bénédictions pour ma réalisation ont été à la fois sans précédent et inconditionnels, constituant la seule force motrice derrière le succès de cette réalisation.

Résumé

Cette étude de recherche visait à évaluer le potentiel des agriculteurs en matière d'agriculture durable (AD) et son lien avec leur volonté d'adopter des pratiques biologiques. La pertinence du sujet de recherche est soulignée par la nécessité de réévaluer une décision politique prise par le gouvernement en 2021, qui a eu un impact significatif sur le secteur de la riziculture dans le pays. Le modèle utilisé dans cette étude a été conceptualisé sur la base des principes de la théorie de la résilience des écosystèmes. Il s'agit d'une étude quantitative et les concepts et indicateurs ont été dérivés d'un examen approfondi de la littérature. Un questionnaire structuré, comprenant 119 questions, a été utilisé pour la collecte de données auprès d'agriculteurs sélectionnés au hasard dans 8 divisions du système Mahaweli H du Sri Lanka. La taille de l'échantillon requise pour l'étude était de 380, et l'analyse des données a été réalisée à partir de 386 échantillons. Les techniques de modélisation des équations structurelles par les moindres carrés (PLS-SEM) se sont avérées les plus appropriées pour évaluer ce modèle. L'étude révèle que le potentiel des agriculteurs pour l'AS est modérément élevé dans cette région de culture du riz, ce qui influence positivement leur volonté d'appliquer des pratiques biologiques. Bien que certains agriculteurs perçoivent le soutien du gouvernement comme efficace, la traduction de ce soutien en pratiques biologiques n'a pas encore eu lieu. Des facteurs tels que l'éducation des agriculteurs, leur sexe, la taille de l'étendue des semis, les méthodes agricoles et les intrants agricoles qu'ils utilisent ont une influence modératrice sur leur état de préparation. Sur la base des résultats, les discussions incluent des recommandations clés pour améliorer la fertilité des sols, la gestion de l'irrigation et les pratiques de préparation des terres. L'étude suggère de combiner les connaissances indigènes avec les techniques modernes, d'intensifier la production et l'utilisation d'engrais verts, d'étendre la chaîne de valeur et de mettre l'accent sur les responsabilités et les rôles des médias dans la promotion de l'agriculture durable. Cette étude explore les facteurs liés aux caractéristiques des agriculteurs, à leurs possessions et aux aspects écologiques et socioculturels associés aux basses-cours, aux moyens de subsistance et aux institutions. Toutefois, le chercheur souligne la nécessité de mener des études scientifiques approfondies sur l'état de préparation biophysique des écosystèmes à la transition vers l'agriculture durable, notamment sur les conditions de fertilité et de structure des sols. L'étude conclut que les agriculteurs ne sont pas réfractaires aux pratiques biologiques, mais qu'ils ont besoin d'aide pour trouver la bonne combinaison de produits chimiques et d'autres pratiques biologiques. La mise en place de cadres politiques pragmatiques pour améliorer la productivité et la rentabilité de ces combinaisons les motivera.

Mots-clés : Résilience adaptative, Immobilisations, Soutien institutionnel, Engrais organiques, Agriculture durable.

Contenu

1 Chapitre 01 - Introduction et contexte de l'étude 13
   1.1 Introduction à l'étude 13
   1.2 Contexte de l'étude 18
      1.2.1 De la subsistance à la commercialisation de la culture du riz 19
      1.2.2 Évolution historique de la politique du Sri Lanka en matière d'engrais 20
      1.2.3 Caractéristiques actuelles de la culture du riz 22
   1.3 Agriculture durable 25
   1.4 Principes de l'agriculture durable 27
      1.4.1 Améliorer l'efficacité de l'utilisation des ressources 27
      1.4.2 Conserver, protéger et améliorer les écosystèmes naturels 28
      1.4.3 Protéger et améliorer les moyens de subsistance et le bien-être social des populations rurales 29
      1.4.4 Renforcer la résilience des personnes, des communautés et des écosystèmes 29
      1.4.5 Promouvoir la bonne gouvernance des systèmes naturels et humains 30
   1.5 Productivité de la riziculture sri-lankaise 31
   1.6 Motivation de la recherche 33
   1.7 Énoncé du problème 36
   1.8 Question de recherche 40
   1.9 Objectif de la recherche 41
   1.10 Importance de l'étude 42
2 Chapitre 02 - Analyse documentaire 45
   2.1 Introduction à l'analyse documentaire 45
   2.2 Synthèse quantitative et sélection des articles de référence 45
   2.3 Analyse qualitative des références d'articles 47

2.4　Théories utilisées dans les études sur l'agriculture durable 52

    2.4.1　Théorie du comportement planifié 54

    2.4.2　La théorie sociale de Bourdieu 55

    2.4.3　Théorie de la diffusion de l'innovation 56

    2.4.4　Résilience des écosystèmes et théorie de la résilience 56

2.5　Construits et traits évalués dans les études sur l'agriculture durable 57

2.6　Lacunes de la recherche et conception de la recherche 60

2.7　Conception d'un modèle conceptuel utilisant la théorie de la résilience . 62

    2.7.1　Cadre théorique adopté pour la conception du modèle 63

    2.7.2　Potentiel accumulé par les agriculteurs 65

    2.7.3　Liens entre les acteurs des écosystèmes et les variables de contrôle 66

    2.7.4　Incitation des pouvoirs publics à l'agriculture durable 69

    2.7.5　Facteurs démographiques 70

    2.7.6　Conceptualisation des variables et des orientations 71

    2.7.7　Rationalisation des hypothèses 74

2.8　Résumé de l'analyse documentaire 81

3　Chapitre 03 - Méthodologie de la recherche 82

3.1　Introduction à la conception de la recherche 82

3.2　Conception de la recherche 85

3.3　La méthode de recherche 86

    3.3.1　Variables de mesure 88

3.4　Questionnaire de recherche 89

    3.4.1　Indicateurs formatifs et réflexifs 92

    3.4.2　Techniques d'analyse des données 94

3.5　Indicateurs de mesure et codification 95

3.6　Conceptualisation des indicateurs de mesure et de l'échelle 96

3.6.1 Composition du potentiel des agriculteurs en matière d'agriculture durable 100

3.6.2 Composition de l'efficacité perçue des mesures d'incitation gouvernementales

....125

3.7 Réflexions sur la volonté des agriculteurs d'abandonner les produits chimiques et d'adopter les produits biologiques 133

3.8 Facteurs démographiques 135

3.9 Pré-test du questionnaire de recherche 139

3.10 Population de l'étude 140

3.11 Échantillonnage de la population 142

3.12 Enquête pilote 143

3.13 Analyse des données de l'enquête pilote 144

    3.13.1 Analyse en composantes principales (ACP) 146

    3.13.2 Conclusion des analyses des modèles de mesure (ACP) 153

3.14 Évaluation du modèle structurel 162

3.15 Résumé des résultats de l'enquête pilote 163

3.16 Plan d'échantillonnage pour l'étude principale 165

    3.16.1 Sélection de la taille de l'échantillon 167

3.17 Techniques de collecte de données 170

    3.17.1 Éviter les biais d'échantillonnage 171

3.18 Résumé de la méthodologie de recherche 171

4 Chapitre 04 - Analyse des données et conclusions 173

4.1 Introduction à l'analyse des données et aux résultats 173

4.2 Analyse du modèle de mesure 174

    4.2.1 Analyse des variables formatives 175

    4.2.2 Analyse des variables réflexives 187

4.2.3 Analyse descriptive des variables sélectionnées 190

4.3 Analyse du modèle structurel 192

4.3.1 Test de l'indice de colinéarité 197

4.3.2 Test de la significativité et de la pertinence des coefficients de sentier 198

4.3.3 Coefficient de détermination des tests (valeur R²) 199

4.3.4 Test de la taille de l'effet f² 200

4.3.5 Test de pertinence prédictive 201

4.3.6 Test de la taille de l'effet q2 201

4.3.7 Mesures d'adéquation du modèle 202

4.3.8 Tester les effets modérateurs des facteurs démographiques 202

4.4 Tests d'hypothèses 216

4.5 Performances et importance des construits latents 221

4.5.1 Effets des variables sur la volonté des agriculteurs d'adopter des engrais organiques 222

4.5.2 Effets des immobilisations sur le potentiel d'agriculture durable des agriculteurs

.... 223

4.5.3 Effets des incitations gouvernementales sur l'adoption des produits biologiques 224

4.5.4 Effets des indicateurs de capital humain 227

4.5.5 Effets des indicateurs de capital social 229

4.5.6 Effets des indicateurs de capital financier 232

4.5.7 Effets des indicateurs de capital physique 235

4.5.8 Effets des indicateurs du capital naturel 238

4.6 Analyse de fréquence des concepts de préparation des agriculteurs 240

4.6.1 Disposition des agriculteurs à libérer les engrais chimiques 241

4.6.2 Préparation des agriculteurs à l'adaptation des engrais organiques 243

4.7 Autres résultats qualitatifs 245

4.8 Résumé de l'analyse des données et des conclusions 246

5 Chapitre 5 - Discussion et implications 248

5.1 Introduction à la discussion et aux implications 248

5.2 Résistance des agriculteurs à l'abandon des engrais chimiques 248

5.3 Liens entre les agriculteurs et les engrais organiques 250

5.4 Impact des facteurs démographiques 252

5.5 Efficacité perçue de l'aide gouvernementale 254

5.6 Potentiel des agriculteurs en matière d'agriculture durable et d'adaptation à l'agriculture biologique 255

5.6.1 Connaissances et pratiques en matière de gestion de la fertilité des sols 256

5.6.2 Connaissances et pratiques en matière de préparation du terrain et de gestion de l'eau 258

5.6.3 Gestion intégrée des sols et de l'irrigation 263

5.7 Intégrer les connaissances indigènes aux techniques modernes 263

5.8 Intensification de l'utilisation des engrais verts 264

5.9 Extension de la chaîne de valeur Extensions 266

5.10 La responsabilité et le rôle des médias 267

5.11 Portée et limites de l'étude 269

5.12 Résumé et conclusion 270

6 Références 276

7 Annexe 01 Tableaux et figures de la synthèse quantitative de l'analyse documentaire 311

8   Annexe 02 Commentaires des experts sur le questionnaire de recherche initial..316

9   Annexe 03 Résultats de l'analyse des données de l'enquête pilote..............319

   9.1   Résultats de l'analyse en composantes principales (modèle de mesure) 319

   9.2   Résultats de l'analyse du modèle structurel..337

Liste des abréviations

CB	Covariance-based
CF	Chemical fertilizer
CFA	Confirmatory Factor Analysis
DFID	UK Department for International Development
EFA	Exploratory Factor Analysis
FAO	Food and Agriculture Organization of the United Nations
FO	Farmer Organizations
GLS	Generalized Least Square
HCT	Human Capital Theory
IPMA	Importance and Performance Matrix Analysis
IRRI	International Rice Research Institute
IFAD	International Fund for Agricultural Development
MGA	Multi Group Analysis
ML	Maximum Likelihood
OF	Organic Fertilizer
PCA	Principal Component Analysis
PLS	Partial Leased square
PRISMA	Preferred Reporting Items for Systematic Reviews
QR code	Quick Response code
Rio+20	United Nations Conference on Sustainable Development (Jun 20-22, 2012)
RAC	Resilience Adaptive Cycle
RT	Resilience Theory

SCA	Community Supported Agriculture
SEM	Structural Equation Modelling
SGD2	Sustainable Development Goal (Goal 2: Zero Hunger)
SIT	Social Innovation Theory
SLR	Systematic Literature Review
SWOT	Strengths, Weaknesses, Opportunities, and Threats
UN	United Nations
UNODC	United Nations Office on Drugs and Crime
USA	United States of America
VC	Value Chain

1 Chapitre 01 - Introduction et contexte de l'étude

1.1 Introduction à l'étude

La culture du riz joue un rôle prédominant dans les moyens de subsistance ruraux du Sri Lanka et constitue actuellement une source cruciale pour la satisfaction des besoins céréaliers du pays. Au-delà de son importance économique, le contexte historique de la culture du riz sur l'île dépasse la simple activité économique et façonne la culture et les valeurs de la nation. L'agriculture traditionnelle, façonnée par les connaissances, les valeurs et les expériences des agriculteurs, a permis à l'ensemble de la population de survivre dans le passé (Mahawansa, 1912).

Malgré la négligence dont elle a fait l'objet pendant la période coloniale, la culture du riz s'est maintenue pendant des siècles et a regagné de l'attention après l'indépendance. Toutefois, au XVIe siècle, un changement important s'est produit, la culture passant de la subsistance à une voie plus commerciale, marquée par diverses interventions gouvernementales (Department of Census and Statistics of Sri Lanka, 1962). L'introduction d'engrais chimiques, un facteur crucial qui a influencé la trajectoire de la culture du riz, a constitué un moment clé de cette transition.

L'histoire témoigne de la résistance initiale des agriculteurs à l'utilisation d'engrais chimiques dans leurs rizières. Toutefois, au fil du temps, les agriculteurs ont progressivement adopté l'utilisation des produits chimiques et, aujourd'hui, il est rare de trouver un agriculteur qui n'utilise pas d'engrais chimiques dans ses rizières (Department of Census and Statistics, 2021). Cette transformation souligne la nature dynamique de l'agriculture et l'évolution des pratiques qui ont façonné le paysage contemporain de la culture du riz au Sri Lanka. Aujourd'hui, il est rare de trouver un agriculteur qui n'utilise pas d'engrais chimiques dans ses rizières, ce qui contraste nettement avec les pratiques historiques.

L'utilisation non réglementée d'engrais chimiques a conduit à l'application extensive d'herbicides, de pesticides et de fongicides chimiques dans la riziculture. Les préoccupations croissantes concernant l'utilisation excessive (Nagenthirarajah et Thiruchelvam, 2008 ; Watawala et al., 2010) et le manque de connaissances concernant les effets néfastes de l'utilisation excessive de pesticides ont été mis en évidence dans la littérature (Jayasinghe et Munaweera, 2017 ; Jayasinghe, 2017 ; Nishantha, 2015). Des études antérieures ont également mis en évidence l'insatisfaction des agriculteurs et leurs préoccupations quant à leur bien-être au cours des trois dernières décennies (Wijesooriya et al., 2020 ; Jayatissa et al., 2019 ; Dissanayake et al., 2019).

Les statistiques et la littérature suggèrent collectivement que les riziculteurs sont plus enclins à générer des surplus et à rechercher le profit, en se concentrant fortement sur l'utilisation extensive d'engrais chimiques, tout en accordant comparativement moins d'attention à la préservation de la société et de l'environnement. L'utilisation croissante de produits chimiques importés, la négligence de la préservation de l'environnement, l'augmentation des coûts des intrants agricoles, l'abandon des bonnes pratiques agricoles traditionnelles et le déclin de l'intérêt et de la motivation des jeunes à participer à l'agriculture soulèvent des inquiétudes quant à la durabilité du secteur de la culture.

En outre, les changements dans les normes de vie observés pendant la pandémie de COVID-19 et l'impact potentiel de calamités imprévues soulignent la nécessité d'assurer une sécurité alimentaire autonome au niveau de l'État. Ces préoccupations, associées aux récessions économiques en cours dans le pays, soulignent la nécessité d'un secteur de la riziculture plus résistant et plus durable.

Compte tenu de ces défis, le chercheur soutient que le secteur de la riziculture doit être réorienté à temps vers une agriculture plus durable, en s'éloignant de sa forte dépendance actuelle à l'égard de la commercialisation et des produits chimiques importés.

Les aspects durables de l'agriculture ont fait l'objet d'une grande attention dans les forums mondiaux, des organisations telles que le Département des affaires économiques et sociales des Nations Unies pour le développement durable reconnaissant l'importance des facteurs écologiques et sociaux, y compris le besoin de sécurité alimentaire (Nations Unies, 2012). Il est essentiel de parvenir à une agriculture durable et productive pour nourrir et maintenir le bien-être des personnes et de la planète, surtout si l'on considère les défis tels que l'augmentation de la population mondiale, les ressources naturelles limitées et le changement climatique important.

L'objectif de réaliser des progrès en matière d'agriculture durable est inscrit dans le programme des Objectifs de développement durable (ODD) pour 2030, en particulier dans l'ODD 2, cible 2.4. Cette cible souligne la nécessité de garantir des systèmes de production alimentaire durables, de mettre en œuvre des pratiques agricoles résilientes pour améliorer la productivité, de préserver les écosystèmes et de renforcer les capacités d'adaptation au changement climatique et à d'autres catastrophes. Ces pratiques comprennent des efforts visant à améliorer progressivement la qualité des terres et des sols (Organisation des Nations unies pour l'alimentation et l'agriculture, 2020).

La décision du gouvernement sri-lankais de mettre en œuvre un changement de politique sur l'importation et l'utilisation d'engrais chimiques, à partir du 6 mai 2021, reflète un changement significatif dans les pratiques agricoles. La réglementation, dans le cadre de l'Imports and Exports (Control) Regulation No 07 of 2021, implique une interdiction de l'importation d'engrais chimiques, de pesticides et d'herbicides. Ce changement de politique visait à promouvoir la durabilité financière et environnementale des systèmes agricoles du pays (ministère des Finances du Sri Lanka, 2019 et 2020). La décision soudaine du gouvernement sri-lankais de passer à une agriculture 100 % biologique a en effet créé des perturbations et des défis importants au sein de l'écosystème de la riziculture. Bien qu'elle vise la durabilité environnementale, cette décision semble avoir été mise en œuvre sans tenir suffisamment compte des données mondiales et nationales et sans stratégie globale de transition.

Au cours des six dernières décennies, l'écosystème agricole du Sri Lanka s'est articulé autour de l'utilisation intensive de substances chimiques. La National Science Foundation of Sri Lanka (2021) a prévu une réduction substantielle de 30 à 35 % des rendements annuels de la production de riz en raison de cette transition. Cette projection a suscité des inquiétudes quant à l'avenir des cultures du pays et a provoqué une crise potentielle pour la sécurité alimentaire. Face à la pression constante exercée par les agriculteurs, qui arguaient de la baisse de leur production, le gouvernement a décidé d'annuler l'interdiction par le biais d'un avis publié au journal officiel en novembre 2021. Cette mesure a permis au secteur privé de reprendre l'importation d'engrais chimiques, d'herbicides et de pesticides. Malheureusement, la crise économique actuelle, caractérisée par un manque de réserves étrangères dans le pays, a empêché l'importation de quantités suffisantes d'engrais chimiques. En outre, les stocks existants sont devenus prohibitifs pour de nombreux agriculteurs. Il est peu probable que les agriculteurs puissent bientôt s'offrir le luxe de disposer d'une grande quantité d'engrais chimiques qu'ils pourront utiliser sans restriction, comme c'est le cas depuis des décennies.

Le 29 septembre 2022, le ministre de l'Agriculture a annoncé que le gouvernement n'avait pas complètement cessé de promouvoir l'agriculture biologique. Si un agriculteur opte pour l'agriculture biologique, le gouvernement lui apportera son soutien. Toutefois, le ministère a suggéré un mélange d'engrais organiques et chimiques, avec un ratio proposé de 70 % d'engrais chimiques et 30 % d'engrais organiques. Néanmoins, le fondement scientifique de la décision du gouvernement de proposer un ratio de 70 % d'engrais chimiques et de 30 % d'engrais organiques n'a pas été explicitement énoncé ni étayé par des preuves tangibles. Outre la perte substantielle de rendement attendue, une série de problèmes sont apparus dans cet écosystème en raison de décisions mal informées et de modifications abruptes ultérieures. Ces actions ont conduit à des incertitudes significatives au sein de l'écosystème. Les marchés des engrais organiques manquent de développement et les produits organiques ont du mal à s'imposer sur le marché.

En conséquence, l'agriculture a déjà subi des pertes substantielles de rentabilité. Ce changement brutal de politique a imposé des coûts d'ajustement importants aux agriculteurs, entraînant une baisse drastique de la production et des revenus agricoles. Ces conséquences ont des répercussions négatives considérables sur l'économie rurale.

Si la restriction des importations d'engrais chimiques peut alléger la charge en devises, elle devrait entraîner des pertes de rendement dans des cultures cruciales, une aggravation de la pauvreté rurale, une augmentation de l'exode rural, une baisse des recettes d'exportation agricole et une augmentation de la facture des importations de denrées alimentaires. En outre, les effets négatifs de l'interdiction peuvent englober des comportements de recherche de rente, l'établissement d'un pouvoir de monopole, l'introduction de substituts d'engrais organiques de qualité inférieure par le biais d'importations, et le commerce illicite d'articles confrontés à la pénurie (Weerahewa, 2021). L'écosystème de la riziculture a commencé à être confronté à des défis importants, et l'incertitude règne quant au potentiel des riziculteurs en matière d'agriculture biologique et à leur volonté de relever le défi immédiat que représente l'incorporation de substances biologiques dans leurs futures pratiques agricoles. Ce manque de sensibilisation s'étend à diverses parties prenantes, y compris aux principaux décideurs impliqués dans la formulation des stratégies et des voies à suivre.

1.2 Contexte de l'étude

Le secteur agricole biodiversifié du pays englobe une série de cultures vivrières, dont le riz, les fruits, les légumes, les cultures de plein champ, les épices, ainsi que des plantations comme le thé, le caoutchouc, la noix de coco, le sucre, le palmier à huile, la floriculture, les cultures ornementales, le bétail, la pêche et la sylviculture. Le secteur de la riziculture représente 9 % du revenu total du secteur agricole et constitue le moyen de subsistance de 0,9 million de familles d'agriculteurs dans toute l'île. Les agriculteurs qui possèdent moins de deux acres contribuent à 70 % de la production de riz dans le pays, tandis que ceux qui possèdent entre deux et cinq acres contribuent à 25 % de la production nationale. Environ 40 % des terres arables du pays sont consacrées à la culture du paddy, soit 41,8 % de la superficie totale, qui est de 65 610 km2. La culture est soutenue par une masse d'eau de 4881 km2, comprenant 103 rivières, 165 barrages, 3910 canaux, 163 réservoirs principaux et 2376 réservoirs secondaires. La plupart de ces ressources en eau sont utilisées pour la culture du paddy (Department of Agriculture, 2019 ; Central Bank, 2020a).

1.2.1 De la subsistance à la commercialisation de la culture du riz

Historiquement, la culture du riz au Sri Lanka a été une activité socio-économique de subsistance, profondément ancrée dans les moyens de subsistance ruraux. Néanmoins, comme l'indique le recensement agricole publié en 1962, la culture du riz est passée de la subsistance à la commercialisation à la fin des années 1950 et au début des années 1960. L'introduction d'engrais chimiques a été le principal moteur des efforts sans précédent déployés par le gouvernement pour améliorer la productivité. Le rapport de recensement révèle qu'au départ, 65 % des agriculteurs n'ont pas tenu compte des mesures d'incitation, notamment des facilités de crédit et du régime de subventions, et n'ont pas essayé d'utiliser les engrais chimiques mis à leur disposition. Au fil du temps, ces agriculteurs ont adopté l'utilisation d'engrais chimiques après avoir rencontré une certaine résistance, influencés par leurs pairs qui avaient déjà adopté des pratiques de culture chimique. Cependant, les étapes d'application recommandées n'ont fait l'objet que d'une attention minimale en ce qui concerne les doses d'engrais chimiques utilisées et le respect du calendrier prescrit dans les spécifications officielles. Au lieu de cela, les pratiques ont souvent suivi les préférences individuelles, ce qui a entraîné un déséquilibre notable dans l'apport d'azote, de phosphore et de potassium. L'application d'engrais sur des rizières qui n'étaient pas correctement désherbées n'a guère profité à la culture du riz, ce qui a incité à utiliser des herbicides chimiques comme solution de rechange pour lutter contre les mauvaises herbes qui poussent en excès à cause de l'excès d'engrais chimiques.

Selon le recensement, l'utilisation inappropriée d'engrais chimiques a accru la vulnérabilité des cultures de riz aux attaques de ravageurs et d'insectes. Lorsque les méthodes traditionnelles s'avéraient inefficaces contre des ravageurs et des insectes intolérables, on avait tendance à recourir à des applications chimiques supplémentaires pour lutter contre ces fléaux. Malheureusement, cette utilisation abusive des produits chimiques a eu des effets néfastes sur les cultures.

En outre, l'application d'engrais verts, d'engrais de ferme et d'autres engrais organiques volumineux a été abandonnée et gaspillée au cours de cette période (Department of Census and Statistics of Sri Lanka, 1962). Ces informations montrent que les institutions connaissaient moins le potentiel des agriculteurs et qu'il y a eu moins de dialogues pour écouter leurs opinions dans le processus de prise de décision au cours de cette transition dans les années 1950/1960. Aujourd'hui, la culture du riz présente des caractéristiques plus commerciales et dépend fortement des intrants chimiques.

1.2.2 Évolution historique de la politique du Sri Lanka en matière d'engrais

Comme nous l'avons déjà mentionné, dans les années 1950 et 1960, le gouvernement s'est efforcé d'améliorer la productivité agricole en introduisant diverses cultures vivrières et de plantation plus sensibles aux engrais chimiques et aux produits agrochimiques. La création d'institutions a facilité l'importation et la distribution d'engrais chimiques aux agriculteurs. Depuis 1962, les gouvernements successifs ont toujours subventionné les engrais, en mettant l'accent sur la fourniture d'azote, de phosphore et de potassium pour le riz, les autres champs et les plantations, à l'exception de la période entre 1990 et 1994. Dans le but de réduire les dépenses liées à la subvention, le gouvernement l'a convertie en un programme équivalent de subventions en espèces en 2016 ; cependant, cette approche n'a été maintenue que pendant deux ans. En 2019, les riziculteurs ont reçu la plus grande part de la subvention pour les engrais, représentant 86 % du total fourni pour toutes les cultures. Une évolution notable s'est produite à partir de la mi-2020, lorsque les engrais ont été offerts gratuitement pour la culture du riz jusqu'à 5 acres, marquant le premier cas de ce genre dans l'histoire. Le 6 mai 2021, la loi n° 07 de 2021 sur la réglementation des importations et des exportations (contrôle) a été promulguée, imposant une interdiction sur l'importation d'engrais chimiques, de pesticides et d'herbicides (ministère des Finances du Sri Lanka, 2019 et 2020). Par la suite, le 31 juillet 2021, l'interdiction d'importation a été remplacée par une obligation de licence d'importation pour les engrais chimiques (Weerahewa, 2021). Toutefois, par le biais d'une notification spéciale publiée au journal officiel, le gouvernement a levé l'interdiction d'importer des engrais chimiques le 30 novembre 2021.

D'autres développements ont eu lieu le 7 juin 2022, lorsque le Cabinet a approuvé l'importation de 150 000 tonnes métriques d'urée, 45 000 tonnes métriques de muriate de potasse (MOP) et 36 000 tonnes métriques d'engrais triple superphosphate (TSP) pour la culture du paddy au cours de la saison "Maha" 2022/23.

L'approche jugée irresponsable et incohérente des politiques gouvernementales de subvention des engrais semble être principalement motivée par des considérations politiques plutôt que par une vision globale visant à améliorer l'agriculture nationale sur la base de résultats scientifiques solides. Un défi évident découlant de l'interdiction brutale des engrais chimiques est la disponibilité limitée d'engrais organiques pour les pratiques agricoles actuelles.

En réponse, la Commission des terres et des réformes a lancé un projet d'investissement de 700 millions de roupies destiné à la production d'engrais organiques. Ces engrais seront vendus au ministère de l'agriculture et les bénéfices qui en résulteront seront réinvestis dans la production d'engrais organiques. Le ministère de l'agriculture a commencé à enregistrer les producteurs et les conseils municipaux, prévoyant une production annuelle de 0,22 million de tonnes de compost. Le programme estime que la culture biologique du riz nécessite à elle seule près de quatre millions de tonnes de compost, et les plantations de thé trois tonnes supplémentaires (Lanka, 2022).

1.2.3 Caractéristiques actuelles de la culture du riz

L'économie sri-lankaise s'est contractée de 3,6 % en raison de la pandémie de Covid-19, et le secteur agricole a enregistré une baisse de 2,3 % au dernier trimestre de 2020. Malgré ces difficultés, l'industrie de la riziculture et de la transformation a fait preuve d'une résistance remarquable à la pandémie, affichant une expansion de 5,7 %, ce qui a eu un impact positif sur l'ensemble de l'économie (Department of Census and Statistics, 2021).

Le tableau 1-1 illustre les efforts louables des agriculteurs qui ont constamment répondu à la totalité de la demande nationale de riz au cours de la dernière décennie. Le rapport annuel de la banque centrale du Sri Lanka pour 2022 souligne une contribution de 6,9 % du secteur agricole à la production nationale en 2021, ce qui indique une reprise du secteur agricole à la suite de la pandémie. Toutefois, il est important de noter que la situation actuelle peut varier en raison de la crise économique actuelle.

Tableau 1-1 Indicateurs économiques de la riziculture actuelle

Indicateur	2012	2013	2014	2015	2016	2017	2018	2019	2020	2021
Indice de production (Période de base : (2007 - 2010 = 100)	103	124	90	129	118	64	105	123	137	138
Contribution à la consommatio	99.1	99.5	85.0	94.4	99.3	76.1	94.4	99.5	99.6	96

n nationale (%)									
Frais d'importation (CIF), en millions de Rs '000	3.1	2	37	18	2	46	17	2.3	2	15
Recettes d'exportation Rs Mn '000	1	1	1	1	1	1	1	2	-	-
Pourcentage du PIB	1.4	1.6	1.2	0.9	0.6	0.5	0.7	0.7	0.8	0.7

(Source : Département du recensement et des statistiques, 2021 ; Statistiques économiques et sociales, 2022)

Néanmoins, malgré l'augmentation des volumes de production, les agriculteurs dépendent de plus en plus des engrais inorganiques, avec un déclin significatif de l'utilisation des engrais organiques. Environ 70 % des agriculteurs utilisent exclusivement des engrais inorganiques, tandis que les autres incorporent encore un mélange d'engrais inorganiques et organiques dans leurs pratiques. En outre, l'utilisation de produits chimiques à d'autres fins a augmenté au cours des six dernières années. Ces tendances indiquent une dépendance substantielle aux intrants chimiques, ce qui va potentiellement à l'encontre des principes de l'agriculture durable, qui seront examinés plus en détail dans les sections suivantes de ce chapitre.

Tableau 1-2 Applications des intrants agricoles dans la riziculture actuelle

Applications	14/15	15/16	16/17	17/18	18/19	19/20	20/21
Utilisation d'engrais chimiques	64%	68%	57%	62.50%	66.80%	69.70%	67.2%
Utilisation d'engrais chimiques et organiques	35%	31%	42%	35.80%	32.90%	30%	31.5%
Utilisation d'engrais organiques	-	-	-	0.50%	0.20%	0.10%	0.9%
Épandage de paille directement dans la rizière	86%	90%	89%	90.9	87%	86%	92%
Utilisation d'insecticides chimiques	72%	70%	58%	74%	74%	71%	63%
Utilisation d'herbicides chimiques	84%	80%	78%	81%	84%	83%	83%

(Source : Département du recensement et des statistiques, 2021/2022)

Pour l'année 2020, le gouvernement a alloué 48 227 millions de roupies (équivalent à 1,5 % des importations brutes) pour les importations d'engrais chimiques. En outre, des subventions s'élevant à environ 193 322 tonnes métriques ont été accordées aux riziculteurs au cours de la saison 2019/2020 Maha[1] , offrant 500 roupies par 50 kg, ce qui équivaut à 33 % du prix du marché (Banque centrale, 2020a). Les dépenses du gouvernement pour les subventions aux engrais pour les cultures vivrières en 2020 étaient de 188,51 dollars US, constituant 53,6% des dépenses agricoles totales dans le secteur (Département du recensement et des statistiques, 2021).

Toutefois, les riziculteurs se disent insatisfaits de la rentabilité et de l'équité de leurs revenus (Wijesooriya et al., 2020), et leurs marges bénéficiaires sont comparativement modestes par rapport aux taux d'intérêt bancaires (Senanayake et Premaratne, 2016). Ces résultats soulèvent des inquiétudes quant à la productivité des engrais chimiques et à l'efficacité des subventions accordées pour les engrais chimiques dans la riziculture moderne.

L'utilisation accrue d'herbicides, de pesticides et de fongicides chimiques peut être considérée comme une solution alternative pour atténuer les effets secondaires résultant de l'utilisation non réglementée des FC. L'application excessive de pesticides dans l'agriculture sri-lankaise est devenue une préoccupation croissante (Nagenthirarajah et Thiruchelvam, 2008 ; Watawala et al., 2010). Le manque de connaissances et d'informations sur les effets néfastes de l'utilisation excessive de pesticides et d'autres produits chimiques est un problème crucial dans le secteur (Watawala et al., 2003 ; Nagenthirarajah et Thiruchelvam, 2008 ; Jayasinghe et Munaweera, 2017 ; Jayasinghe, 2017 ; Nishantha, 2015).

---

[1] La principale saison de culture du riz au Sri Lanka s'étend de septembre à mars.

Il est largement admis que la qualité des engrais chimiques ne peut être garantie, certains produits ne répondant pas aux normes minimales en raison d'incohérences ou de dangers potentiels dans leur composition chimique et nutritionnelle. Ces préoccupations sont aggravées par la mauvaise utilisation ou la surutilisation par les agriculteurs, soit par manque de sensibilisation, soit par une application délibérée et sans discernement, ce qui entraîne divers problèmes tels que l'augmentation de l'acidité du sol, la diminution de la fertilité du sol et de la biodiversité, ainsi que des impacts négatifs sur le rendement et la qualité des produits (Lanka, 2022). Kendaragama (2006) a mis en évidence l'utilisation inappropriée d'engrais chimiques, avec des valeurs allant de 71 à 161 dans les systèmes de riz à riz et de 6 à 297 dans les systèmes de rotation du riz et d'autres cultures ; une valeur supérieure à cent indique une surutilisation.

Ces résultats prouvent que l'utilisation généralisée d'engrais chimiques et d'autres pratiques chimiques intensives est répandue dans le secteur agricole local. Malgré les efforts du gouvernement et des agences non gouvernementales pour encourager une utilisation plus judicieuse des produits chimiques dans l'agriculture, ces mesures n'ont pas donné les résultats escomptés. Les systèmes agricoles du Sri Lanka ne semblent pas durables sur le plan environnemental et compromettent la sécurité alimentaire (Weerahewa, 2021). La situation actuelle n'est pas conforme aux principes et aux normes de l'agriculture durable (AD) que de nombreuses régions du monde s'efforcent d'adopter aujourd'hui.

1.3 Agriculture durable

Au cours des dernières décennies, les principes de l'agriculture durable et leur importance ont été de plus en plus discutés dans les cercles économiques, politiques et universitaires du monde entier. Aujourd'hui, le monde est confronté à un défi de taille : assurer la sécurité alimentaire d'une population en constante augmentation sans compromettre la capacité des générations futures à répondre à leurs propres besoins (Lichtfouse et al., 2009). Les chercheurs définissent souvent l'agriculture durable comme un écosystème dynamique et complexe capable de répondre aux besoins alimentaires à des coûts sociaux, économiques et environnementaux acceptables, tout en restant résilient aux changements environnementaux et économiques (Conway et Barbier, 1990 ; Ackerman et al., 2014 ; Scherer et al., 2018).

L'Assemblée générale des Nations unies (2012) a reconnu la diversité des systèmes et processus agricoles en réponse à la demande croissante de nourriture due à l'augmentation de la population mondiale. Pour répondre aux nouvelles préoccupations, les Nations unies ont adopté une résolution visant à promouvoir au niveau mondial la production et la productivité agricoles durables, en mettant particulièrement l'accent sur les pays en développement. Ces priorités ont été réitérées lors de la conférence Rio+20 dans le cadre de l'objectif de développement durable "Éliminer la faim pour assurer la sécurité alimentaire et une meilleure nutrition et promouvoir l'agriculture durable". L'objectif de développement durable n° 2 (ODD 2) fournit des orientations plus spécifiques sur les liens entre les besoins en matière de sécurité alimentaire et la promotion de l'agriculture durable. Les objectifs comprennent l'autonomisation des petits agriculteurs, la promotion de l'égalité des sexes, l'élimination de la pauvreté rurale, la garantie de modes de vie sains, la lutte contre le changement climatique et d'autres questions incorporées dans les objectifs de développement décrits dans le programme de développement des ODD (UNODC, 2015).

Les gouvernements, le secteur privé et les sociétés civiles s'attachent de plus en plus à préserver le capital économique, biologique, culturel et esthétique pour les générations futures, tout en recherchant activement des stratégies pour atténuer les effets néfastes des pratiques agricoles modernes axées sur la production intensive (Bisht, 2013 ; Bowers, 1995). En réponse à ces défis, les gouvernements explorent de nouvelles approches, telles que la subvention de l'agriculture biologique (Opoku et al., 2020), l'octroi de subventions agricoles pour les programmes de gestion environnementale des terres (Cusworth, 2021), l'élaboration de stratégies pour un agrotourisme durable (Knowd, 2006) et l'intégration des développements agricoles dans les plans de développement rural tout en tirant parti des programmes d'agriculture soutenue par la communauté (Marsden, 2002 ; Mert-Cakal, 2021).

1.4 Principes de l'agriculture durable

La FAO (Zoveda et al.,2014) définit cinq principes fondamentaux de l'alimentation et de l'agriculture durables qui équilibrent les dimensions sociales, économiques et environnementales de la durabilité : 1) améliorer l'efficacité de l'utilisation des ressources ; 2) conserver, protéger et améliorer les écosystèmes naturels ; 3) protéger et améliorer les moyens de subsistance ruraux et le bien-être social ; 4) renforcer la résilience des personnes, des communautés et des écosystèmes ; et 5) promouvoir la bonne gouvernance des systèmes naturels et humains. Ces cinq principes donnent à cette recherche une orientation perspicace pour délimiter les frontières de l'étude.

1.4.1 Améliorer l'efficacité de l'utilisation des ressources

La FAO (2014) explique que la production agricole consiste à transformer les ressources naturelles en produits pour le bénéfice de l'homme. Ce processus nécessite une gestion, des connaissances, des technologies et des intrants externes. Le niveau et la combinaison des intrants agricoles, ainsi que le type de technologies et de systèmes de gestion utilisés, ont des implications significatives sur le niveau de productivité et l'impact de la production sur les ressources naturelles et l'environnement. La FAO souligne en outre l'importance d'obtenir la "bonne combinaison" qui reflète la valeur des ressources naturelles et les coûts réels des impacts environnementaux et des intrants externes essentiels à la durabilité de l'agriculture. La FAO recommande 1) un portefeuille de variétés génétiquement diversifiées, 2) l'agriculture de conservation, 3) l'utilisation judicieuse d'engrais organiques et inorganiques, une meilleure gestion de l'humidité du sol, 4) l'amélioration de la productivité de l'eau et l'irrigation de précision, et 5) la lutte intégrée contre les ravageurs.

1.4.2 Conserver, protéger et améliorer les écosystèmes naturels

Les Nations Unies (2013) s'inquiètent de la dégradation des agroécosystèmes qui affecte directement l'approvisionnement alimentaire et les revenus des pauvres, augmentant leur vulnérabilité et créant un cercle vicieux de pauvreté, une dégradation accrue du bien-être et les mettant en danger de souffrir de la faim. La FAO explique que les politiques et pratiques suivantes sont essentielles pour protéger les ressources naturelles en vue d'un développement durable de l'agriculture : 1) Utilisation de meilleures pratiques pour la biodiversité, conservation des ressources phytogénétiques ; 2) Utilisation de meilleures pratiques pour les sols : réhabilitation des terres, systèmes de culture appropriés ; 3) Utilisation de meilleures pratiques pour la gestion de l'eau : irrigation déficitaire, prévention de la pollution de l'eau ; 4) Mise en place de paiements pour l'utilisation et la fourniture de services environnementaux tels que les pollinisateurs, la séquestration du carbone ; 5) Mise en place de politiques, de lois, de mesures incitatives et de mesures de protection de l'environnement pour les agriculteurs. la mise en place de politiques, de lois, d'incitations et de mesures d'application pour promouvoir les éléments ci-dessus.

1.4.3 Protéger et améliorer les moyens de subsistance ruraux et le bien-être social

La Banque mondiale (2007) souligne que 75 % des pauvres dans le monde vivent dans des zones rurales et que le développement rural à grande échelle et le partage de ses bénéfices sont les moyens les plus efficaces de réduire la pauvreté et l'insécurité alimentaire. La FAO affirme que l'agriculture qui ne parvient pas à protéger et à améliorer les moyens de subsistance des populations rurales, l'équité et le bien-être social n'est pas durable. Les principes et pratiques fondamentaux suivants sont suggérés comme une voie à suivre pour le développement durable de l'agriculture : 1) Améliorer/protéger l'accès des agriculteurs aux ressources, par exemple grâce à des systèmes équitables de propriété de la terre et de l'eau ; 2) Améliorer l'accès des agriculteurs aux marchés grâce au renforcement des capacités, au crédit et aux infrastructures ; 3) Augmenter les possibilités d'emploi en milieu rural, par exemple dans les petites et moyennes entreprises durables et les activités connexes ; 4) Améliorer la nutrition en milieu rural : production d'aliments nutritifs et diversifiés plus nombreux et plus abordables, y compris les fruits et les légumes.

1.4.4 Renforcer la résilience des personnes, des communautés et des écosystèmes

La FAO (2014) affirme que l'amélioration de la résilience des personnes, des communautés et des écosystèmes est essentielle à l'agriculture durable. La résilience est définie comme la capacité d'un système et de ses parties à anticiper, absorber, accommoder ou récupérer des effets d'un événement dangereux de manière opportune et efficace en assurant la préservation, la restauration ou l'amélioration de ses structures et fonctions de base essentielles. Dans le domaine de l'alimentation et de l'agriculture durables, la résilience est la capacité des agroécosystèmes, des communautés agricoles, des ménages ou des individus à maintenir ou à améliorer la productivité du système en prévenant, en atténuant ou en faisant face aux risques, en s'adaptant au changement et en se remettant des chocs (GIEC, 2012). La FAO recommande les politiques et pratiques suivantes pour le développement durable dans l'agriculture : 1) généraliser l'évaluation/gestion des risques et la communication, 2) se préparer et s'adapter au changement climatique, 3) répondre à la volatilité du marché, par exemple en encourageant la flexibilité des systèmes de production et l'épargne, 4) planifier les mesures d'urgence en cas de sécheresse, d'inondations et d'épidémies de ravageurs ; développement ; filets de sécurité sociale.

1.4.5 Promouvoir la bonne gouvernance des systèmes naturels et humains
La FAO (2014) affirme que l'alimentation et l'agriculture durables nécessitent des mécanismes de gouvernance responsables et efficaces. Une bonne gouvernance est nécessaire pour garantir la justice sociale, l'équité et la perspective à long terme de la protection des ressources naturelles. Lorsque des préoccupations environnementales abstraites dominent les processus de durabilité dans les structures, il est peu probable qu'ils soient mis en œuvre sans une attention adéquate aux dimensions sociales et économiques. Une transition vers l'agriculture durable qui respecte les cinq principes nécessite des environnements politiques, juridiques et institutionnels favorables qui établissent un juste équilibre entre les initiatives des secteurs privé et public et garantissent la responsabilité, l'équité, la transparence et la primauté du droit (FIDA, 1999).

Les principes et pratiques fondamentaux suivants sont présentés comme une bonne gouvernance pour le développement durable dans l'agriculture : 1) Accroître la participation effective, 2) Encourager la formation d'associations, 3) Augmenter la fréquence et le contenu des consultations entre les parties prenantes, 4) Développer les capacités décentralisées.

1.5 Productivité de la riziculture sri-lankaise

Au cours de la campagne 2021-22 (avril-mars), le Sri Lanka a connu une baisse notable de la production de riz, soit une diminution de 13,9 % par rapport à la campagne précédente. En outre, le rendement moyen par hectare a connu une baisse de 14,4 %. Parallèlement, les importations ont atteint leur niveau le plus élevé depuis cinq ans. Cette baisse est attribuée à la décision du gouvernement d'interdire l'importation d'engrais inorganiques et de produits agrochimiques le 6 mai 2021, une politique qui a été révoquée six mois plus tard, le 24 novembre 2021 (tableau 1-3).

Tableau 1-3 Indicateurs de la superficie ensemencée, du rendement, de la production et des importations au Sri Lanka

Année	Superficie (millions d'hectares)	Rendement (tonnes/hectare)	Production (Les millions de Tone)	Importations (Les millions de Tone)
2014-15	0.9	4.32	2.74	0.286
2015-16	1.23	3.95	3.29	0.030
2016-17	0.69	4.36	2.03	0.748
2017-18	0.77	4.30	2.25	0.249
2018-19	0.97	4.73	3.13	0.024
2019-20	0.97	4.85	3.21	0.016
2020-21	1.09	4.75	3.39	0.147
2021-22	1.10	3.91	2.92	0.650

Source : Département du recensement et des statistiques (2022) Département du recensement et des statistiques (2022)

Toutefois, ces statistiques pourraient ne pas refléter correctement la réalité du terrain. La culture du riz au Sri Lanka s'articule autour de deux saisons principales : "Yala" (mai-juin) et "Maha" (novembre-décembre) : Yala[2] (mai-juin) et Maha (novembre-décembre). Selon les statistiques, environ 60 % de la production

---

[2] La saison de la culture du riz au Sri Lanka s'étend d'avril à août.

annuelle de riz du Sri Lanka provient de la culture Maha. L'interdiction d'importer des engrais synthétiques est entrée en vigueur alors que les plantations de riz "Yala" venaient de commencer. Une grande partie des importations d'engrais chimiques de cette saison aurait déjà eu lieu à ce moment-là. "La directive du 6 mai 2021 n'aurait pas eu d'impact sur la production de paddy de Yala. Le manque d'intrants chimiques a principalement touché la culture de la saison Maha, qui a enregistré une baisse de 40 à 45 %. L'annulation de l'interdiction est intervenue vers la fin du mois de novembre, ce qui était trop tard pour les plantations de la saison Maha. La crise s'étend au-delà de la seule politique biologique à un autre niveau, puisque la situation macro-économique du Sri Lanka s'aggrave.

Le gouvernement a affirmé que l'interdiction des engrais chimiques s'inscrivait dans le cadre de son programme de transition des pratiques agricoles intensives en produits chimiques vers une agriculture plus biologique. Cependant, des spéculations plus larges suggèrent que la décision d'interdire les importations d'intrants chimiques agricoles a été prise en réponse aux inquiétudes concernant l'épuisement des réserves de change. Les importations d'engrais se sont élevées à 258,94 millions de dollars en 2020 et, compte tenu de la tendance à la hausse des prix internationaux, le coût des importations aurait pu atteindre un total de 300 à 400 millions de dollars en 2021 et au-delà.

L'Institut international de recherche sur le riz (IRRI) a rapporté en 2019 que bien que le Sri Lanka produise 4,6 millions de tonnes métriques par an avec un rendement moyen de 4,3 tonnes par hectare, la productivité rizicole actuelle du pays est inférieure à la moitié de son potentiel. Le 18 janvier 2019, l'IRRI et le gouvernement du Sri Lanka ont signé un plan de travail complet visant à faire progresser les objectifs d'autosuffisance en riz du Sri Lanka grâce à des projets de recherche et de développement conjoints au cours des cinq prochaines années. Le nouveau plan de travail donne la priorité au développement de variétés de riz à haut rendement et résistantes au climat avec des tolérances multiples aux stress biotiques et abiotiques, aux technologies de sélection basées sur la génomique, au riz nutritif et à valeur ajoutée, au renforcement des capacités et à la mécanisation. Les promoteurs du projet ont également l'intention de promouvoir des systèmes de semences plus robustes et des pratiques de gestion agricole durables.

L'IRRI (2019) a souligné la nécessité de renforcer la résilience et la durabilité de l'économie rizicole nationale du Sri Lanka grâce à des approches durables sur le plan environnemental, en relevant les défis complexes de la croissance démographique, de la production agricole et du changement climatique. Cependant, il n'y a pas de mises à jour sur l'avancement de ces projets au-delà de juin 2018.

1.6 Motivation de la recherche

La décision du gouvernement de cesser l'importation d'engrais chimiques représente une avancée significative dans la transition de la riziculture sri-lankaise vers une voie plus durable. L'interdiction des engrais chimiques s'inscrit dans le cadre de l'engagement du gouvernement sri-lankais à promouvoir et à populariser l'agriculture biologique. Cette politique pourrait avoir été formulée sur la base des préoccupations concernant les effets néfastes associés à l'utilisation d'engrais chimiques. Le coût élevé des importations de produits agrochimiques, la lourdeur des régimes de subvention et les inquiétudes quant à la rentabilité de l'utilisation d'engrais chimiques sont quelques-uns des facteurs sous-jacents qui ont influencé cette décision politique. En outre, il est possible qu'un lien soit perçu entre l'utilisation d'engrais chimiques et l'augmentation de l'incidence du cancer et des maladies rénales chroniques chez les agriculteurs de la zone aride. Toutefois, la relation directe entre les engrais chimiques et ces problèmes de santé doit faire l'objet d'une enquête plus approfondie (Lanka, 2022). Néanmoins, la décision politique a été annulée en moins d'un an.

Le gouvernement a reconnu la nécessité de formuler des visions et des orientations pour la transition du secteur agricole vers l'agriculture durable (AS), en s'alignant sur les politiques et les mandats. Il a reconnu que l'utilisation extensive d'engrais chimiques pour soutenir les pratiques de production intensive avait entraîné une pollution et une dégradation importantes des sols et de l'eau (Overarching Agricultural Policy 2020-2025, 2019). L'épidémie de maladie rénale chronique dans la province du centre-nord est considérée comme un symptôme important résultant de la pollution de l'eau et du sol due à l'utilisation excessive d'engrais chimiques (Sustainable Sri Lanka 2030 Vision and Strategic Path, 2019).

La nécessité d'un changement révolutionnaire dans l'utilisation des engrais a été exprimée dans le manifeste électoral de 2019, "Vistas of Prosperity and Splendour", qui proposait de remplacer le système actuel de subvention des engrais par un système alternatif. Le gouvernement envisageait de fournir gratuitement aux agriculteurs des engrais inorganiques et organiques dans le cadre de ce nouveau système. L'objectif à long terme mis en avant dans le manifeste est d'assurer un passage progressif à un système agricole durable utilisant exclusivement des engrais organiques. Alors que certains affirment que cette mesure politique est largement conforme aux promesses électorales du parti au pouvoir, d'autres soutiennent que des preuves anecdotiques suggèrent que la mesure vise à alléger le fardeau des devises et n'est pas uniquement motivée par la vision d'une transition vers une agriculture durable (Weerahewa, 2021).

Les restrictions abruptes et rigoureuses de l'utilisation des engrais chimiques, contrairement à la transition graduelle prévue par le plan gouvernemental, font douter de la capacité des agriculteurs à s'adapter à un changement aussi rapide. Le chercheur souligne l'importance de l'harmonisation et d'une vision commune entre les institutions et les agriculteurs pour le succès de la décision de passer des engrais chimiques (CF) aux engrais organiques (OF) à une si grande échelle. Par conséquent, le chercheur souligne l'importance d'engager un dialogue consultatif avec les agriculteurs et d'évaluer leur potentiel et leur état de préparation à cette mission. Cette approche est considérée comme cruciale pour une prise de décision efficace et est jugée de la plus haute importance pour la mise en œuvre réussie de la transition.

Le passage des engrais chimiques (CF) aux engrais organiques (OF), en particulier lorsque les OF sont fournis gratuitement ou à moindre coût, représente un changement substantiel vers un aspect plus durable de l'écosystème agricole. Alors que des recherches approfondies ont été menées dans le domaine de la préparation des agriculteurs à l'adaptation à l'agriculture durable (AS) sur différents thèmes, notamment les pratiques d'AS, les normes, la durabilité de la riziculture traditionnelle, les attitudes à l'égard des politiques de soutien public à l'AS, l'impact des publications de la presse agricole, l'efficacité des programmes de promotion de l'AS, l'évaluation des connaissances, des valeurs et des opinions sur l'agriculture biologique, et l'exploration des connaissances et des pratiques d'apprentissage des agriculteurs, l'étude de la résilience des agriculteurs aux perturbations soudaines du système, telles que l'arrêt brutal de l'utilisation d'engrais chimiques, a été relativement moins étudiée.

Il convient de noter l'absence de recherches récentes sur l'évaluation de la capacité des riziculteurs à relever le défi de la transition vers l'abandon des engrais chimiques au Sri Lanka. Par conséquent, le chercheur souligne l'importance d'identifier des méthodes scientifiques pour évaluer et comprendre les potentiels authentiques des agriculteurs, leur volonté de relever le défi et le soutien institutionnel dont ils auraient besoin au cours de cette période cruciale. Une telle entreprise a été jugée opportune et utile à bien des égards, car elle peut apporter des informations précieuses sur la transition agricole en cours et soutenir une prise de décision efficace.

1.7 Énoncé du problème

La décision d'interdire l'utilisation d'engrais chimiques (CF) a créé une forte perturbation dans le secteur de la riziculture. En réponse à cette décision, les agriculteurs sont descendus dans la rue en grands cortèges, exprimant leur agitation et leur mécontentement. L'ampleur de leur frustration suscite des inquiétudes quant à la continuité de la culture et à la capacité de répondre aux besoins de sécurité alimentaire du pays au cours des prochaines saisons. Au cours des six dernières décennies, les agriculteurs ont été incités à utiliser les FC par une série de subventions, les engrais étant livrés directement à leur porte (Banque centrale, 2020b). Même lors de l'introduction initiale de la CF, la pratique était parfois influencée par les préférences individuelles (Department of Census and Statistics of Sri Lanka, 1962). Cette tradition s'est perpétuée, les agriculteurs appliquant des quantités déterminées par leurs préférences dans les champs, potentiellement sans une compréhension totale du coût réel et des autres conséquences. Malgré les résultats, ils restent profondément attachés à l'utilisation des FC dans la riziculture moderne.

Au 30 juin 2019, les réserves de devises étrangères du pays s'élevaient à 8 864,98 millions de dollars, et au 28 février 2020, avant le début de la pandémie de Covid-19, elles étaient de 7 941,52 millions de dollars. Toutefois, la baisse des recettes du tourisme et des envois de fonds des travailleurs étrangers, qui sont passés de 3 606,9 millions de dollars et 6 717,2 millions de dollars en 2019 à 506,9 millions de dollars et 5 491,5 millions de dollars en 2021, respectivement, a entraîné un épuisement des réserves. Fin mars 2021, les réserves étaient tombées à 4 055,16 millions de dollars, puis à 2 704,19 millions de dollars fin septembre et à 1 588,37 millions de dollars fin novembre 2021. À la fin du mois de février 2022, la Banque centrale du Sri Lanka a indiqué que les réserves officielles totales de devises s'élevaient à 2 311,25 millions de dollars, soit un peu plus de 1,3 mois d'importations (Banque centrale, 2022). Cette réduction drastique des réserves de change indique une pénurie potentielle d'engrais chimiques sur le marché.

De plus, l'inflation nationale dépassant les 60 % et continuant d'augmenter (Banque centrale, 2022), on s'inquiétait de la capacité des agriculteurs à payer les nouveaux prix du marché pour les engrais chimiques importés. Dans ce contexte économique difficile, les agriculteurs ont été contraints de rechercher des moyens de minimiser l'utilisation des produits chimiques et d'adopter des substances et des alternatives plus organiques pour soutenir leurs pratiques agricoles.

D'autre part, les cultures biologiques de subsistance et les biomasses ont été négligées et inutilisées pendant des décennies, avec des liens limités avec les engrais biologiques (OF) (Département du recensement et des statistiques, 2021). Dans ce scénario, les agriculteurs ont été confrontés au formidable défi de rompre leurs liens avec les engrais chimiques (CF) tout en établissant et en renforçant les relations avec les alternatives biologiques. Le chercheur se demande si les agriculteurs sont prêts à mettre brusquement fin à leurs relations avec les AF et à les adopter rapidement. Rien n'indique qu'il y ait eu suffisamment de dialogues entre les institutions et les agriculteurs pour évaluer leur potentiel et recueillir leur avis sur leur préparation à une tâche aussi monumentale.

Cette situation fait écho à une erreur historique commise par le gouvernement dans les années 1960, lorsqu'il a pris une décision cruciale sans mener de véritables dialogues consultatifs avec les agriculteurs et sans tenir compte de leurs avis et de leurs contributions dans la prise de décision. En outre, on ne sait toujours pas dans quelle mesure les agriculteurs ont adopté le soutien institutionnel mis en place par le gouvernement en faveur de cette transition et s'y sont connectés.

L'adoption de substances organiques respectueuses de l'environnement dans l'agriculture joue un rôle crucial dans la transition de la culture vers l'agriculture durable (AS). La littérature récente suggère que la volonté des agriculteurs d'adopter des activités d'AS, y compris l'utilisation de substances organiques, dépend des gains économiques ainsi que de facteurs sociaux, culturels et environnementaux (Petway et al., 2019 ; Waseem et al., 2020 ; Dharmawan et al., 2021). Les pratiques agricoles visant à garantir l'AS sont influencées par les actifs, les capacités, les connaissances et les soutiens institutionnels externes des agriculteurs, qui sont relativement moins étudiés par les chercheurs (Gebska et al., 2020 ; Lichtfouse et al., 2009 ; Curry et al., 2012).

Dans le contexte de ces transitions, le chercheur estime que l'alignement des objectifs des institutions et des agriculteurs est essentiel à la réussite. Par conséquent, l'efficacité perçue des incitations institutionnelles est susceptible de jouer un rôle important dans cette transition cruciale, comme le montre une étude de Cusworth et Dodsworth (2021) qui a examiné les attitudes à l'égard de la fourniture de biens publics. Par conséquent, le chercheur insiste sur la nécessité d'évaluer la volonté des agriculteurs de passer des engrais chimiques aux solutions biologiques dans le contexte plus large de leur potentiel d'AS. Cette évaluation devrait intégrer un concept permettant de mesurer l'efficacité des incitatifs institutionnels qu'ils reçoivent pour l'adoption de pratiques d'AS.

Cependant, il y a un manque de résultats de recherche récents expliquant les aspects de l'AS dans ce contexte spécifique, fournissant des idées et comprenant la préparation des agriculteurs à une telle transition. En outre, les évaluations précédentes n'offrent pas de cadre conceptuel pour mesurer la capacité des agriculteurs à faire face à des changements soudains, tels que la perturbation qui s'est produite dans l'écosystème de la riziculture sri-lankaise.

Par conséquent, le chercheur affirme que les décideurs et les universitaires manquent de connaissances à la fois sur le potentiel de l'agriculture durable (AS) des agriculteurs à adopter l'utilisation d'engrais organiques, sur leur volonté d'abandonner l'utilisation d'engrais chimiques, et sur l'efficacité des incitations institutionnelles et leur lien avec ces incitations. Actuellement, il n'existe pas de cadre théorique établi pour mesurer systématiquement ces inconnues.

La création d'un tel cadre nécessite une base philosophique solide qui élucide la manière dont les concepts liés aux potentiels des agriculteurs et à l'incitation institutionnelle peuvent avoir un impact sur leur volonté de minimiser les engrais chimiques (CF) et d'adopter les engrais organiques (OF) pour soutenir l'écosystème de la riziculture. Dans le domaine de la recherche, les chercheurs ont tenté d'évaluer ces concepts dans un cadre d'agriculture durable (AS) qui intègre les caractéristiques socio-économiques et naturelles des acteurs et des ressources dans un tel écosystème. Alors que diverses théories dominantes ont été utilisées par les chercheurs dans le domaine de l'adaptation à l'agriculture durable, telles que la théorie du comportement planifié (Waseem et al., 2020), la théorie de la diffusion de l'innovation (Rust et al., 2021) et la théorie sociale de Bourdieu (Cusworth et Dodsworth, 2021), la théorie de la résilience (TR) apparaît comme une proposition théorique plus appropriée pour évaluer la capacité d'adaptation des agriculteurs à des changements soudains. Cependant, la théorie de la résilience n'a pas été conceptualisée par les chercheurs pour évaluer la résilience des agriculteurs dans le cadre de l'AS dans la littérature existante. L'élaboration d'un cadre permettant d'évaluer la résilience des agriculteurs dans l'adaptation des pratiques d'AS à l'aide de la théorie de la résilience nécessite une documentation supplémentaire pour intégrer l'aspect de l'AS dans les propriétés de la théorie de la résilience.

1.8 Question de recherche

La question de recherche de cette étude est de savoir comment évaluer les relations entre le potentiel des agriculteurs en matière d'agriculture durable, leur volonté d'abandonner l'utilisation d'engrais chimiques au profit d'engrais organiques et leur perception de l'efficacité des incitations institutionnelles au cours de cette transition en cours dans la riziculture sri-lankaise vers une agriculture plus centrée sur l'agriculture biologique.

Questions de recherche détaillées

1. Quelle est la relation entre le **potentiel d'AS** des agriculteurs et leur **volonté de libérer des** *engrais chimiques* ?
2. Quelle est la relation entre le **potentiel d'AS** des agriculteurs et leur **volonté d'adopter des** *engrais organiques* ?
3. Quelle est la relation entre le **potentiel d'AS** des agriculteurs et leur **perception de l'efficacité** des *incitations gouvernementales* ?

4. Quelle est l'influence de la **volonté** des agriculteurs **de se débarrasser des** *engrais chimiques* sur la relation entre leur **potentiel d'AS** et leur **volonté d'adopter des** *engrais organiques* ?
5. Quelle est l'influence de l'**efficacité perçue** des *incitations gouvernementales par les* agriculteurs sur la relation entre leur **potentiel d'AS** et leur **volonté d'adopter des** *engrais organiques* ?
6. Quels sont les facteurs démographiques qui modèrent la relation entre le **potentiel d'AS** des agriculteurs et leur **volonté d'adopter des** engrais organiques ?

1.9 Objectif de la recherche

L'objectif de cette étude est d'évaluer les relations entre les potentiels d'agriculture durable des agriculteurs d'un point de vue scientifique, entre leur volonté d'abandonner l'utilisation d'engrais chimiques, leur volonté d'adopter des engrais organiques à la place, et la perception de l'efficacité des incitations gouvernementales au cours de cette transition en cours de la culture du riz sri-lankais vers une agriculture plus centrée sur l'agriculture biologique.

Objectifs détaillés de la recherche

1. Évaluer la relation entre le **potentiel d'AS** des agriculteurs et leur **volonté de libérer des** *engrais chimiques.*
2. Évaluer la relation entre le **potentiel d'AS** des agriculteurs et leur **volonté d'adopter des** *engrais organiques.*
3. Évaluer la relation entre le **potentiel d'AS** des agriculteurs et leur **perception de l'efficacité** des *incitations gouvernementales.*

4. Évaluer l'influence de la **volonté des** agriculteurs **de se débarrasser des** *engrais chimiques* sur la relation entre leur **potentiel d'AS** et leur **volonté d'adopter des** *engrais organiques*.
5. Évaluer l'influence de l'**efficacité perçue par** les agriculteurs des *incitations gouvernementales* sur la relation entre leur **potentiel de SA** et leur **volonté d'adopter des** engrais organiques.
6. Déterminer les facteurs démographiques qui modèrent la relation entre le **potentiel d'AS** des agriculteurs et leur **volonté d'adopter des** engrais organiques.

1.10 Importance de l'étude

Les perturbations dans le secteur de la riziculture persistent. Le 15 octobre 2021, le gouvernement a publié une notification extraordinaire au journal officiel afin d'établir un groupe de travail visant à encourager la recherche et l'innovation pour produire des engrais organiques respectueux de l'environnement et adaptés aux conditions environnementales locales. L'objectif de ce groupe de travail est de promouvoir une agriculture durable et respectueuse de l'environnement qui minimise l'utilisation de déchets chimiques dans le sol et l'eau. Les débats et discussions en cours au niveau parlementaire et gouvernemental indiquent que les institutions réévaluent, affinent et consolident activement la décision d'interdire les engrais chimiques. Malgré une notification spéciale au journal officiel levant l'interdiction d'importer des engrais chimiques à partir du 30 novembre 2021, la levée de l'interdiction n'a pas entièrement atténué la pénurie d'engrais, compte tenu de la crise économique et de la diminution des réserves de change, ce qui rend difficile l'importation d'un approvisionnement adéquat d'engrais chimiques. Les prix des stocks restants disponibles sur le marché ont grimpé à des niveaux qui dépassent les moyens de l'agriculteur moyen. Notamment, le 7 juin 2022, le Cabinet a approuvé l'importation de 150 000 tonnes métriques d'urée, 45 000 tonnes métriques de muriate de potasse (MOP) et 36 000 tonnes métriques d'engrais triple superphosphate (TSP) pour la culture du paddy pendant la saison 2022/23 Maha, qui ont été livrés aux agriculteurs au moment de la rédaction de cette thèse.

Dans cette phase de revitalisation, les résultats de cette recherche offriront des perspectives inestimables aux décideurs, les incitant à prendre en compte les potentiels et les opinions authentiques des agriculteurs dans les révisions en cours, qui ont jusqu'à présent été négligés. En outre, cette étude sert de plateforme cruciale pour les agriculteurs afin d'articuler leurs perspectives authentiques, de montrer leur potentiel en matière d'agriculture durable (AS) et de partager leurs expériences pour relever les défis posés par la crise. Ce faisant, la recherche contribue à combler les lacunes d'information existantes dans les institutions en ce qui concerne le potentiel et les opinions des agriculteurs, des aspects qui n'ont peut-être pas été reconnus comme importants jusqu'à présent. En substance, l'étude vise à élucider et à comprendre les inconnues qui pourraient potentiellement détourner le potentiel des agriculteurs vers d'autres voies économiques, menaçant ainsi l'avenir de la culture du riz et mettant en péril la sécurité alimentaire de la nation.

Comme l'explique le chapitre suivant, le cadre conceptuel proposé pour évaluer les agriculteurs peut être appliqué par les chercheurs pour évaluer des situations similaires dans des écosystèmes comparables, ce qui permet d'examiner les comportements de n'importe quel segment de la chaîne de valeur associée au début d'un changement brutal. La théorie de la résilience, philosophie fondamentale adoptée dans cette étude, permet de comprendre l'importance des forces stabilisatrices et déstabilisatrices qui ont un impact sur un écosystème. Les forces déstabilisantes créent des opportunités pour la diversité, la flexibilité et l'innovation, tandis que les forces stabilisantes jouent un rôle crucial dans le renforcement de la productivité, du capital fixe et de la mémoire sociale. Les concepts et les méthodologies explorés dans cette étude de recherche offrent des perspectives précieuses aux futurs chercheurs chargés d'évaluer les caractéristiques déstabilisantes et stabilisantes affectant les forces influentes au sein d'un écosystème soumis à des transitions temporelles.

2 Chapitre 02 - Analyse documentaire

2.1 Introduction à l'analyse documentaire

Les objectifs de recherche décrits nécessitent l'élaboration d'un cadre conceptuel qui élucide les différents concepts et leurs interrelations dans le contexte de l'agriculture durable. Une base théorique est essentielle pour évaluer et comprendre la volonté des agriculteurs de passer de la FC à l'AF dans le cadre des principes de l'AS. La réalisation d'une analyse documentaire approfondie aide les chercheurs à identifier un cadre théorique approprié pour conceptualiser leur recherche. Lors de la réalisation d'une analyse documentaire, des chercheurs tels que Petticrew (2001) et Healy et Healy (2010) affirment que la technique de "l'analyse documentaire systématique" permet d'obtenir davantage d'informations que l'approche "narrative" conventionnelle. Conformément à cette recommandation, l'étude a procédé à l'établissement d'une liste longue de 179 articles provenant des bases de données Google Scholar et Web of Science en vue de leur examen. Parmi les 179 articles initialement sélectionnés, 80 articles de revues se sont avérés directement pertinents pour cette étude. Les détails du processus de sélection des articles sont présentés à l'annexe 01 ci-dessous. Pour cette revue de la littérature, une synthèse "qualitative" systématique a été réalisée, préférée à la méthode "narrative" car il y avait suffisamment d'articles pour constituer une base de données d'articles (Pickering et Byrne, 2014).

2.2 Synthèse quantitative et sélection d'articles de référence

Au fil des ans, une tendance croissante à la recherche a été observée dans le domaine des publications sur l'agriculture durable, avec 28 articles sélectionnés parmi les 80 publications en 2018, 9 en 2019 et 6 au cours des quatre premiers mois de 2021. Un plus grand nombre d'articles se concentrent sur l'étude de l'adaptation des agriculteurs aux pratiques agricoles durables (41 articles), suivie par la recherche sur les connaissances des agriculteurs en matière d'agriculture durable (24 articles) et l'examen du soutien gouvernemental à l'agriculture durable (15 articles). La collection d'articles montre une nette dispersion géographique, avec des contributions provenant de diverses régions, dont les États-Unis (9), l'Europe (6), l'Inde (6), l'Angleterre (5), le Nigeria (4), le Sri Lanka (4), la Tanzanie (3) et l'Afrique du Sud (3). La liste représente des publications provenant de 39 pays à travers le monde. Sur un total de 80 articles, 35 proviennent de revues classées par l'ABDC ou de revues dont le facteur d'impact est supérieur à 3. Il y a 269 auteurs impliqués dans ces 80 articles, ce qui indique la diversité des intérêts de recherche et la popularité du sujet parmi les universitaires dans ce domaine de recherche. Les articles sélectionnés comprennent 26 études quantitatives, 23 études qualitatives, deux études à méthode mixte, 16 publications de synthèse, 10 études de cas et trois analyses documentaires. L'analyse des mots-clés de ces 80 articles en révèle 310, ce qui indique que l'évaluation des agriculteurs dans le contexte des principes de l'agriculture durable fait l'objet d'une attention particulière. Les affiliations académiques des auteurs de ces articles proviennent de milieux académiques solides, et la force de citation des articles atteste de la crédibilité des publications sélectionnées. Les études de recherche se répartissent en trois groupes principaux : L'adaptation de l'AS par les agriculteurs (39), la connaissance de l'AS par les agriculteurs (26) et les interventions gouvernementales sur l'AS (15), mettant en évidence divers intérêts de recherche au sein de chaque groupe. Les détails de la synthèse quantitative sont présentés sous forme de tableaux et de graphiques à l'annexe 01 ci-dessous. La synthèse ci-dessus montre que les articles sélectionnés se prêtent à un examen qualitatif plus approfondi, qui permettra de tirer des enseignements de la littérature afin d'éclairer la conception de cette recherche.

2.3 Analyse qualitative des références d'articles

Les articles sélectionnés pour une analyse détaillée reposent sur des bases théoriques et conceptuelles solides, entièrement mises en œuvre à l'aide de méthodologies de recherche précises. L'objectif initial était d'identifier le fondement philosophique de l'étude. Le tableau 2-1 ci-dessous présente les résultats de l'examen approfondi des articles sélectionnés et résume leurs conclusions. L'évaluation qualitative a consisté à synthétiser les conclusions et les recommandations tirées des 14 articles de recherche complets les plus pertinents. Les résultats ont été consolidés et structurés sur la base des principaux thèmes ou groupes identifiés au cours de ce processus. Les autres articles ont également été examinés et une saturation de la littérature a été observée, avec des suggestions conceptuelles répétées, des résultats empiriques et des recommandations de résultats qui ressemblent étroitement aux résultats des 14 articles sélectionnés.

Tableau 2-1 Résultats des études récentes sur l'évaluation des agriculteurs en vue d'une agriculture durable

Auteur et année	Pays et région de l'étude	Techniques de collecte et d'analyse des données	Théorique/Conceptuel / Cadre analytique	Principales conclusions et recommandations
		Adaptation des agriculteurs à l'agriculture durable		
(1) Waseem et al (2020)	(Pakistan) - Évaluation de l'adoption de pratiques agricoles durables dans la production de bananes	Étude quantitative : 300 échantillons, échantillonnage à deux degrés, régression logistique et analyse SEM	Théorie du comportement planifié	Les facteurs socio-économiques et psychosociaux sont significativement corrélés à l'adoption ; les méthodes de vulgarisation étudiées sont suggérées pour la promotion.
(2) Dharmawan et al. (2021)	(Indonésie) - Préparation des petits exploitants	Étude qualitative (étude de cas) : données issues de méthodes mixtes,	Méthode d'analyse des lacunes, à l'aide de l'analyse des performances en	Les facteurs sociostructurels, socioculturels, l'éthique de la

Auteur et année	Pays et région de l'étude	Techniques de collecte et d'analyse des données	Théorique/Conceptuel / Cadre analytique	Principales conclusions et recommandations
	aux normes de durabilité (SS) dans la culture de l'huile de palme	35 entretiens approfondis et données quantitatives	matière d'importance (IPA)	subsistance et le pragmatisme, la production et la commercialisation sont des facteurs importants de l'adaptation des SS ; les agriculteurs sont responsables des critères économiques, mais moins des critères sociaux et environnementaux.
(3) Krishnankutty et al (2021)	(Kerala, Inde) - Durabilité de la culture traditionnelle du riz (analyse socio-économique)	Étude quantitative : 300 échantillons Descriptive, analyse multivariée, modèle logit multinomial, rapport de cotes, indice de satiété, classement/pourcentages de Garrett	Facteurs économiques, sociodémographiques et institutionnels mis en évidence dans le concept de coûts indiens pour la gestion de l'exploitation agricole	Les facteurs socio-économiques, la taille de l'exploitation, l'éducation, le rendement et la maximisation du rendement, la stabilité des intrants, la tolérance au stress environnemental et les possibilités de commercialisation sont mis en évidence. La riziculture traditionnelle est moins coûteuse et il est recommandé aux pays en développement de l'étendre.
(4) Cusworth et Dodsworth (2021)	(Angleterre) -Exploration des attitudes agricoles à l'égard de la fourniture de biens publics. Politique de gestion des terres et de l'environnement (ELM)	Étude qualitative (de cas) : 65 entretiens approfondis avec 40 personnes différentes, y compris des entretiens répétés à un an d'intervalle (été 2007 et 2008)	La théorie sociale de Bourdieu et le concept de bon agriculteur Capitaux symboliques : (économiques, sociaux, culturels)	L'ELM favorise l'autonomie de l'agriculteur en répondant au double besoin d'une agriculture durable et productive dans son exploitation. La propension des agriculteurs à rechercher la maximisation, l'efficacité et l'optimisation peut contribuer à tirer le meilleur parti des terres agricoles du pays en termes de production alimentaire et de

Auteur et année	Pays et région de l'étude	Techniques de collecte et d'analyse des données	Théorique/Conceptuel / Cadre analytique	Principales conclusions et recommandations
				fourniture de biens publics.
(5) Mert-Cakal, et Mara (2021)	(Pays de Galles)- Investigation de la réponse ascendante au changement social par l'inclusion et l'autonomisation des programmes d'agriculture soutenue par la communauté (CSA)	Études de cas qualitatives passer 3 à 5 jours sur le terrain pour participer bénévolement au travail quotidien, aux observations et aux entretiens semi-structurés dans 4 CSA	Application de la théorie de l'innovation sociale aux détentions des CSA, à l'autonomisation des produits et aux processus dans le domaine de l'éducation. Réseaux alimentaires alternatifs	L'ASC dirigée par les producteurs est plus autosuffisante que le modèle dirigé par la communauté ; l'ASC a fait preuve de résilience en temps de crise (Covid-19), en entretenant les liens communautaires et en s'occupant des personnes vulnérables. L'ASC favorise la durabilité économique et la résilience
(6) Rust et al (2021)	(Angleterre) - Encadrement des pratiques agricoles durables par la presse agricole et son effet sur l'adoption de pratiques durables	Étude qualitative (de cas) : Analyse du contenu des médias combinée à 60 entretiens qualitatifs par échantillonnage en boule de neige à l'aide d'une base de données agricole en ligne.	La théorie de la diffusion de l'innovation (DOI) a été déployée en combinaison avec la théorie du cadrage (FT).	La majorité des agriculteurs ne sont pas motivés pour essayer des pratiques plus durables par la seule lecture de la presse agricole. Ils s'appuient plutôt sur d'autres sources, telles que des agriculteurs de confiance et empathiques ; il est recommandé de sensibiliser davantage à l'AS.
(7) Mulimbi et al. (2019)	(Congo) - Évaluation de l'effet du programme de promotion de l'agriculture de conservation (AC)	Étude quantitative : 225 échantillons stratifiés aléatoires, utilisation d'un modèle logit (adaptation à l'AC) et d'un modèle logit ordonné (avantages perçus de la CSA).	Les moteurs théoriques de l'adoption de l'innovation (IA) en conjonction avec les études empiriques de l'AC	La fiabilité des revenus et la sécurité alimentaire sont des facteurs clés perçus dans l'adaptation à l'AC ; l'accent mis sur les différences d'adoption entre les cultures spécifiques, le régime foncier (propriété ou collectif/tribal) et la fertilité générale du sol sont considérés comme nécessaires, et l'autonomisation des femmes est un point fort.

Auteur et année	Pays et région de l'étude	Techniques de collecte et d'analyse des données	Théorique/Conceptuel / Cadre analytique	Principales conclusions et recommandations
Connaissances des agriculteurs en matière d'agriculture durable				
(8) Petway et al. (2019)	(Taiwan) - Évaluation des connaissances, des valeurs et des opinions des agriculteurs sur l'agriculture biologique	Étude qualitative : 113 échantillons ont été obtenus dans un contexte de groupe, Analyse en composantes principales (ACP), à deux échelles et à quatre niveaux.	"Satoyama" (concept japonais qui englobe les moyens de subsistance ruraux dépendant de la gestion des écosystèmes en tant que services écosystémiques)	Les pratiques biologiques sont davantage influencées par les expériences de vie que par les concepts enseignés à l'école. La propriété de terres agricoles, une source d'irrigation stable, la santé des consommateurs et la sécurité alimentaire, ainsi que l'approbation sociale sont des variables clés qui contribuent à l'agriculture biologique.
(9) Wang (2018)	(Chine)- Intégration des connaissances autochtones et scientifiques pour le développement d'une agriculture durable	Étude qualitative utilisant 165 échantillons, entretiens à pied dans le village assurant une participation égale des hommes et des femmes.	Cadre de développement des connaissances sur l'agriculture durable (approche ascendante)	L'intégration des connaissances indigènes et scientifiques est considérée comme la voie à suivre pour équilibrer les dimensions économiques et écologiques du développement agricole durable.
(10) Zahra (2018)	(Bangladesh) - Évaluation de l'impact de l'éducation non formelle dans le cadre d'un projet intégré de productivité agricole (IAPP)	Étude quantitative : 623 échantillons, 15 groupes de traitement et six groupes de contrôle, analyse multiniveau et multivariée, et modélisation par équations structurelles.	Une combinaison de la théorie du capital humain (HCT) et du cadre de l'équité entre les sexes (FGE) a été déployée. (soutenu par la théorie de l'apprentissage des adultes)	Les connaissances des agriculteurs jouent un rôle important dans la réussite de l'IAPP. Les compétences technologiques en matière d'AS, la productivité, l'accès à l'alphabétisation, aux ressources agricoles et à l'information se révèlent être des facteurs essentiels pour déterminer la réussite des agriculteurs dans les écoles d'agriculteurs, et l'importance de l'apprentissage pour les agriculteurs adultes est mise en évidence pour les

Auteur et année	Pays et région de l'étude	Techniques de collecte et d'analyse des données	Théorique/Conceptuel / Cadre analytique	Principales conclusions et recommandations
				communautés pauvres en ressources.
(11) Šūmane et al. (2018)	(Europe) - Exploration de la pertinence des connaissances informelles des agriculteurs et des pratiques d'apprentissage dans le renforcement de la résilience agricole	Étude qualitative (de cas) basée sur 11 études de cas réalisées dans le cadre du programme de recherche RETHINK	Constructiviste Conceptualisation de la connaissance développée par les acteurs dans leurs contextes spécifiques	La curiosité personnelle, la volonté d'apprendre, les réseaux sociaux, les organisations d'agriculteurs, les connaissances formelles de soutien et les structures de gouvernance sont des éléments centraux pour une intégration réussie de l'apprentissage et l'échange de connaissances afin d'améliorer la durabilité et la résilience.
Facteurs institutionnels de l'agriculture durable				
(12) Demont et Rutsaert (2017)	(Vietnam) - Exploration des possibilités d'amélioration durable de la chaîne de valeur pour la production de riz de qualité, transition d'un producteur axé sur la quantité à un fournisseur crédible de riz de qualité.	Étude à méthode mixte : Enquêtes empilées et échantillonnage raisonné, analyse SWOT pour l'établissement de la liste des composantes et méthode de la ronde d'orientation pour la notation des composantes SWOT.	Analyse SWOT dans le cadre de la plateforme pour un riz durable (SRP) (développé sur la base des résultats économiques, sociaux et environnementaux)	L'analyse SWOT a montré que les principales faiblesses du secteur sont la faiblesse des liens dans la chaîne de valeur et l'absence d'une marque nationale et d'une réputation internationale sur les marchés internationaux. La nécessité d'une coordination horizontale et verticale pour une croissance durable est soulignée.
(13) Von et al (2016)	(Afrique du Sud) - Analyse des défis auxquels sont confrontés les petits exploitants agricoles et l'agriculture de conservation pour participer à l'économie moderne	Étude quantitative : Données issues de recherches ethnographiques existantes et diagrammes de boucle causale (CLD) pour l'analyse à l'aide de variables endogènes et exogènes.	Modélisation de la dynamique des systèmes liée à la chaîne de valeur agricole, les banques, les assureurs, les détaillants et les négociants étant les principaux acteurs de la coopération volontaire.	Les banques peuvent avoir un impact sur la productivité des petits exploitants agricoles, ce qui pourrait inciter d'autres industries de la chaîne de valeur à soutenir ces exploitants dans l'agriculture de conservation.

Auteur et année	Pays et région de l'étude	Techniques de collecte et d'analyse des données	Théorique/Conceptuel / Cadre analytique	Principales conclusions et recommandations
(14) Sevinç et al. (2019)	(Turquie) - Attitudes des agriculteurs à l'égard de la politique de soutien public à l'agriculture durable	Étude quantitative : 734 échantillons par le biais d'entretiens en face à face, analyse de régression catégorielle sur l'échelle optimale.	Facteurs démographiques et socio-économiques sur l'efficacité de la politique gouvernementale en (SA).	L'aide publique est nécessaire mais insuffisante pour assurer la durabilité de l'agriculture. L'âge de l'agriculteur, le niveau d'éducation, le type de propriété, les types de culture et les facteurs de revenu affectant l'attitude des agriculteurs, la pertinence, l'adéquation et l'efficacité des subventions ont été jugés problématiques, en particulier pour les agriculteurs non irrigués.

2.4 Théories utilisées dans les études sur l'agriculture durable

Diverses théories sont utilisées pour élaborer des cadres conceptuels permettant d'évaluer des concepts similaires, tels que la volonté des agriculteurs d'adopter des pratiques biologiques, dans le cadre de ce domaine de recherche. Dans le cadre des principes de l'agriculture durable ou de conservation, ces cadres conceptuels sont liés aux caractéristiques de l'agriculteur ou de l'exploitation agricole. Waseem et al. (2020) ont utilisé la théorie du comportement planifié (TPB) pour examiner l'adoption de pratiques d'agriculture durable dans la production agricole de bananes, tandis que Dharmawan et al. (2021) ont utilisé la méthode d'analyse des lacunes par le biais du cadre d'analyse des performances d'importance (IPA) dans leur étude sur l'évaluation de la volonté des petits exploitants d'adopter des normes de durabilité dans la culture de l'huile de palme. Mulimbi et al. (2019) ont appliqué la théorie des moteurs de l'adoption des innovations (Theoretical Drivers of Innovation Adoption

- TDIA) pour explorer les "facteurs influençant l'adoption de l'agriculture de conservation".

Petway et al. (2019) ont utilisé le fondement théorique de "Satoyama" (un concept japonais qui englobe les moyens de subsistance ruraux dépendant de la gestion des écosystèmes en tant que services écosystémiques) dans leur enquête sur "les connaissances, les valeurs et les opinions des agriculteurs sur l'agriculture biologique." En revanche, Wang (2018) s'est penché sur les "effets de l'intégration des connaissances indigènes et scientifiques pour le développement de l'AS" en utilisant le cadre de développement des connaissances sur l'agriculture durable avec une approche ascendante. Zahra (2018) a utilisé une combinaison de la théorie du capital humain (HCT), du cadre de l'équité entre les sexes (FGE) et de la théorie de l'apprentissage des adultes (ALT) comme bases théoriques dans une étude évaluant l'"Impact de l'éducation non formelle dans un projet intégré de productivité agricole." Šūmane et al. (2018) ont adopté la "conceptualisation constructiviste du concept de connaissance" dans leur exploration de la pertinence des connaissances informelles des agriculteurs et des pratiques d'apprentissage dans le renforcement de la résilience agricole.

Cusworth et Dodsworth (2021) ont utilisé la théorie sociale (TS) de Bourdieu, qui élucide les capitaux symboliques (économiques, sociaux et culturels). Ils ont intégré la TS au concept de bon agriculteur dans leur examen des "attitudes agricoles à l'égard de la fourniture du bien public que constitue une politique de gestion de l'environnement et des terres (ELM)". Mert-Cakal et Mara (2021) ont utilisé la théorie de l'innovation sociale et le concept de réseaux alimentaires alternatifs (AFN) dans leur étude sur "l'évaluation du changement social par le biais de l'agriculture soutenue par la communauté". Rust et al. (2021) ont appliqué la théorie de la diffusion de l'innovation (DOI) en conjonction avec la théorie du cadrage (FT) pour évaluer le cadrage de l'AS par la presse agricole et son impact sur l'adoption de l'AS. Demont et Rutsaert (2017) ont réalisé une analyse SWOT basée sur un cadre de la plateforme du riz durable (SRP) afin d'explorer les opportunités d'amélioration durable de la chaîne de valeur (CV). Von et al. (2016) ont étudié les défis auxquels sont confrontés les petits exploitants agricoles et l'agriculture de conservation à l'aide de la modélisation de la dynamique des systèmes (SDM), en appliquant le concept à la chaîne de valeur agricole. Sevinç et al. (2019) ont utilisé des facteurs démographiques et socio-économiques pour évaluer l'efficacité des attitudes à l'égard de la politique de soutien public à l'agriculture de conservation.

2.4.1 Théorie du comportement planifié

La théorie du comportement planifié (TPB) est une extension de la théorie de l'action raisonnée, avec des révisions apportées par Ajzen et Fishbein (1980) et Fishbein et Ajzen (1975). La TPB est centrée sur l'intention de l'individu d'adopter un comportement donné, les intentions étant censées saisir les facteurs de motivation qui influencent les comportements. Les intentions indiquent la volonté de l'individu d'essayer et l'effort qu'il prévoit de fournir pour réaliser le comportement. En général, des intentions plus fortes de s'engager dans un comportement augmentent la probabilité de sa mise en œuvre. Ajzen (1991) détaille les rôles des attitudes, des normes subjectives et du contrôle comportemental perçu dans l'influence du comportement observé. Les normes subjectives impliquent une pression sociale pour se conformer à une conduite spécifique, tandis que le contrôle comportemental perçu dénote la perception qu'a l'individu de son contrôle sur l'adoption d'un comportement. Le TPB est utile pour étudier les comportements prévus des agriculteurs dans l'adoption de pratiques d'agriculture biologique.

Cependant, cette étude se concentre principalement sur l'évaluation des forces des potentiels des agriculteurs en matière d'agriculture durable et sur la manière dont ces potentiels peuvent influencer l'adaptation à l'agriculture biologique, reflétant leur résilience face aux changements en cours dans leur écosystème.

2.4.2 La théorie sociale de Bourdieu

Bourdieu explique comment les individus d'un "champ" spécifique cherchent à atteindre un statut social favorable en perpétuant le capital symbolique (Bourdieu, 1986 ; Hilgers et Mangez, 2014). Le capital symbolique découle de la possession de trois autres formes de capital : économique, social et culturel. Le capital économique se rapporte à des éléments ayant une valeur financière directe (comme de l'argent, des actions ou un salaire élevé) et revêt une grande importance sur le plan de la motivation. Le capital social est lié au réseau de contacts sociaux d'un individu, et l'étendue du capital social est déterminée par la somme des capitaux revendiqués par d'autres membres du groupe au sein de ce réseau. Le capital culturel se subdivise en formes incarnées, objectivées et institutionnalisées. Le capital culturel incorporé est lié aux dispositions et habitudes corporelles, le capital culturel objectivé se rapporte aux artefacts physiques et le capital culturel institutionnalisé implique des récompenses et des qualifications (Bourdieu, 1986). L'utilisation de la théorie de Bourdieu dans ce contexte permet de comprendre l'éventail complet des capitaux économiques et non économiques qui influencent les pratiques agricoles (Moore, 2008). Si la théorie sociale (TS) suggère des éléments de capital susceptibles d'expliquer le potentiel des agriculteurs en matière d'agriculture durable, elle ne propose pas intrinsèquement de méthode d'évaluation de leur résilience face à un événement perturbant l'écosystème dans lequel ils vivent.

2.4.3 Théorie de la diffusion de l'innovation

La théorie de la diffusion de l'innovation (DOI) est souvent considérée comme un modèle précieux pour guider l'innovation technologique, en particulier lorsque l'innovation elle-même est adaptée et présentée pour répondre aux besoins des différents niveaux d'adoption. Rogers (2003) définit l'innovation comme une idée, une pratique ou un objet perçu comme nouveau par un individu ou une autre unité d'adoption. Il identifie cinq attributs des innovations qui influencent leur taux d'adoption : l'avantage relatif, la compatibilité, la complexité, la possibilité d'essai et l'observabilité. La théorie explique également qu'au fil du temps, l'idée ou le produit innovant se diffuse dans la population jusqu'à atteindre un point de saturation. Rogers classe les adoptants en cinq groupes : les innovateurs, les adoptants précoces, la majorité précoce, la majorité tardive, les retardataires et les non-adoptants. La présente étude n'étant pas principalement axée sur l'innovation ou l'adaptation de l'innovation, le DOI s'est avéré moins pertinent dans la formulation du modèle.

2.4.4 Résilience des écosystèmes et théorie de la résilience

Les applications théoriques discutées fournissent des indications précieuses pour l'exploration par les chercheurs des potentiels socio-économiques des agriculteurs, de la formation des connaissances et de l'adaptation à l'agriculture durable (AS). Ces discussions portent sur les attitudes, la volonté de préserver l'environnement et les perceptions de l'efficacité du soutien institutionnel, offrant ainsi une compréhension globale des concepts étudiés dans le cadre du projet de recherche proposé. Toutefois, ces applications théoriques ne traitent pas explicitement de la capacité des agriculteurs à faire face aux changements dans leur capacité de résilience, en particulier au cours d'une transition.

Outre l'analyse qualitative des 14 articles sélectionnés mentionnés plus haut, d'autres études proposent la résilience des écosystèmes socio-écologiques pour étudier la capacité de résilience des acteurs et des institutions au sein de ces écosystèmes. Le concept de résilience des écosystèmes socio-écologiques explique les caractéristiques dynamiques d'un écosystème en réponse à des perturbations internes ou externes. Cette théorie permet de comprendre les comportements prévisibles des habitants d'un écosystème lors des transitions d'une phase à l'autre, où les changements peuvent soit stabiliser, soit déstabiliser l'écosystème en raison de forces soudaines ou séquentielles. Ces suggestions sont intéressantes et pourraient permettre d'élucider les changements en cours dans l'écosystème de la riziculture. La théorie de la résilience des écosystèmes suscite un intérêt croissant dans les études sur le développement rural durable et les systèmes agricoles.

Les articles de Darnhofer et al. (2010) et d'Oelofse et Cabell (2012) soulignent la pertinence des concepts de résilience des écosystèmes pour évaluer la capacité de résilience des moyens de subsistance pendant l'adaptation aux changements. Bien que cette revue de la littérature n'ait pas permis d'identifier des recherches pleinement opérationnelles basées sur la théorie de la résilience (TR), celle-ci a été considérée comme la plateforme conceptuelle la plus appropriée pour mesurer les objectifs de l'étude proposée.

2.5 Construits et traits évalués dans les études sur l'agriculture durable

Waseem et al. (2020) établissent une corrélation significative entre les facteurs socio-économiques et psychosociaux et l'adoption de l'agriculture durable. De même, Dharmawan et al. (2021) concluent que les facteurs socio-structurels et socio-culturels, les considérations éthiques liées à la subsistance et au pragmatisme, ainsi que les aspects de la production et de la commercialisation, jouent un rôle crucial dans l'adoption de normes durables. Krishnankutty et al. (2021) soulignent l'influence déterminante des facteurs socio-économiques sur la durabilité de la riziculture traditionnelle. Des facteurs tels que la taille de l'exploitation, l'éducation, l'optimisation du rendement, la stabilité des intrants, les possibilités de commercialisation et la tolérance aux stress environnementaux sont identifiés comme influents dans l'adaptation à l'agriculture durable (AS). En outre, Mulimbi et al. (2019) soulignent l'importance de la fiabilité des revenus, de la sécurité alimentaire et de la fertilité générale des sols dans l'adoption de l'agriculture de conservation. Sevinç et al. (2019) révèlent que des facteurs tels que l'âge des agriculteurs, le niveau d'éducation, le type de propriété, les types de cultures et le revenu ont un impact significatif sur les attitudes à l'égard de l'agriculture durable. Le chercheur interprète ces résultats comme résumant les capitaux économique, social, humain et naturel en tant qu'éléments intégraux du potentiel de SA des agriculteurs, influençant leurs adaptations aux pratiques durables.

Cusworth et Dodsworth (2021) découvrent que l'intervention institutionnelle dans la politique de gestion environnementale des terres joue un rôle médiateur dans l'autonomie des agriculteurs, en répondant au double besoin d'une agriculture écologiquement durable et productive dans leurs exploitations. Demonte et Rutsaert (2017) identifient les liens insuffisants dans la chaîne de valeur (CV), l'absence de réputation internationale et la nécessité d'une coordination horizontale et verticale de la CV comme des opportunités de mise à niveau durable de la chaîne de valeur. Dans le même temps, Von et al. (2016) affirment l'impact potentiel des banques sur la productivité des petits exploitants agricoles, ce qui pourrait attirer d'autres industries de la chaîne de valeur. Selon Sevinç et al. (2019), le soutien public est jugé nécessaire mais insuffisant pour la durabilité de l'agriculture. Ils soulignent que la pertinence, l'adéquation et l'efficacité des subventions posent des défis, en particulier pour les agriculteurs non irrigués. Ces résultats soulignent l'importance du soutien institutionnel, y compris les politiques de gestion environnementale, les offres alléchantes et l'amélioration de la chaîne de valeur, en tant qu'éléments essentiels des interventions de soutien.

La curiosité personnelle, la volonté d'apprendre, les réseaux sociaux, les organisations d'agriculteurs, les connaissances formelles favorables et les structures de gouvernance apparaissent comme des éléments pivots (Šūmane et al., 2018) pour un apprentissage réussi qui renforce la résilience agricole. Mert-Cakal et Mara (2020) concluent que l'agriculture soutenue par la communauté (ASC) dirigée par les producteurs est plus autosuffisante que le modèle dirigé par la communauté et fait preuve de résilience lors de crises telles que la pandémie de Covid-19. L'étude de Rust et al. (2021) sur l'efficacité de la presse agricole sur l'adaptation à l'agriculture durable révèle que les agriculteurs ne sont pas uniquement motivés par la lecture de la presse agricole pour essayer des pratiques plus durables. Wan (2018) suggère que l'intégration des connaissances indigènes avec les connaissances scientifiques est cruciale pour équilibrer les dimensions économiques et écologiques. Des facteurs tels que les connaissances, la technologie, les compétences, la productivité, l'accès à l'alphabétisation, les ressources agricoles et l'information jouent un rôle essentiel dans la mesure de l'agriculture durable (Zahra, 2018). Ces résultats soulignent l'importance du capital humain et du soutien institutionnel dans l'apport de connaissances formelles sur les normes et les principes de l'agriculture durable. Les résultats empiriques mentionnés ci-dessus fournissent des indications précieuses pour identifier les dimensions des concepts sous-jacents dans les objectifs de recherche proposés et dériver des indicateurs pour les mesurer. Ces résultats contribuent au développement d'un cadre conceptuel et à la formulation d'indicateurs de mesure pour les éléments du cadre.

2.6 Lacunes et conception de la recherche

Lacunes pratiques : on ne sait toujours pas si les riziculteurs sri-lankais sont prêts à relever le défi de remplacer les engrais inorganiques par des substances organiques et à s'engager dans la voie de l'agriculture durable. La littérature existante manque de statistiques scientifiques pour comprendre la résilience des agriculteurs et leur capacité à effectuer une telle transition, y compris l'évaluation de l'efficacité des incitations gouvernementales qu'ils reçoivent. Bien que des études aient exploré l'adaptation des agriculteurs et leur volonté de pratiquer divers aspects de l'agriculture durable, ainsi que leurs connaissances, leur sensibilisation et leur perception du soutien institutionnel dans divers contextes, il y a une absence notable d'évaluations récentes se concentrant spécifiquement sur le potentiel d'agriculture durable des riziculteurs sri-lankais et leur résilience face à cette transition vers l'agriculture durable.

Lacune empirique : l'analyse qualitative présentée dans le tableau 2-1 met en évidence l'absence d'explications directes pour les relations explorées dans cette étude. Bien que des chercheurs se soient penchés sur des concepts similaires et des facteurs sous-jacents, les relations analysées dans ces études répondent à des objectifs différents de ceux de la présente recherche. Des méthodes quantitatives et qualitatives ont été employées dans de telles évaluations ; cependant, aucune approche de recherche n'a tenté d'évaluer les potentiels d'agriculture durable et les comportements de résilience des acteurs dans un écosystème subissant une transition en raison d'une force déstabilisatrice soudaine. Les concepts décrivant les potentiels d'agriculture durable des agriculteurs, tels qu'ils sont décrits dans la littérature, sont susceptibles d'être mieux représentés par des mesures formatives composites plutôt que par des facteurs de réflexion communs. De nombreuses études d'évaluation de l'AS ont limité leur approche à des "proxys de facteurs communs", étudiés à l'aide d'un modèle d'équation structurelle basé sur la covariance (CB-SEM). Cependant, les études employant des "approximations composites" pour évaluer les concepts d'une manière composite, en utilisant des techniques de modélisation d'équations structurelles par moindres carrés partiels (PLS-SEM), sont rares dans la littérature. L'utilisation de mesures formatives est susceptible de produire des résultats plus constructifs pour déterminer le concept composite du potentiel d'AS des agriculteurs et l'efficacité de l'incitation institutionnelle, qui comprend plusieurs éléments contribuant à former le potentiel d'AS en tant que combinaison linéaire de ceux-ci.

Lacunes théoriques : comme indiqué dans l'analyse documentaire de cette section, les chercheurs ont utilisé diverses théories pour évaluer les agriculteurs dans différentes dimensions de l'agriculture durable. Parmi ces cadres théoriques, la théorie de la résilience (TR) semble plus étroitement liée à l'élucidation de la résilience et de l'adaptabilité des agriculteurs au changement, ce qui constitue l'objectif principal de la présente étude de recherche. Cependant, la littérature manque d'exemples où les potentiels d'AS des agriculteurs sont intégrés dans les propriétés de la TR afin d'analyser leurs liens avec la résilience et l'adaptabilité des agriculteurs en réponse à un événement perturbateur.

2.7 Conception d'un modèle conceptuel utilisant la théorie de la résilience

Berkes et al. (2003) ont réalisé une synthèse de la littérature sur les caractéristiques de la résilience des écosystèmes. Cette synthèse souligne que la résilience est cruciale dans la manière dont les sociétés s'adaptent aux changements imposés de l'extérieur, y compris les changements environnementaux mondiaux. La capacité d'adaptation d'une société est limitée par la résilience de ses acteurs et de ses institutions, ainsi que des systèmes naturels dont ils dépendent, à tous les niveaux. Adger (2000) suggère que plus la résilience est élevée, plus la capacité à absorber les chocs et les perturbations et à s'adapter au changement est grande. Inversement, un système moins résilient accroît la vulnérabilité des institutions et des sociétés à faire face et à s'adapter au changement.

Holling (1973) a introduit le concept de résilience dans la littérature écologique. Gunderson (2000) a développé cette idée en élucidant la dynamique non linéaire des processus par lesquels les écosystèmes se maintiennent face aux perturbations. La figure 2-1 ci-dessous présente un modèle heuristique illustrant les quatre étapes du système et le flux d'événements entre elles. Le cycle d'adaptation saisit les changements dans deux propriétés : (1) l'axe des y, qui représente le potentiel inhérent aux ressources et structures accumulées ; (2) l'axe des x, qui indique le degré de connexité entre les variables de contrôle susceptibles de changer à la suite d'un événement. Le point de sortie (marqué d'un X) à gauche de la figure indique le stade où le potentiel peut s'échapper de manière stylisée et où une transition est la plus susceptible d'aboutir à un système moins productif et non organisé. La partie ombrée du cycle est appelée "boucle arrière", expliquant les phases de libération et de réorganisation de la transition à rebours (Holling, 1996, 2002).

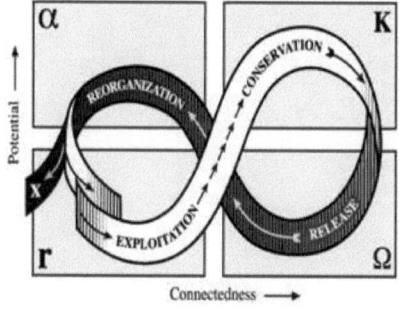

Figure 2-1 Cycle de résilience adaptative

(Source : https://www.resalliance.org/adaptive-cycle)

Capacités de résilience adaptative

Le cycle de résilience et d'adaptation décrit la dynamique d'un écosystème à travers ses phases de croissance, de conservation, de libération et de réorganisation. La phase de croissance ou d'exploitation (r) implique une colonisation ou une expansion rapide. La phase de conservation (K) qui suit se caractérise par une spécialisation et une rigidité croissantes. La phase de libération (Ω) se produit en réponse à une perturbation, conduisant à un effondrement qui réduit radicalement et rapidement la complexité structurelle (Chapin et al., 2009 ; Wilson, 2010). La phase de libération est suivie de la phase de réorganisation (∞), au cours de laquelle les ressources sont réorganisées, ce qui donne naissance à un nouveau système qui peut ressembler à celui qui l'a précédé ou présenter des propriétés sensiblement différentes.

2.7.1 Cadre théorique adopté pour la conception du modèle

Les idées théoriques dérivées de la théorie de la résilience (TR) expliquent efficacement les perturbations qui sont apparues dans l'état actuel de la riziculture sri-lankaise. Les données historiques (avant 2021) sur la culture du riz indiquent une saturation de divers indicateurs, tels que des volumes de productivité du riz stables, un pourcentage élevé d'agriculteurs fortement dépendants des engrais chimiques (CF) et une utilisation minimale d'engrais organiques (OF). Ces caractéristiques suggèrent que l'écosystème est dans une phase de conservation, manquant de signes de durabilité à long terme (Tableau 1-1 et 1-2).

En appliquant la théorie de la résilience, les agriculteurs présentent une forte corrélation avec l'utilisation des FC, ce qui indique une certaine rigidité, alors que leur corrélation avec l'utilisation des OF est faible. Le lien variable avec l'"incitation institutionnelle" dépend de l'efficacité perçue de ces incitations. La décision d'interdire les FC et la pénurie qui s'en est suivie ont perturbé leur lien avec les FC, provoquant une transition potentielle vers la phase de libération du cycle d'adaptation. Dans ce scénario, les agriculteurs sont confrontés à l'option d'initier volontairement ou involontairement une transition. Pour maintenir la culture du riz, ils doivent passer par la phase de réorganisation du cycle d'adaptation, en s'appuyant sur le potentiel qu'ils ont accumulé en matière d'agriculture durable.

La force de leur potentiel de SA, construit au fil des ans, déterminera leur capacité à réorganiser les parcelles agricoles avec l'OF. En outre, leur volonté de libérer les FC, malgré des liens de longue date, joue un rôle crucial dans la transition vers la phase de réorganisation. La perception qu'ont les agriculteurs de l'aide gouvernementale, en particulier des incitations à l'achat et à la production d'OF, devient un facteur déterminant dans cette transition.

À la lumière du raisonnement présenté, la variable dépendante de cette étude est désignée comme étant la " volonté des agriculteurs d'adopter les AF ", la principale variable indépendante étant le " potentiel d'AS des agriculteurs ". La relation entre le potentiel d'AS des agriculteurs et leur volonté d'adopter les engrais organiques est médiatisée par leur volonté de libérer les FC et leur perception de l'efficacité des mesures d'incitation gouvernementales visant à soutenir l'adoption des engrais organiques.

2.7.2 Potentiel accumulé par les agriculteurs

En résonance avec l'interprétation de la théorie de la résilience (TR) de Van der Leeuw (2009), la propriété des "potentiels" au sein d'un écosystème socio-écologique s'aligne sur le capital global ou la "richesse" qui passe à l'étape suivante. Ce concept est analogue au capital de subsistance accumulé par l'agriculteur au fil des ans. S'inspirant du cadre d'évaluation des moyens de subsistance ruraux durables de Carney (1998), Scoones (1998) et Batterbury et Forsyth (1999), qui définit les capitaux comme étant économiques, sociaux, physiques, humains et environnementaux, le chercheur propose le potentiel d'AS de l'agriculteur en tant que mesure composite englobant ces dimensions. Le "Five Capitals Model for Livelihood Sustainability" de Porritt Jonathon (2011) affine encore ces dimensions. La formulation des moyens de subsistance des agriculteurs liés à l'agriculture durable pourrait contribuer à l'évaluation globale de leur potentiel d'AS. Les définitions générales des actifs des moyens de subsistance ruraux fournies dans le tableau 2-2 contribuent à cette compréhension.

Tableau 2-2 Définitions générales des biens d'équipement liés aux moyens de subsistance

Immobilisations	Définition
Le capital humain	Santé, connaissances, compétences, motivation, joie, passion, empathie, spiritualité
Le capital social	Relations humaines, partenariats et coopération. Réseaux, canaux de communication, familles, communautés, entreprises, syndicats, écoles et organisations bénévoles, normes sociales, valeurs et confiance.
Capital financier	La monnaie qui peut être possédée ou échangée (billets et pièces, épargne, obligations).
Capital physique	Biens et infrastructures possédés, loués ou contrôlés par une organisation ou un individu et qui contribuent à la production ou à la fourniture de services. Les principales composantes sont les terrains, les bâtiments, les infrastructures (réseaux de transport, communications, systèmes d'élimination des déchets) et les

Immobilisation s	Définition
	technologies (des simples outils et machines aux technologies de l'information et à l'ingénierie).
Capital naturel (environnement)	Le capital naturel (énergie et matière) et les processus sont nécessaires aux systèmes pour fabriquer leurs produits et fournir leurs services. Les puits qui absorbent, neutralisent ou recyclent les déchets (par exemple, les forêts, les océans) ; les ressources, dont certaines sont renouvelables (bois, céréales, poissons et eau), tandis que d'autres ne le sont pas (combustibles fossiles) ; et les processus, tels que la régulation du climat et le cycle du carbone, qui permettent à la vie de se poursuivre d'une manière équilibrée.

Source : Porritt Jonathon. (2011)

2.7.3 Écosystèmes Liens entre l'acteur et les variables de contrôle

Le concept de "connectivité" fait référence à la force des liens que les acteurs de l'écosystème entretiennent avec les variables de contrôle, qui sont sujettes au changement et peuvent être des forces stabilisatrices ou déstabilisatrices. Les forces stabilisatrices jouent un rôle crucial dans le maintien de la productivité, du capital fixe et de la mémoire sociale, tandis que les forces déstabilisatrices contribuent à la diversité, à la flexibilité et à l'émergence de nouvelles opportunités (Carpenter et al., 2001 ; Gunderson, 2000). Ces concepts fournissent un cadre théorique pour comprendre les efforts de transition de l'écosystème rizicole sri-lankais vers l'agriculture durable.

Dans le contexte de cette transition, trois variables de contrôle clés sont identifiées comme ayant une influence significative sur les agriculteurs : "Le lien de l'agriculteur avec les engrais chimiques, le lien de l'agriculteur avec les engrais organiques et l'efficacité perçue de l'incitation gouvernementale par l'agriculteur. Ces variables devraient avoir un impact sur les acteurs de l'écosystème en stabilisant ou en déstabilisant la structure existante, affectant ainsi leur capacité et leur préparation à naviguer dans le cycle de résilience adaptative. Actuellement, dans la phase de conservation de la riziculture, les agriculteurs ont des liens étroits avec les engrais chimiques. Pour passer à la phase de libération du cycle d'adaptation, ils doivent se défaire de ces liens, une étape cruciale qui influence leur volonté d'entrer dans la "boucle arrière" du cycle d'adaptation.

Le passage à la phase de réorganisation du cycle d'adaptation implique que les agriculteurs passent de la phase de libération à la phase de réorganisation. Dans cette phase, la variable d'intérêt est le lien de l'agriculteur avec l'engrais organique, qui a actuellement des liens plus faibles avec les agriculteurs dans leurs pratiques existantes. Cette phase représente une étape critique du processus de transition, au cours de laquelle les agriculteurs doivent réorganiser leurs pratiques agricoles, en intégrant éventuellement les engrais organiques dans leurs habitudes.

En outre, l'efficacité perçue des incitations gouvernementales devient une variable cruciale dans cette transition en "boucle arrière" et est susceptible de jouer un rôle décisif pour déterminer si les agriculteurs choisissent de rester dans le cycle d'adaptation. Cela suggère que le soutien et les incitations fournis par le gouvernement peuvent influencer de manière significative les décisions et les actions des agriculteurs pendant la phase de réorganisation, façonnant la trajectoire future de l'écosystème de la culture du riz vers les principes de l'agriculture durable.

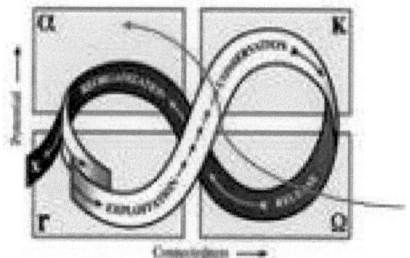

Figure 2-2 Transition en "boucle arrière" de l'agriculteur dans le cycle d'adaptation

(Crédit : Hans Sell, MPI-SHH)

Compte tenu du raisonnement exposé, le chercheur prévoit l'émergence de quatre fractions distinctes d'agriculteurs, chacune susceptible de présenter des comportements et des réactions différents en réponse à la transition en cours dans le secteur de la riziculture du pays.

1. Les agriculteurs qui se sentent à l'aise dans la phase de conservation du cycle d'adaptation devraient résister à l'utilisation d'engrais chimiques et opter plutôt pour l'utilisation d'engrais organiques, montrant ainsi leur réticence à entrer dans la "boucle arrière" du cycle d'adaptation.

2. Les agriculteurs qui ont accumulé des immobilisations importantes et qui entretiennent des liens avec les engrais organiques sont susceptibles de tirer parti de ces immobilisations pour renforcer les liens existants et établir de nouveaux liens avec les engrais organiques. Ils entreraient dans la "boucle arrière" vers la phase de réorganisation du cycle d'adaptation.

3. Les agriculteurs qui ne disposent pas de suffisamment d'actifs pour les réutiliser et qui n'ont pas de liens significatifs avec les engrais organiques peuvent décider de sortir du cycle d'adaptation en cessant leurs activités agricoles.

4. Les agriculteurs, indépendamment de leur potentiel accumulé et de leur lien avec les engrais chimiques ou organiques, qui perçoivent l'incitation gouvernementale comme influente, devraient tenter de réorganiser leurs pratiques agricoles avec des engrais organiques. Ils navigueraient dans la "boucle de retour" et s'efforceraient de se stabiliser dans la phase de réorganisation, en faisant confiance aux promesses faites par le gouvernement.

Le chercheur souligne l'importance de déterminer la taille de chaque fraction d'agriculteurs comme un facteur crucial dans l'évaluation de la préparation globale des agriculteurs à la transition vers les engrais organiques. Ces résultats ont des implications significatives pour les décideurs politiques, les universitaires et les autres parties prenantes impliquées dans cet écosystème.

2.7.4 Incitation gouvernementale à l'agriculture durable

Comme indiqué précédemment, la perception qu'ont les agriculteurs de l'efficacité des mesures d'incitation du gouvernement sera un facteur déterminant pour les maintenir dans la "boucle de retour" et dans la phase de réorganisation du cycle de résilience adaptative. Toutefois, cette perception dépend des interventions de soutien mises en œuvre sur le terrain et du degré de confiance que les agriculteurs leur accordent, y compris la confiance dans les promesses d'avenir. Dans le même ordre d'idées, certains chercheurs ont identifié des interventions gouvernementales qui ont un impact sur les capacités des agriculteurs en matière d'agriculture durable. Par exemple, Cusworth et Dodsworth (2021) ont observé que l'intervention des pouvoirs publics dans la politique de gestion environnementale des terres favorise l'autonomie des agriculteurs dans la recherche d'un équilibre entre une agriculture durable et une agriculture productive sur leurs exploitations. Demont et Rutsaert (2017) ont souligné l'importance des liens entre les chaînes de valeur, de la réputation internationale et de la coordination horizontale et verticale des chaînes de valeur en tant qu'opportunités d'amélioration durable des chaînes de valeur. De même, Von et al. (2016) ont souligné le potentiel des banques à influencer la productivité des petits exploitants agricoles, en attirant d'autres industries de la chaîne de valeur pour des initiatives d'AS. Selon Sevinç et al. (2019), le soutien public est jugé nécessaire mais insuffisant pour la durabilité de l'agriculture, la pertinence, l'adéquation et l'efficacité des subventions posant des problèmes, en particulier pour les agriculteurs non irrigués. Ces résultats soulignent l'importance du soutien gouvernemental, y compris des politiques de gestion environnementale, des incitations efficaces et des améliorations de la chaîne de valeur, en tant qu'éléments cruciaux susceptibles de renforcer la confiance des agriculteurs dans l'adaptation à l'AS.

En résumé, les agriculteurs ayant un fort potentiel en matière d'agriculture durable sont susceptibles de passer à la phase de réorganisation du cycle de résilience adaptative, en faisant preuve d'une plus grande résilience pour s'adapter aux pratiques biologiques. Inversement, les agriculteurs qui reconnaissent la nécessité de se détacher des engrais chimiques peuvent également se montrer prêts à passer à la phase de réorganisation. En outre, les agriculteurs qui perçoivent les avantages potentiels d'une aide gouvernementale peuvent être enclins à envisager la phase de réorganisation et à explorer des pratiques agricoles plus axées sur l'agriculture biologique.

2.7.5 Facteurs démographiques

De plus, compte tenu des divers facteurs démographiques (FD) liés aux agriculteurs et aux cours de ferme dont il a été question dans des études antérieures (voir le tableau 2-1), le chercheur reconnaît les effets modérateurs potentiels de ces facteurs sur la relation entre le potentiel d'agriculture durable (PAD) des agriculteurs et leur volonté d'adopter davantage de pratiques biologiques. Les facteurs démographiques tels que l'âge, l'éducation, le sexe, les méthodes agricoles, les intrants agricoles et la taille des parcelles agricoles ont été étudiés dans des études antérieures. Cependant, il n'y a pas de consensus sur les facteurs démographiques spécifiques qui pourraient avoir des effets modérateurs distincts sur ces relations dans le contexte de cette étude. En outre, l'impact des facteurs démographiques sur les relations est susceptible d'être spécifique au contexte et de varier d'une enquête à l'autre. C'est pourquoi l'identification et l'évaluation de ces facteurs démographiques et de leurs effets modérateurs sont intégrées dans le modèle conceptuel de cette étude.

2.7.6 Conceptualisation des variables et orientations

Le cadre conceptuel suivant décrit cette étude, en s'appuyant sur le raisonnement théorique discuté précédemment concernant les éléments qui influencent la préparation des agriculteurs à la transition de leurs rizières vers l'incorporation de plus d'engrais organiques. Le diagramme schématique (figure 2-3) décrit les principales variables latentes et observables, en indiquant les relations et les directions prévues. Conformément à l'objectif de l'étude, la variable dépendante identifiée pour l'examen est la volonté des agriculteurs d'adopter des engrais organiques, tandis que la principale variable indépendante est le potentiel d'agriculture durable (PAS) des agriculteurs, qui englobe divers biens d'équipement. Les variables médiatrices potentielles comprennent la volonté des agriculteurs d'abandonner les engrais chimiques et leur perception de l'efficacité des incitations gouvernementales à soutenir l'agriculture durable. Ces relations reflètent les comportements prévus des agriculteurs dans chaque catégorie, tels qu'ils ont été classés précédemment. La section suivante présente les hypothèses proposées et les recommandations pour l'analyse, conformément à l'objectif établi de l'étude.

Tableau 2-3 Variables du modèle

Variable	Type	Catégorie
Potentiels d'AS des agriculteurs (FSAP)	*Composite*	*Latente*

Capital humain (HC)	Indépendants	Latente
Capital social (CS)	Indépendants	Latente
Capital financier (CF)	Indépendants	Latente
Capital physique (CP)	Indépendants	Latente
Capital naturel (CN)	Indépendants	Latente
Efficacité perçue par les agriculteurs des incitations gouvernementales (FPEoGI)	Médiation	Latente
Disposition des agriculteurs à libérer les engrais chimiques (FRRCF)	Médiation	Latente
Préparation des agriculteurs à l'adaptation des engrais organiques (FRAOF)	Dépendante	Latente
Facteurs démographiques (DF)	Modération	Observé

Cadre conceptuel

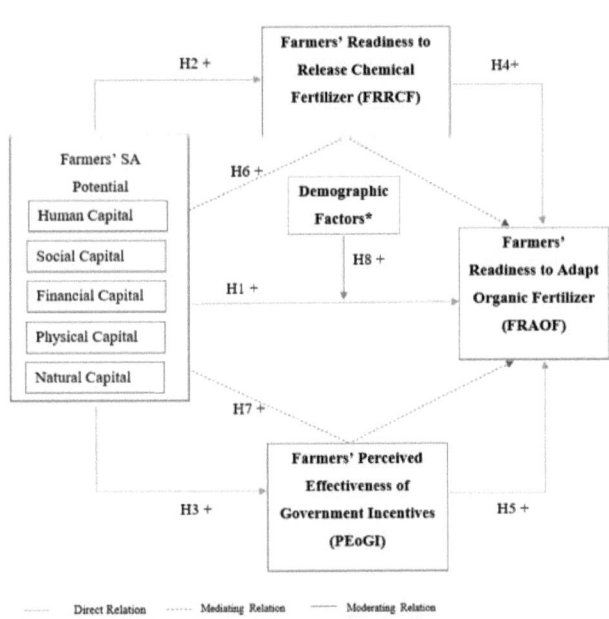

*Facteurs démographiques susceptibles de modérer la relation mentionnée dans (H1+)

Figure 2-3 Cadre conceptuel de l'étude

(Source : Création de l'auteur)

Hypothèses

1. H1 : Il existe une relation positive entre le **potentiel d'AS** des agriculteurs et leur **capacité d'adaptation** à l'OF.

2. H2 : Il existe une relation positive entre le **potentiel d'AS** des agriculteurs et leur **disposition à libérer les** FC.

3. H3 : Il existe une relation positive entre le **potentiel d'AS** des agriculteurs et leur **perception de l'efficacité** des incitations gouvernementales.

4. H4 : Il existe une relation positive entre l'**aptitude des** agriculteurs **à libérer** CF et leur **aptitude à s'adapter** OF.

5. H5 : Il existe une relation positive entre la **perception qu'ont les** agriculteurs de l'**efficacité** des mesures d'incitation gouvernementales et leur **volonté de s'adapter à l'OF.**

6. H6 : La **disposition** des agriculteurs **à libérer les** FC **influence** *positivement* la relation entre le **potentiel d'AS** des agriculteurs et leur **disposition à s'adapter à l'OF.**

7. H7 : L'**efficacité perçue par** les agriculteurs des incitations gouvernementales **influence** *positivement* la relation entre le **potentiel d'AS** des agriculteurs et leur **capacité d'adaptation à l'**OF.

8. H8 : Certains facteurs démographiques pourraient modérer la relation entre le **potentiel de l'AS** et sa **capacité à s'adapter** à l'OF.

2.7.7 Rationalisation des hypothèses

H1 : Il existe une relation positive entre le potentiel d'AS des agriculteurs et leur capacité d'adaptation à l'OF :

Les études mentionnées ici donnent un aperçu complet des divers facteurs qui influencent la capacité des agriculteurs à s'adapter aux pratiques de l'agriculture durable. Comme l'indiquent Waseem et al. (2020), divers facteurs socio-économiques tels que le revenu, l'éducation, l'emploi et la sécurité de la communauté jouent un rôle important dans la détermination des pratiques d'agriculture durable des agriculteurs. Dharmawan et al. (2021) soulignent en outre l'importance des facteurs sociostructurels et socioculturels, notamment la taille de l'exploitation, l'éducation, le rendement, la maximisation du rendement, la stabilité des intrants et la tolérance au stress environnemental.

Krishnankutty et al. (2021) soulignent la rentabilité de la riziculture traditionnelle et recommandent d'étendre ces pratiques dans les pays en développement. Mert-Cakal et Mara (2021) donnent un aperçu de la durabilité économique et de la résilience de l'agriculture soutenue par la communauté (CSA), en soulignant l'importance du modèle dirigé par les producteurs. Rust et al. (2021) soulignent la nécessité de sensibiliser les communautés d'agriculteurs afin d'encourager une meilleure adoption des pratiques de l'AS.

Mulimbi et al. (2019) mettent en lumière les facteurs clés qui influencent l'adoption de l'agriculture de conservation (AC), notamment les différences d'adoption entre des cultures spécifiques, le régime foncier et la fertilité générale des sols. L'étude recommande également d'autonomiser les femmes dans le contexte de l'AC. Petway et al. (2019) attirent l'attention sur l'influence des expériences de vie sur les pratiques biologiques et mettent en évidence des facteurs tels que la propriété des terres agricoles, la stabilité des sources d'irrigation, la santé des consommateurs et la sécurité alimentaire dans l'agriculture biologique.

Zahra (2018) identifie les facteurs critiques de la réussite des agriculteurs dans les écoles d'agriculteurs, notamment les compétences en technologie agricole, la productivité, l'accès à l'alphabétisation, aux ressources agricoles et à l'information. Šūmane et al. (2018) soulignent le rôle central des réseaux sociaux, des organisations d'agriculteurs et des connaissances formelles de soutien dans l'intégration réussie de l'apprentissage et l'échange de connaissances pour renforcer la durabilité et la résilience.

Sevinç et al. (2019) explorent comment des facteurs tels que l'âge, le niveau d'éducation, le type de propriété, les types de cultures et les revenus influencent la durabilité et la résilience des agriculteurs. Dans l'ensemble, ces résultats empiriques et ces recommandations suggèrent une interaction complexe des actifs de capital humain, social, financier, physique et naturel contribuant au potentiel de SA des agriculteurs, qui à son tour affecte leur capacité à adopter des engrais organiques et à s'engager dans des pratiques agricoles plus durables.

H2 : Il existe une relation positive entre le potentiel d'AS des agriculteurs et leur disposition à libérer les FC :

Les études mentionnées soulignent l'importance des facteurs psychosociaux, de l'éthique et des considérations socioculturelles dans l'adoption des pratiques d'agriculture durable par les agriculteurs. Waseem et al. (2020) soulignent le rôle des facteurs psychosociaux et de l'éthique, notant leur importance pour influencer les agriculteurs à adopter des pratiques d'agriculture durable. Dharmawan et al.

(2021) soulignent en outre l'impact des facteurs socioculturels et de l'éthique sur les tendances des agriculteurs à adopter des normes d'agriculture durable. L'étude suggère que si les agriculteurs donnent la priorité à l'économie de production, des facteurs tels que la subsistance, le pragmatisme, la production et la commercialisation jouent un rôle important.

Petway et al. (2019) contribuent à ces résultats en soulignant l'importance de l'approbation sociale en tant que facteur influençant l'adaptation des pratiques de SA. L'étude suggère que les considérations et l'approbation sociales peuvent influencer les décisions des agriculteurs concernant les pratiques durables. En outre, Šūmane et al. (2018) et Sevinç et al. (2019) soulignent que la curiosité personnelle, la volonté d'apprendre et les attitudes positives à l'égard de la préservation de l'environnement sont des facteurs cruciaux pour les transitions vers les pratiques de SA.

L'ensemble de ces résultats suggère que les agriculteurs dont l'état d'esprit est axé sur la production pourraient, dans un premier temps, résister à l'idée de se défaire de leurs liens avec les engrais chimiques. Toutefois, ceux qui ont un potentiel d'AS plus complet, considérant les aspects sociaux et environnementaux aussi essentiels que la productivité, peuvent se montrer plus disposés à se défaire de leurs liens rigides avec les FC. Les agriculteurs qui sont prêts à rompre leur relation avec les FC pourraient être plus enclins à adopter les engrais organiques que les autres.

H3 : Il existe une relation positive entre le potentiel d'AS des agriculteurs et leur perception de l'efficacité des incitations gouvernementales :

L'analyse de la littérature donne un aperçu du rôle essentiel de la commercialisation et de la qualité marchande pour les agriculteurs dans le cadre de l'agriculture durable. Dharmawan et al. (2021) et Krishnankutty et al. (2021) soulignent l'importance de la commercialisation pour les agriculteurs engagés dans l'AS, mettant en évidence sa signification pour leur durabilité dans le secteur agricole. L'intégration des connaissances indigènes aux pratiques scientifiques est considérée comme une stratégie permettant d'équilibrer les dimensions économiques et écologiques dans le développement agricole durable (Wang, 2018).

Cusworth et Dodsworth (2021) attirent l'attention sur le rôle de la politique de gestion environnementale des terres dans la médiation de l'autonomie des agriculteurs, en répondant au double besoin d'une agriculture durable et productive dans leurs exploitations. Les structures de gouvernance pour la formation et la diffusion des connaissances sont considérées comme impératives pour les agriculteurs qui adoptent des pratiques de SA (Šūmane et al., 2018). L'analyse SWOT menée par Demont et Rutsaert (2017) identifie des faiblesses dans la chaîne de valeur et l'absence d'une marque nationale et d'une réputation internationale sur les marchés internationaux de la production de riz. La nécessité d'une coordination horizontale et verticale pour une croissance durable est soulignée.

L'impact potentiel des banques sur la productivité des petits exploitants agricoles est étudié par Von et al. (2016), qui suggèrent que ce soutien pourrait attirer d'autres industries de la chaîne de valeur pour aider les agriculteurs dans l'agriculture de conservation. Le soutien public est jugé nécessaire mais insuffisant pour assurer la durabilité de l'agriculture, les subventions institutionnelles posant des problèmes, en particulier pour les agriculteurs non irrigués (Sevinç et al., 2019).

La synthèse de ces résultats suggère que les interventions institutionnelles jouent un rôle crucial en influençant la volonté des agriculteurs d'adopter des engrais organiques. La perception qu'ont les agriculteurs de l'efficacité de ces interventions est probablement étroitement liée à leur volonté de réorganiser leurs parcelles agricoles avec des substances organiques. En outre, on peut affirmer que les agriculteurs disposant d'un potentiel d'AS important peuvent être mieux placés pour tirer parti de ces interventions de soutien. Ces agriculteurs sont susceptibles de percevoir ces interventions comme plus efficaces, ce qui leur donne confiance dans leur capacité à adopter les engrais organiques. Cela met en évidence l'interconnexion des PAS et du soutien institutionnel, ainsi que la perception qu'ont les agriculteurs de l'efficacité de ces soutiens.

H4 : Il existe une relation positive entre la capacité des agriculteurs à libérer la FC et leur capacité d'adaptation à l'OF :

L'hypothèse 1 postule une relation entre la volonté des agriculteurs de se déconnecter des engrais chimiques (CF) et leur volonté d'adopter des engrais biologiques (OF), conformément au cadre théorique de la résilience de l'écosystème. L'hypothèse suggère que les agriculteurs qui perçoivent la déconnexion de l'AF comme une option primaire sont plus susceptibles d'adopter l'OF comme une alternative. Cette tendance comportementale leur permet de passer à la phase de réorganisation du cycle de résilience adaptative, comme l'illustre la figure 2-2.

Inversement, l'hypothèse reconnaît l'existence d'un autre groupe d'agriculteurs qui reconnaissent la nécessité de se détacher des produits chimiques, mais qui ne sont pas convaincus que l'agriculture biologique est une solution viable. Cette perspective nuancée explique l'incertitude et l'hésitation de certains agriculteurs quant à la faisabilité et à l'efficacité de la transition vers des pratiques biologiques. L'hypothèse permet donc de mieux comprendre les différences entre les réponses des agriculteurs qui sont prêts à se désengager des produits chimiques.

H5 : Il existe une relation positive entre la perception qu'ont les agriculteurs de l'efficacité des mesures d'incitation gouvernementales et leur volonté de s'adapter à l'OF :

Cette hypothèse établit un lien entre la perception qu'ont les agriculteurs de l'efficacité des mesures d'incitation gouvernementales et leur volonté d'adopter des engrais organiques, conformément au cadre théorique. L'hypothèse postule que les interventions gouvernementales agissent comme une force influençant la transition de l'écosystème. Si les agriculteurs perçoivent ces interventions comme efficaces et prometteuses, ils sont plus susceptibles d'essayer de tirer parti des possibilités offertes. Inversement, si les agriculteurs perçoivent les incitations gouvernementales comme inadéquates ou inefficaces, ils peuvent hésiter à naviguer dans le cycle d'adaptation vers la phase de réorganisation.

H6 : La disposition des agriculteurs à libérer les FC influence positivement la relation entre le potentiel d'AS des agriculteurs et leur disposition à s'adapter à l'OF :

Conformément à la théorie de la résilience, l'hypothèse postule que les forces stabilisatrices ou déstabilisatrices jouent un rôle crucial dans la conduite des changements au sein d'un écosystème. Si les agriculteurs considèrent que les engrais chimiques ne sont pas durables, cette prise de conscience pourrait les inciter à adopter des solutions de remplacement biologiques. Dans ce contexte, leur volonté d'adopter l'agriculture biologique agit comme une force puissante, déstabilisant les pratiques rizicoles dominantes centrées sur les produits chimiques et, avec le temps, favorisant la stabilisation de l'agriculture biologique. Cette force efficace sert de médiateur dans la transformation du potentiel d'agriculture durable (PAS) des agriculteurs en une volonté accrue d'adopter des pratiques biologiques.

H7 : L'efficacité perçue par les agriculteurs des incitations gouvernementales influence positivement la relation entre le potentiel d'AS des agriculteurs et leur capacité d'adaptation à l'OF :

De même, l'hypothèse suggère que la perception de l'incitation gouvernementale par l'agriculteur pourrait agir comme une force déstabilisante pour les pratiques agricoles établies centrées sur les produits chimiques, stabilisant progressivement un changement vers une agriculture plus centrée sur l'agriculture biologique. Cette force d'influence peut servir de médiateur dans la transformation du potentiel d'agriculture durable (PAS) des agriculteurs, en favorisant une plus grande volonté d'adopter des pratiques biologiques.

H8 : Certains facteurs démographiques pourraient modérer la relation entre le potentiel de l'AS et sa capacité à s'adapter à l'OF :

Cette analyse documentaire a permis d'identifier divers facteurs démographiques abordés dans des études antérieures, dont certains se sont avérés influents dans la préparation des agriculteurs à une agriculture plus centrée sur l'agriculture biologique, tandis que d'autres peuvent ne pas avoir le même impact. Cependant, les facteurs démographiques spécifiques qui jouent un rôle dans la préparation des agriculteurs dans le contexte de cette étude restent à déterminer. Pour tenir compte de ces facteurs, une variable collective appelée "facteurs démographiques" a été incluse dans le modèle. L'étude et l'analyse des données de terrain permettront d'identifier et de préciser les facteurs démographiques qui contribuent à la conversion du potentiel d'agriculture durable (PAS) des agriculteurs en une plus grande disposition à adopter une riziculture plus centrée sur l'agriculture biologique dans le contexte régional actuel.

2.8 Résumé de l'analyse documentaire

L'analyse de la littérature montre que les agriculteurs jouent un rôle essentiel pour assurer la durabilité de l'agriculture dans n'importe quel contexte. Leur potentiel, leur niveau de connexion avec l'écosystème et l'efficacité des interventions gouvernementales apparaissent comme des facteurs critiques influençant leur capacité d'adaptation face aux transitions au sein de leurs écosystèmes. La littérature existante suggère non seulement des variables potentielles pour mesurer la préparation des agriculteurs à de tels changements, mais souligne également l'importance de la réflexion sur la résilience et des concepts d'évaluation des moyens de subsistance ruraux pour quantifier ces variables par le biais de la recherche quantitative. L'analyse de la littérature contribue efficacement à la réalisation des objectifs définis pour l'étude en offrant des perspectives théoriques solides, contribuant à l'élaboration d'un cadre conceptuel et analytique robuste. En outre, elle permet de comprendre clairement la nouveauté, l'importance et l'originalité de l'étude proposée.

3 Chapitre 03 - Méthodologie de la recherche

3.1 Introduction à la conception de la recherche

La relation entre les paradigmes, les méthodologies et les méthodes de recherche est un aspect crucial souligné par des chercheurs tels que Knox (2004) et Creswell et al. (2007). Les paradigmes de recherche servent de lentilles qui façonnent notre perspective sur le monde, les méthodologies fournissent l'approche globale de l'étude des sciences sociales et les méthodes offrent des stratégies spécifiques pour mener la recherche (Greene et Caracelli, 2003 ; Teddlie et Tashakkori, 2009).Darvin (1998) ajoute que la méthodologie implique des façons de penser et de sélectionner les pratiques de recherche, en mettant l'accent sur une conceptualisation plus large au-delà des méthodes de recherche spécifiques.

La méthodologie de la recherche en sciences sociales, telle que décrite par Burgess (1984), implique des considérations sur la conception de la recherche, la collecte de données, l'analyse et l'exploration théorique des facteurs sociaux, éthiques et politiques qui influencent le chercheur. Les méthodologies fournissent un cadre pour sélectionner les moyens d'étudier, de rechercher, d'ordonner et d'échanger des informations liées à des questions fondamentales (Cornwall et al., 1994 ; Denzin, 2017 ; Kothari, 2004 ; Terre Blanche et al., 2006). Ce cadre méthodologique de recherche complet comprend des perspectives philosophiques, des méthodes d'enquête, la collecte et l'analyse de données afin de mieux comprendre le problème de recherche (Creswell et al., 2007 ; Teddlie et Tashakkori, 2009). Il permet d'identifier les variables clés liées au problème de recherche et leurs interrelations (Sekaran et Bougie, 2016).

La recherche sociale englobe diverses méthodologies, notamment la recherche quantitative, qualitative, participative et mixte (Bell, 2018 ; Myers, 1997 ; Babbie et Mouton, 2001 ; Creswell, 2003 ; Sheppard, 2004 ; Blanche, 2006). Denzin et Lincoln (2011) soulignent que les méthodologies de recherche qualitatives et quantitatives sont toutes deux scientifiques, reconnaissant les forces et les faiblesses inhérentes à chacune d'entre elles (Bell, 2018 ; Byrne, 2001). Les chercheurs, comme Byrne (2001), soulignent l'importance d'aligner les méthodologies et les méthodes sur les questions de recherche et les phénomènes observés (Creswell, 2003 ; Creswell et Plano Clark, 2007).

La méthodologie quantitative, initialement dominante dans les premières études, était principalement utilisée pour étudier les phénomènes naturels dans les sciences naturelles (Duffy, 1987 ; Myers, 1997). Cette stratégie de recherche met l'accent sur l'utilisation de chiffres dans la collecte de données et l'analyse statistique, dans le but de fournir des faits permettant de prédire, d'expliquer la causalité et de valider les relations entre les variables grâce à la traduction numérique des données (Bryman, 2016 ; Blanche, 2006 ; Hair et al., 2003). Alors que Creswell (2003) classe la recherche quantitative dans la catégorie des revendications de connaissances post-positivistes, Leedy et Ormrod (2005) affirment que la méthodologie quantitative est dérivée du paradigme positiviste.

Les techniques de collecte de données qualitatives englobent les enquêtes, les expériences (Myers, 1997), les questionnaires, les entretiens, les tests, les mesures et les observations (Easterby-Smith et al., 2021). En revanche, les données quantitatives sont obtenues par des mesures directes à l'aide de questionnaires structurés ou d'observations (Stack, 2004). Selon Bryman (2004), la recherche quantitative suit une approche déductive, établissant des liens entre la théorie et la recherche. Les partisans des méthodes quantitatives mettent l'accent sur la réalité, l'objectivité et l'explication causale (Greene et al., 2005).

L'analyse des données quantitatives implique des comparaisons, et Sapsford et Jupp (2006) soulignent son rôle dans l'établissement de la validité d'une ligne d'argumentation et dans la démonstration de l'écart entre les résultats et les attentes. Les points forts de la méthodologie de recherche quantitative sont sa capacité à offrir des perspectives détaillées, à guider les conclusions et à révéler des modèles dans différents contextes et environnements (Firestone, 1987). Les méthodes quantitatives facilitent la comparaison et l'agrégation statistique des données en mesurant les réactions de nombreuses personnes à l'aide d'un ensemble limité de questions (Patton, 2002). Les données issues des méthodes quantitatives sont considérées comme systématiques et normalisées, ce qui permet d'obtenir des résultats objectivement mesurés qui justifient des comparaisons larges et généralisables (Patton, 2002 ; Blanche, 2006 ; Durrheim et Painter, 2006). Les chercheurs apprécient également les données quantitatives parce qu'elles permettent de comparer différentes situations et de tirer parti de l'analyse statistique pour expliquer des concepts au moyen d'analyses et de tests numériques (Durrheim et Painter, 2006).

Le cadre conceptuel développé pour cette étude de recherche et les hypothèses dérivées d'un contexte philosophique solide exigent une observation empirique des épistémologies associées aux moyens d'existence des riziculteurs. Comme indiqué dans la littérature, le modèle nécessite l'adaptation d'une méthodologie quantitative pour évaluer ses concepts et les hypothèses prédites.

Comme l'expliquent Leedy et Ormrod (2001), on trouve dans la littérature trois grandes classifications de la recherche quantitative. Les trois classifications générales de l'analyse quantitative sont la description, l'expérimentation et la comparaison causale. L'approche descriptive de la recherche est une méthode primaire qui examine la situation telle qu'elle existe dans son état actuel. Elle consiste à identifier les attributs d'un phénomène sur la base de l'observation ou à explorer les corrélations entre deux ou plusieurs phénomènes. La recherche expérimentale consiste à étudier le traitement d'une intervention dans le groupe d'étude et à mesurer les résultats du traitement. La recherche causale-comparative examine comment les variables dépendantes affectent les variables indépendantes et explore les relations de cause à effet entre les variables. Le modèle de recherche causale-comparative permet au chercheur d'explorer l'interaction entre les variables indépendantes et leur influence sur les variables dépendantes. Parmi ces trois classifications, la classification de la recherche descriptive est celle qui convient le mieux au projet de recherche proposé. Comme nous l'avons vu plus haut, une bonne compréhension de la collecte et de l'enregistrement des données est essentielle à la conception et à la mise en œuvre de la recherche. Sur la base des suggestions de la littérature, le chercheur a conçu cette recherche en s'alignant sur les principes et les conseils suggérés dans le paradigme de la recherche quantitative-descriptive.

3.2 Conception de la recherche

Une bonne conception de la recherche est essentielle pour élaborer des instruments de recherche qui recueillent des données pertinentes, utiliser des techniques de collecte de données et des procédures d'échantillonnage appropriées, et sélectionner des méthodes d'analyse de données adéquates (Hair et al., 2009 ; Neuman, 2006). Les chercheurs doivent veiller à ce que la conception de la recherche corresponde aux objectifs et au contexte de l'étude (Sorenson, 2007 ; Ary et al., 2006). Ary et Jacobs (2006) soulignent que le choix de la conception de la recherche par le chercheur doit être cohérent avec le contexte et les objectifs de l'étude. L'étape initiale de cette conception de la recherche a consisté à élaborer le modèle conceptuel, en transformant les questions de recherche en un modèle conceptuel par le biais d'une analyse exhaustive de la littérature. Le modèle conceptuel sert à évaluer les hypothèses dérivées des objectifs de la recherche. L'étape suivante de cette conception de la recherche a consisté à formuler un questionnaire de recherche approprié et complet afin de recueillir les données nécessaires à l'étude.

3.3 Méthode de recherche

Le modèle conceptuel comprend neuf variables latentes et huit hypothèses pour cette évaluation. Les potentiels d'AS des agriculteurs (FC, HC, SC, PC, NC) et l'efficacité perçue des interventions gouvernementales (PEoGI) sont des variables latentes composites qui ne peuvent être observées ou mesurées directement. Pour mesurer chaque concept, des variables indicatrices (questions) sont nécessaires. Le modèle nécessite également des techniques pour mesurer deux autres variables observables sur l'état de préparation des agriculteurs (FRRCF et FRAOF). Des variables appropriées sont essentielles pour recueillir les valeurs des facteurs démographiques (FD). La sélection d'une méthode d'analyse des données appropriée pour un tel modèle multi-items est cruciale pour la réussite de l'étude, comme l'ont suggéré plusieurs chercheurs mentionnés plus haut.

La modélisation par équations structurelles (SEM) permet d'évaluer la fiabilité et la validité de ces construits multi-items et de tester les relations du modèle structurel (Chin, 1989 ; Hair et al., 2012). La modélisation par équations structurelles combine deux approches statistiques puissantes : l'analyse factorielle exploratoire et l'analyse structurelle du cheminement. L'analyse structurelle du cheminement permet l'évaluation simultanée des modèles de mesure et des modèles structurels (Lee et al., 2011). En outre, la SEM tient compte des effets directs et indirects, ce qui permet d'expliquer des variances plus importantes dans les variables dépendantes par rapport aux régressions multiples (Lee et al., 2011). La SEM est la procédure statistique la plus ancienne et la plus connue pour étudier les relations entre des ensembles de variables observées et latentes, ressemblant à l'analyse factorielle (Byrne, 2003). Des études récentes sur l'évaluation des adaptations de l'AS par les agriculteurs ont utilisé avec succès la SEM avec des modèles similaires, combinant des variables latentes et observables (Waseem et al., 2020 ; Mutyasira, 2018 ; Zahra, 2018). Étant donné que les capacités de la SEM correspondent aux exigences d'évaluation du modèle proposé, le chercheur adopte la SEM comme méthode d'analyse des données pour cette étude.

L'analyse SEM basée sur la covariance (CB-SEM) et l'analyse SEM des moindres carrés partiels basée sur la variance (PLS-SEM) sont deux approches permettant de réaliser une analyse SEM. La méthode CB-SEM est généralement utilisée pour confirmer des théories établies, tandis que la méthode PLS-SEM est une approche axée sur la prédiction qui convient à la recherche exploratoire et à l'analyse confirmatoire (Sarstedt et al., 2014). Mutyasira (2018) a utilisé la méthode PLS-SEM dans une étude relative à l'évaluation de l'AS en raison de sa nature non paramétrique et de l'absence d'hypothèses sur la distribution des données (Sarstedt et al., 2014). Les principaux objectifs de cette étude consistent à explorer les relations entre les construits latents et observables sur la base des prédictions de la théorie de la résilience (TR). Selon Joreskog et Wold (1982), la PLS est appropriée pour la recherche axée sur l'exploration, l'extension ou la prédiction de la théorie, ce qui correspond aux objectifs de la présente étude. La PLS ne nécessite pas de normalité multivariée pour l'estimation des paramètres et requiert des échantillons plus petits que les autres techniques SEM (Chin et al., 2003). Les conclusions de la littérature indiquent également que la méthode PLS-SEM tend à retenir davantage d'indicateurs pour obtenir une qualité d'ajustement acceptable et produit une fiabilité composite et une validité convergente plus élevées que la méthode CB-SEM (Hair et al., 2017). Le logiciel SmartPLS3 est capable de traiter des solutions SEM avec différents niveaux de complexité dans le modèle structurel et les constructions (Ringle et al., 2015). Par conséquent, compte tenu de ces considérations, la technique PLS-SEM soutenue par le progiciel SmartPLS3/4 est choisie pour tester le modèle et les hypothèses proposés. La maximisation de la fiabilité, la validité convergente et l'explication de la variance dans les indicateurs variables sont des objectifs clés de cette étude, ce qui la distingue des recherches antérieures sur l'AS, en particulier dans le contexte de la riziculture sri-lankaise.

3.3.1 Variables de mesure

Le modèle conceptuel choisi pour l'étude nécessite un ensemble de variables sous-jacentes capables d'expliquer les neuf concepts latents du modèle. Par conséquent, cette section est consacrée à la formulation de variables de mesure visant à évaluer ces concepts. L'identification d'une approche de mesure appropriée est cruciale pour l'élaboration des questions (variables). La partie suivante de ce chapitre explique la raison d'être de l'approche de mesure employée dans cette étude.

Les éléments indépendants évalués dans le modèle se rapportent au capital accumulé par les agriculteurs, qui contribuent collectivement à leur potentiel d'agriculture durable. En outre, le concept expliquant l'efficacité perçue des mesures d'incitation gouvernementales est supposé être un amalgame composite de diverses mesures d'incitation gouvernementales, examinées en détail plus loin dans ce chapitre.

Les deux variables mesurant la volonté des agriculteurs d'adopter des engrais organiques et le rejet des engrais chimiques sont mesurées de manière appropriée au moyen de questions de réflexion. Cette justification des diverses modalités de mesure nécessite un questionnaire comportant à la fois des questions formatives et des questions de réflexion. La figure 3-1 du diagramme suivant résume le modèle de mesure et le modèle structurel, en soulignant les indicateurs de mesure nécessaires.

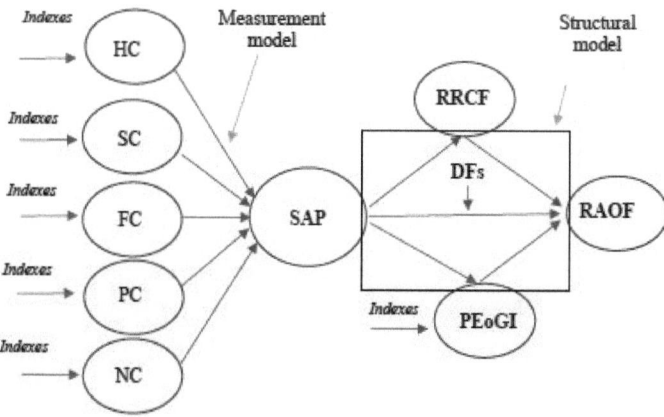

Figure 3-1 Modèle de mesure et modèle structurel pour l'analyse

3.4 Questionnaire de recherche

Conformément aux principes de la méthodologie de recherche quantitative, cette étude exige une approche objective pour la collecte et la documentation systématiques des données. La méthode de l'enquête s'impose comme le mécanisme choisi pour recueillir des données en temps réel sur les variables spécifiées. L'utilisation d'instruments de recherche combinant des questions ouvertes et fermées est une pratique courante pour la collecte de données socio-économiques et naturelles essentielles à une analyse complète.

Dans le cadre conceptuel proposé, les variables sont des constructions latentes dont la mesure est possible grâce à des variables observables. Ces variables observables sont dérivées en utilisant des indicateurs formatifs et réflexifs sur des échelles appropriées. Le questionnaire a été initialement élaboré en anglais, puis traduit en cinghalais, en veillant à ce que le sens original de chaque question reste inchangé. Une enquête pilote impliquant des répondants sélectionnés permet d'affiner le questionnaire initial et de le préparer pour la phase finale de collecte des données de l'étude primaire.

Le tableau 3-1 ci-dessous illustre un cadre d'indicateurs extrait d'une analyse documentaire, qui a servi de guide pour la formulation du questionnaire.

Tableau 3-1 Cadre des indicateurs - Variables, indicateurs et échelles de mesure

Variables latentes	Indicateurs	Échelles de mesure
Potentiel des agriculteurs en matière d'agriculture durable		
Le capital humain Memon, 1989 ; Petway et al. (2019) ; Porritt, Jonathon. (2011) ; Radcliffe (2017)	Niveau d'alphabétisation, Expériences, Compétences, Santé du ménage, Niveau de vie	Niveau d'éducation, connaissance de l'AS, nombre d'années d'activité agricole Les autres compétences non agricoles pratiquées sont la capacité à utiliser la main d'œuvre domestique, la présence d'un bon état de santé dans le ménage, le niveau de motivation, les normes et les croyances en matière d'AS.
Le capital social Rust et al. (2021) ; Putnam (1993), Bourdieu (1986) Melles et Perera (2020)	Confiance, normes, connectivité, pouvoir, réciprocité, structure du réseau	Augmentation d'autres actifs grâce à l'appartenance ou à la participation à des réseaux sociaux, au soutien de la main-d'œuvre par les membres du groupe, aux revenus obtenus grâce à l'appartenance à des groupes, à l'utilisation d'outils, d'équipements et d'infrastructures de groupe, à la confiance dans les communautés et les organisations d'agriculteurs, à la force des canaux de communication, aux pratiques de partage de la nourriture, de la main-d'œuvre et d'autres ressources.
Capital financier Mulimbi et al. (2019) ; Kiptot et Franzel (2014) ; Bowers (1995)	Avantages financiers directs et indirects, économies et dettes	Rendements des cultures comme indicateur - par exemple, kilogrammes par hectare produits au cours de la dernière saison, dernières fréquences affectées par la sécheresse ou les inondations, revenus/rendements, épargne, revenu du

Variables latentes	Indicateurs	Échelles de mesure
		travail, ratio dépenses/dépendance ; revenus non agricoles,
Capital physique (Myeni et al.,2019), (Arellanes, et al. 2003), Petway et al. (2019)	Machines, bâtiments, équipements, puits de culture, greniers, outils et équipements, réseaux de transport	Propriété et accès aux ressources, évaluation des niveaux et des changements dans les conditions et l'accès aux moyens de subsistance, propriété des actifs
Capital naturel Scherer et al. (2018) ; Bisht (2013) ; Serebrennikov (2020) ; D'souza (1993) ; Bowman et Zilberman (2013) ; Bowers (1995)	Sol, eau, énergie Ressources biologiques	Fertilité des sols (nutriments), carbone organique des sols, agroforesterie et carbone des arbres, teneur en eau des sols, biomasse, ruissellement/érosion, ravageurs, maladies, observations et mesures, nature des terres avoisinantes, disponibilité de l'eau, recyclabilité des ressources et réduction des déchets, impact des événements météorologiques et du changement climatique.

Résilience des agriculteurs Capacité d'adaptation

Libération Darnhofer et al. (2010), Oelofse et Cabel, (2012), Melles et Perera (2020)	Capacité à relâcher et à ajuster	La perturbation nécessite une adaptation au niveau de l'exploitation. Il peut s'agir de nouvelles méthodes de production, de nouvelles cultures, de l'introduction ou de la suppression de l'élevage, de la transformation à la ferme, de la commercialisation directe, etc.
Réorganiser Darnhofer et al. (2010), Oelofse et Cabell, (2012), Melles et Perera (2020)	Capacité de réalignement	La perturbation nécessite une réorientation importante des ressources et peut impliquer l'introduction d'activités en dehors du domaine agricole traditionnel. Il peut s'agir d'agrotourisme, d'agriculture de soins, de production d'énergie (par exemple, électricité produite à partir de biogaz, d'éoliennes ou de panneaux photovoltaïques), etc.

Interventions des pouvoirs publics

Institutions (interventions du gouvernement) Clune, (2019), Demont et Rutsaert, (2017), Von et al, (2016)	filiales financières et matérielles, soutien professionnel, politique de soutien à l'environnement, éducation et formation en temps utile, lien avec la chaîne d'approvision	subventions financières et matérielles pour les biens publics/privés ; rôle influent dans le développement, la transformation et la gestion des connaissances, soutien par le biais de politiques, de règles et de normes locales ; gestion de l'utilisation des terres et de l'eau, application des lois et des réglementations ; gestion des terres et de l'eau et préservation de l'environnement, encouragements/promotions des pouvoirs publics en matière d'action collective soutien au développement de partenariats avec les acteurs de la chaîne de valeur (banques, assurances, recherche, secteur privé),

Variables latentes	Indicateurs	Échelles de mesure
	nement et les marchés,	

3.4.1 Indicateurs formatifs et réflexifs

Diamantopoulos et Winklhofer (2001) proposent la formation d'indicateurs formatifs lorsque la priorité causale entre les indicateurs et un concept va des indicateurs au concept. Inversement, si la priorité causale va du construit à l'indicateur, des indicateurs réflexifs sont recommandés. Fornell et Bookstein (1982) suggèrent la création d'indicateurs formatifs lorsqu'une combinaison d'indicateurs explique le concept, alors que les indicateurs réflexifs sont préférables lorsqu'un trait définit les indicateurs. De même, Rossiter (2002) préconise la sélection d'indicateurs réflexifs si les indicateurs représentent des conséquences et d'indicateurs formatifs s'ils représentent la cause.

Le diagramme (figure 3-2) ci-dessous illustre les différences de couverture entre ces deux approches de mesure dans les domaines de recherche. Dans cette étude, une exigence fondamentale est de maximiser la variance expliquée dans chaque concept, afin d'identifier les variables sous-jacentes de chaque concept latent qui contribuent de manière optimale à leur formation. Cela nécessite des indicateurs distincts pour expliquer chaque actif immobilisé, qui ne sont pas nécessairement en corrélation les uns avec les autres, mais qui doivent contribuer collectivement à la compréhension et à la formation du concept.

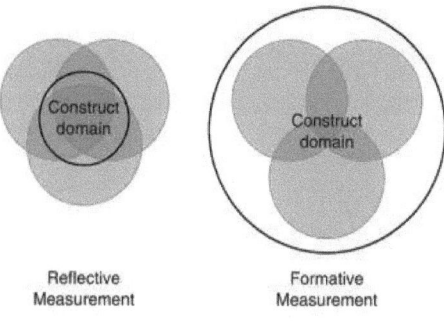

Figure 3-2 Indicateurs formatifs et réflexifs

(Source : Hair et al. 2017)

Conformément aux objectifs de l'étude et aux considérations contextuelles, et en s'inspirant des recommandations de la littérature mentionnées précédemment, l'évaluation des moyens de subsistance des agriculteurs en termes de cinq actifs et l'évaluation de l'efficacité des interventions gouvernementales sont structurées de manière à ce que les indicateurs de causalité forment collectivement ces concepts par le biais de combinaisons linéaires. Les indicateurs réflexifs sont jugés plus appropriés pour élucider la volonté des agriculteurs d'abandonner les engrais chimiques et d'adopter les engrais organiques, en saisissant les conséquences des circonstances qui les entourent.

En outre, la technique de modélisation des équations structurelles par les moindres carrés (PLS-SEM) nécessite d'autres indicateurs de réflexion pour chaque construction formative afin d'évaluer leur validité convergente. La méthode et le processus requis pour tester la validité convergente seront illustrés dans une section ultérieure. Le tableau 3-2 ci-dessous présente les concepts et les critères qui guident les indicateurs de mesure.

Tableau 3-2 Constructions formatives et réflexives du modèle

Variable	Type	critères
Capital humain (**HC**)	Formative	• Les concepts sont composés d'une combinaison d'indicateurs • Aucune covariance n'est attendue entre les indicateurs • Les indicateurs ne sont pas interchangeables • Les indicateurs sont à l'origine des concepts
Capital social (**CS**)	Formative	
Capital financier (**CF**)	Formative	
Capital physique (**CP**)	Formative	
Capital naturel (**CN**)	Formative	
Efficacité perçue des incitations gouvernementales par les agriculteurs (**PEoGI**)	Formative	
Potentiels d'AS des agriculteurs (**FSAP**)	Formative	• Idem que ci-dessus
Disposition des agriculteurs à renoncer à l'utilisation d'engrais chimiques (**FRRCF**)	Réflexion	• Les indicateurs reflètent les conséquences du concept • La covariance est attendue entre les indicateurs
Préparation des agriculteurs à l'adaptation de l'utilisation d'engrais organiques (**FRAOF**)	Réflexion	
Facteurs démographiques (**FD**)	Observable	• Les indicateurs peuvent être observés directement à l'aide d'une question

3.4.2 Techniques d'analyse des données

La méthode statistique choisie pour cette étude, la modélisation par équations structurelles (PLS-SEM[3]), suit une approche confirmatoire pour analyser une théorie structurelle liée à un phénomène spécifique (Bentler, 1988). La méthode PLS-SEM utilise des approximations pour représenter les concepts d'intérêt, en utilisant des composites pondérés de variables indicatrices pour chaque concept. Cette approche est connue sous le nom d'approche SEM basée sur les composites (Henseler et al., 2014 ; Rigdon, 2012 ; Rigdon et al., 2014).

Selon Hair et al. (2014), la méthode PLS-SEM est particulièrement adaptée aux scénarios dans lesquels l'objectif de l'étude consiste à prédire des construits cibles clés, à identifier des construits "moteurs" cruciaux ou à incorporer des construits

---

[3] PLS-SEM - Modélisation des équations structurelles par les moindres carrés

formatifs dans le modèle structurel. Ils soulignent en outre l'applicabilité de la PLS-SEM pour les modèles complexes comportant de nombreux construits et indicateurs, en particulier dans les situations où les échantillons sont de petite taille ou les données non normales.

Hair et al. (2011) et Hair et al. (2016) expliquent comment la modélisation par équations structurelles PLS utilise des modèles de cheminement, représentés sous forme de diagrammes, pour illustrer visuellement les hypothèses et les relations entre les variables examinées dans le cadre d'un modèle conceptuel. Un modèle de cheminement PLS-SEM comprend deux éléments intégraux : le modèle structurel (modèle interne) et le modèle de mesure (modèle externe). Le modèle structurel décrit les relations (chemins) entre les concepts, tandis que le modèle de mesure délimite les liens entre les concepts et les variables indicatrices. Les variables indicatrices sont les variables de substitution directement mesurées qui contiennent les données brutes (Hair et al., 2017).

Cette explication conceptuelle de la SEM s'aligne sur le cadre conceptuel et les concepts identifiés pour cette étude (figure 3-1, tableau 3-2). Comme le montre le tableau 3-2, le modèle de mesure de cette étude nécessite un ensemble de variables indicatrices pour mesurer les concepts formatifs et réflexifs. Ces indicateurs servent de proxys, constituant la composition des construits formatifs et reflétant la cause des construits réflexifs, essentiels pour expliquer les hypothèses.

3.5 Indicateurs de mesure et codification

Hair et al. (2017) donnent un aperçu du codage, qui consiste à attribuer des numéros aux indicateurs pour faciliter la mesure. Dans les enquêtes, comme celle menée dans le cadre de la présente étude, les données sont souvent précodées, c'est-à-dire que des numéros sont attribués à l'avance aux réponses (points d'échelle) spécifiées dans un questionnaire. La littérature souligne l'importance du codage dans l'analyse multivariée, car il détermine quand et comment les différentes échelles sont appliquées dans le contexte des études.

Dans le cadre du SEM, l'utilisation d'échelles ordinales, telles que les échelles de Likert, est courante. Les chercheurs doivent accorder une attention particulière au codage afin de garantir l'équidistance, notamment lorsqu'ils utilisent des échelles telles que l'échelle de Likert standard à 5 points avec des catégories (1) fortement en désaccord, (2) en désaccord, (3) ni en accord ni en désaccord, (4) en accord et (5) fortement en accord. Cette échelle implique que la "distance" entre les catégories 1 et 2 est la même qu'entre les catégories 3 et 4. Hair et al. (2017) soulignent qu'une échelle de Likert, lorsqu'elle est symétrique et médiane, présente des qualificatifs linguistiques clairs pour chaque catégorie et présente une symétrie des éléments de Likert autour d'une catégorie médiane. Les attributs équidistants sont plus facilement observés ou déduits dans une échelle symétrique. Une échelle de Likert symétrique et médiane se comporte davantage comme une échelle d'intervalle, ce qui rend les variables compatibles avec l'analyse SEM.

Suivant cette orientation, le chercheur adopte une échelle de 1 à 5 (pas du tout d'accord, pas d'accord, ni d'accord ni en désaccord, d'accord, tout à fait d'accord) pour structurer les indicateurs formatifs et réflexifs de ce questionnaire.

3.6 Conceptualisation des indicateurs de mesure et de l'échelle

Étant donné l'absence de références à source unique contenant les variables de mesure et les échelles requises dans la littérature existante, les variables de mesure (questions) de cette étude ont été élaborées au moyen d'un examen exhaustif de la littérature. Suivant les suggestions de Hair et al. (2016) et d'autres ouvrages similaires préconisant l'utilisation d'échelles ordinales telles que les échelles de

Likert dans des études de nature comparable, le chercheur a méticuleusement traité le codage afin de garantir l'équidistance dans l'utilisation de ces échelles.

Par conséquent, les questions sont structurées sur une échelle de Likert en 5 points avec les catégories (1) pas du tout d'accord, (2) pas d'accord, (3) ni d'accord ni pas d'accord, (4) d'accord et (5) tout à fait d'accord. Il est sous-entendu que la "distance" entre les catégories 1 et 2 est la même qu'entre les catégories 3 et 4, conformément aux principes d'équidistance.

Pour garantir la validité de l'échelle et la productivité des questions, une phase de pré-test planifiée comprend des revues scientifiques et une enquête pilote. Ce processus vise à évaluer la validité de l'échelle et l'efficacité des questions avant de les mettre en œuvre dans l'étude principale.

Les références bibliographiques fournies donnent des indications précieuses sur des questions et des échelles similaires, et servent de guide pour l'élaboration d'un ensemble consolidé de questions et d'échelles à utiliser dans le cadre de cette étude. Ces sources couvrent un large éventail de sujets liés à l'agriculture, aux pratiques durables, aux attitudes des agriculteurs, à l'adoption des technologies et à la résilience des moyens de subsistance. L'examen et la synthèse des méthodologies et des échelles employées dans ces études ont contribué à l'élaboration d'un ensemble solide de questions pour cette recherche.

1. Ifejika Speranza et al, 2014 - "An indicator framework for assessing livelihood resilience in the context of social-ecological dynamics" (Un cadre d'indicateurs pour évaluer la résilience des moyens de subsistance dans le contexte de la dynamique socio-écologique)

2. Petway et al, 2019 - "Analyse des opinions sur l'agriculture durable : Vers l'augmentation des connaissances des agriculteurs sur les pratiques biologiques dans le canton de Taïwan-Yuanli"
3. Hani, 2011 - "Gestion des connaissances traditionnelles autochtones dans l'agriculture"
4. Sevinç et al, 2019 - "Farmers' attitudes toward public support policy for sustainable agriculture in GAP-Sanliurfa, Turkey" (Attitudes des agriculteurs vis-à-vis de la politique de soutien public à l'agriculture durable à GAP-Sanliurfa, Turquie)
5. Shadi-Talab, 1977 - "Facteurs affectant l'adoption des technologies agricoles par les agriculteurs dans les pays moins développés : Iran"
6. Sibley, 1966 - "Adoption de la technologie agricole chez les Indiens du Guatemala"
7. Gebska et al, 2020 - "Farmer Awareness and Implementation of Sustainable Agriculture Practices in Different Types of Farms in Poland" (Sensibilisation des agriculteurs et mise en œuvre de pratiques agricoles durables dans différents types d'exploitations en Pologne)
8. Hosseini et al., 2011 - "Déterminer les facteurs influençant l'adoption des connaissances indigènes dans la gestion de l'eau agricole dans les zones sèches de l'Iran"
9. Joshi et Narayan, 2019 - "Performance measurement model for agriculture extension services for sustainable livelihood of the farmers : evidences from India" (Modèle de mesure de la performance des services de vulgarisation agricole pour des moyens de subsistance durables des agriculteurs : preuves de l'Inde)

10. Uddin et al, 2014 - "Factors affecting farmers' adaptation strategies to environmental degradation and climate change effects : A farm-level study in Bangladesh"

11. Purnomo et Lee, 2010 - "An assessment of readiness and barriers towards ICT program implementation : Perceptions des agents de vulgarisation agricole en Indonésie"

12. Azman et al., 2013 - "Relations entre l'attitude, les connaissances et le soutien à l'acceptation de l'agriculture durable parmi les agriculteurs sous contrat en Malaisie"

13. Ndamani et Watanabe, 2015 - "Perceptions des agriculteurs sur les pratiques d'adaptation au changement climatique et les obstacles à l'adaptation : A Micro-Level Study in Ghana"

14. Balafoutis et al, 2020 - "Smart farming technology trends : economic and environmental effects, labour impact, and adoption readiness" (Tendances des technologies agricoles intelligentes : effets économiques et environnementaux, impact sur la main-d'œuvre et volonté d'adoption)

15. Rehman et al., 2011 - "Factors Affecting the Effectiveness of Print Media in the Dissemination of Agricultural Information" (Facteurs affectant l'efficacité de la presse écrite dans la diffusion de l'information agricole)

16. Nkuruziza et al, 2016 - "An investigation of key predictors of performance of agricultural projects in Sub-Saharan Africa" (Enquête sur les principaux facteurs prédictifs de la performance des projets agricoles en Afrique subsaharienne)

17. Munyua, 2011 - "Connaissances agricoles et systèmes d'information (AKIS) chez les petits agriculteurs du district de Kirinyaga, Kenya"

18. Chandrasiri et al, 2019 - "Adoption of Eco-Friendly Technologies to Reduce Chemical Fertilizer Usage in Paddy Farming in Sri Lanka : An Expert Perception Analysis"

En fusionnant les méthodologies et les échelles utilisées dans ces études, le chercheur a réussi à unifier la formulation du questionnaire. Cette consolidation garantit que le questionnaire est conçu pour recueillir des données à la fois pertinentes et significatives pour cette recherche.

Calcul des indicateurs de mesure

Diamantopoulos et Winklhofer (2001) et Jarvis et al. (2003) proposent que les chercheurs intègrent un ensemble complet d'indicateurs qui couvrent entièrement le domaine du construit formatif, tel que défini par le chercheur. L'utilisation d'une approche qualitative rigoureuse est essentielle pour définir des indicateurs généraux permettant de mesurer les concepts à l'aide d'indicateurs formatifs. En outre, les indicateurs reflétant les conséquences des constructions réflexives doivent présenter une grande fiabilité. Il est conseillé aux chercheurs de procéder à une analyse approfondie de la littérature et d'établir une base théorique solide lorsqu'ils élaborent des mesures, une pratique très pertinente dans le cadre de la présente étude. Conformément à ces recommandations, une analyse documentaire complète a contribué à la création d'un questionnaire plus complet. La section suivante de ce chapitre traite de la conceptualisation des indicateurs formatifs et réflexifs pour cette étude.

3.6.1 Composition du potentiel des agriculteurs en matière d'agriculture durable

Le potentiel des agriculteurs en matière d'agriculture durable reflète leur volonté d'adopter des pratiques conformes à des principes bénéfiques pour l'environnement et économiquement viables, comme l'ont souligné Pampel et van Es (1977). Néanmoins, l'adoption des pratiques agricoles actuelles peut différer en raison des niveaux variables de rentabilité perçue ou réelle dans les différentes régions. Les disparités dans le potentiel des agriculteurs à adopter l'agriculture durable peuvent être influencées par des contraintes biophysiques limitant les rendements et des facteurs institutionnels favorisant des pratiques alternatives. Il est essentiel de mettre en évidence ces potentiels et les facteurs qui vont au-delà des considérations financières pour expliquer de manière exhaustive l'authenticité de l'adoption ou de la non-adoption des pratiques de l'agriculture durable (Stonehouse, 1995).

Knowler et Bradshaw (2007) ont réalisé une synthèse de la littérature sur les études relatives à l'agriculture de conservation, identifiant 46 variables caractéristiques de l'exploitation et de l'agriculteur à partir de 31 analyses de l'adoption de l'agriculture de conservation. Ces résultats soulignent une solide tradition de recherche empirique visant à expliquer l'adoption par les agriculteurs d'innovations agricoles et de pratiques d'agriculture de conservation. Feder et al. (1985) notent que les chercheurs sélectionnent généralement un nombre limité de variables indépendantes potentielles pour l'analyse sur la base de théories antérieures et évaluent ensuite quelles variables sont en corrélation avec l'adoption des pratiques d'AS par les agriculteurs.

Cependant, la littérature existante, en particulier dans le contexte de la riziculture sri-lankaise, manque d'une dérivation complète d'indicateurs pour mesurer les actifs en capital des agriculteurs qui influencent leur volonté d'intégrer les activités d'AS dans leurs pratiques agricoles, comme proposé dans cette étude.

Comme indiqué précédemment, lors du processus d'élaboration des indicateurs et des échelles de mesure, les connaissances tirées de la littérature existante ont joué un rôle crucial dans l'explication des facteurs sous-jacents associés à chaque concept latent du potentiel d'AS des agriculteurs, ainsi qu'aux trois autres variables étudiées dans le cadre de l'étude.

Moyens de subsistance des agriculteurs et potentiel de l'agriculture durable

En général, la majorité des agriculteurs représentent un sous-ensemble des moyens de subsistance ruraux. Selon le DFID (1999), les moyens de subsistance englobent les capacités, les actifs (y compris les ressources matérielles et sociales) et les activités nécessaires pour vivre. La durabilité des moyens de subsistance est atteinte lorsqu'ils peuvent résister aux stress et aux chocs et s'en remettre, en maintenant ou en améliorant leurs capacités et leurs actifs actuels et futurs sans compromettre la base de ressources naturelles. Ashley et Carney (1999) ont adapté cette définition de Chambers et Conway (1992), qui décrit le capital des moyens de subsistance ruraux dans le cadre d'évaluation des moyens de subsistance ruraux durables du DFID. Ce cadre classe les actifs des moyens de subsistance ruraux en cinq groupes principaux : le capital humain, le capital social, le capital financier, le capital physique et le capital naturel. Le chercheur adopte ces cinq actifs pour identifier le potentiel d'AS des agriculteurs, qui sert de déterminant pour leur préparation à l'adaptation de l'activité d'AS dans le contexte de leur écosystème agricole, comme expliqué dans le cadre conceptuel dérivé dans le chapitre précédent. L'illustration 3-1 ci-dessous présente une représentation schématique de cette conceptualisation.

Exposer 3-1 Composition des mesures du potentiel d'agriculture durable des agriculteurs

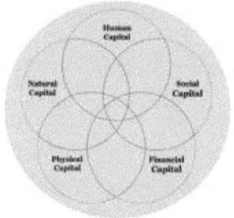

(Source : Création de l'auteur)

Carney (1998), Scoones (1998), et Batterbury et Forsyth (1999) ont complété cette compréhension des actifs en capital à cinq dimensions. Porritt Jonathon (2011) explique plus en détail les éléments de chaque capital des moyens de subsistance en milieu rural, comme indiqué dans le chapitre consacré à l'analyse documentaire dans le tableau 2-2 ci-dessus. La section suivante de ce chapitre examine une synthèse bibliographique de chaque capital, et les déclarations (indicateurs) sont tirées de diverses études antérieures mentionnées plus haut. Ces indicateurs sont organisés en sous-dimensions grâce à une exploration approfondie de la littérature.

Le capital humain

Selon Coleman (1988), le capital humain fait référence à l'acquisition de nouvelles compétences et capacités qui permettent aux individus d'agir de manière novatrice ou d'améliorer leur productivité. La motivation à adopter des pratiques agricoles durables peut provenir d'activités telles que l'acquisition de connaissances, le renforcement de la sensibilisation et des compétences, la promotion d'attitudes positives et l'alignement des valeurs et des croyances sur les pratiques agricoles modernes. Les facteurs contribuant au capital humain, tels que l'amélioration des niveaux d'alphabétisation, l'accumulation d'expériences, le développement des compétences, la santé du ménage et l'amélioration du niveau de vie, jouent un rôle crucial dans la détermination de la volonté des individus de s'engager dans des pratiques d'agriculture durable. Des recherches similaires sur ces aspects ont été entreprises par d'autres chercheurs dans des études connexes (Memon, 1989 ; Petway et al., 2019 ; Porritt Jonathon, 2011 ; Radcliffe, 2017).

Santé et bien-être *: La* santé et le bien-être généraux des agriculteurs et de leurs ménages engagés dans l'agriculture sont supposés être des facteurs essentiels qui influencent la poursuite des activités agricoles et l'adoption de pratiques agricoles plus durables. Knowler et Bradshaw (2007) ont reconnu que la santé des ménages était un facteur important qui influençait l'adaptation des agriculteurs aux pratiques d'agriculture durable. Dans le contexte de la riziculture sri-lankaise, le chercheur suggère que la santé des agriculteurs et de leurs ménages est un facteur déterminant qui contribue à leur potentiel d'AS.

Les connaissances des agriculteurs *:* Dans de nombreuses études, l'éducation et l'apprentissage des agriculteurs sont apparus comme des facteurs influençant leur décision d'adopter des pratiques agricoles durables. Dans la littérature, il existe une corrélation positive constante entre l'éducation formelle et informelle des agriculteurs et leur adaptation à l'agriculture durable (Rahm et Huffman, 1984 ; Shortle et Miranowski, 1986 ; Warriner et Moul, 1992). Ma et al. (2009) ont observé que l'éducation jouait un rôle important dans la sensibilisation des populations locales à l'environnement, les personnes interrogées ayant un niveau d'éducation plus élevé étant plus susceptibles de reconnaître les rôles vitaux de l'environnement dans les moyens de subsistance ruraux et la production céréalière. Serebrennikov et al. (2020) ont réalisé une synthèse de la littérature indiquant que l'éducation des agriculteurs est un facteur significatif influençant l'adoption de pratiques d'agriculture biologique. Des conclusions similaires ont été complétées par Mishra (2017), Kerdsriserm et al. (2016) et Arellanes et Lee (2003).

Toutefois, il convient de noter que certaines analyses ont indiqué que l'éducation était un facteur non significatif (Saltiel et al., 1994 ; Clay et al., 1998) ou même négativement corrélé avec l'adoption de l'AS (Gould et al., 1989 ; Okoye, 1998). Compte tenu des conclusions mitigées de la littérature, le chercheur suggère que les connaissances et la sensibilisation des agriculteurs à l'agriculture durable pourraient servir de mesure pour déterminer leur volonté de s'adapter à l'AS dans le contexte de cette étude, avec le potentiel d'influencer les résultats positivement ou négativement.

Nombre d'années d'expérience dans l'agriculture : Les chercheurs ont étudié l'impact du nombre d'années d'expérience des agriculteurs sur l'adoption de l'agriculture durable dans divers contextes. Les évaluations du rôle de l'expérience des agriculteurs dans l'adoption de l'AS ont donné lieu à des corrélations positives (par exemple, Rahm et Huffman, 1984 ; Clay et al., 1998) et non significatives (par exemple, Shortle et Miranowski, 1986 ; Traore et al., 1998). En outre, Waseem et al. (2020) ont constaté que le nombre d'années d'expérience n'avait aucune incidence sur l'adaptation à l'AS des cultivateurs de bananes au Pakistan. l'inverse, Rezvanfar et al. (2009) ont établi une corrélation positive entre les années d'expérience des producteurs de blé iraniens et leur adaptation aux pratiques de conservation durable des sols.

Compte tenu de la nature non concluante de ces résultats de recherche et de l'intuition du chercheur selon laquelle l'expertise des agriculteurs pourrait être contextuelle, le chercheur suggère que l'expérience pourrait être un facteur déterminant de l'adaptation à l'AS dans la riziculture sri-lankaise.

Compétences en matière de planification et d'organisation : Le processus de prise de décision dans l'agriculture est complexe et modifier les décisions dans le domaine agricole n'est pas une tâche aisée. C'est pourquoi le niveau de compétences techniques et économiques des agriculteurs, qui leur permet de prendre des décisions en connaissance de cause, joue un rôle essentiel dans le maintien du statu quo ou l'adoption de pratiques agricoles durables (Hopkins et Heady, 1962). Ces compétences jouent un rôle décisif pour déterminer ce qu'il faut produire, en quelles quantités, et quand et comment prendre ces décisions, ce qui souligne leur importance dans l'adoption des pratiques de l'agriculture durable. Memon (1989) souligne l'importance des atouts des agriculteurs dans ces compétences au sein des paysages agricoles modernes. En outre, les compétences des agriculteurs en matière de planification et d'organisation sont considérées comme des facteurs d'influence cruciaux pour l'adaptation des pratiques d'AS dans la riziculture sri-lankaise, ce qui correspond aux études menées par les chercheurs dans d'autres contextes.

Attitude et bonheur : Dans des études antérieures, une corrélation significative a été observée entre les attitudes des agriculteurs à l'égard de l'agriculture durable et l'adoption de pratiques d'AS. Diverses recherches ont porté sur les attitudes à l'égard des pratiques environnementales durables (Rezvanfar et al., 2009), des pratiques d'AS (Gebska et al., 2020 ; Ma et al., 2009), des technologies d'AS (Omobolanle, 2007) et de la volonté de produire des légumes biologiques (Opoku et al., 2020). Le chercheur s'aligne sur ces résultats et suggère que les attitudes positives des agriculteurs à l'égard de l'agriculture biologique jouent un rôle important dans la détermination de leur volonté d'adopter des pratiques d'agriculture biologique dans le contexte spécifique de cette étude.

Outre les attitudes positives à l'égard de l'AS, Mishra (2017) a découvert que la satisfaction des agriculteurs à l'égard de leur travail est en corrélation significative avec leurs capacités d'adaptation. La motivation pour la gestion des terres et de l'environnement a été identifiée comme un facteur qui encourage les agriculteurs à s'engager dans la conservation des sols (Rezvanfar et al., 2009 ; Cusworth et Dodsworth, 2021). Ces facteurs sont jugés pertinents et applicables au contexte spécifique de cette étude.

Croyances et valeurs : Selon Nitsch (1984), la majorité des agriculteurs préfèrent une orientation biologique de l'agriculture plutôt qu'une orientation instrumentale, ce qui signifie qu'ils perçoivent l'agriculture avant tout comme une intendance et un mode de vie. Bien qu'ils reconnaissent l'importance de gagner de l'argent pour assurer la durabilité, le profit n'est pas leur principale motivation. Les agriculteurs reconnaissent la nécessité de la rentabilité pour rester en activité, mais ils donnent la priorité aux valeurs non matérielles et à la satisfaction de divers besoins personnels et familiaux (Andersson et Axelsson, 1988 ; Nitsch, 1984). Sapling et Vander (2019) proposent la recherche ethnographique comme moyen de comprendre les forces motrices potentielles derrière les croyances et les valeurs indigènes des agriculteurs concernant l'alimentation et l'agriculture, en particulier dans le contexte de l'agriculture de conservation.

Les énoncés élaborés, tels qu'ils sont présentés dans le tableau 3-3 à la suite d'un examen approfondi de la littérature, visent à mesurer le concept de capital humain. Ces affirmations sont censées évaluer les réalités des moyens de subsistance des agriculteurs, en permettant aux personnes interrogées de classer leur accord sur une échelle de Likert en 5 points allant de "pas du tout d'accord" (SD) à "tout à fait d'accord" (SA).

Tableau 3-3 Indicateurs de mesure du capital humain

Le capital humain
Questions génériques de réflexion (échelle de 1 à 5, SD-SA)

1.	Je suis très motivé pour continuer à cultiver du riz
2.	Je dispose d'une main-d'œuvre suffisante pour mes activités de riziculture
3.	Je connais bien les activités agricoles respectueuses de la nature
4.	J'applique régulièrement des activités agricoles respectueuses de l'environnement dans la culture du riz
5.	J'utilise toujours des méthodes appropriées dans mes activités agricoles, en m'adaptant à l'évolution de la demande au fil du temps.

Questions formatives (échelle de 1 à 5, SD-SA)

Santé et bien-être

6.	Je vis en parfaite santé
7.	Mon ménage vit également dans d'excellentes conditions de santé
8.	Il est rare que nos problèmes de santé aient un impact sur nos activités de riziculture.
9.	Je suis satisfait de mon bien-être mental
10.	Je suis satisfait de mes relations avec mes amis
11.	Je suis satisfait(e) de mes relations avec ma famille
12.	Je ne suis pas du tout inquiet de tout ce qui se passe ces jours-ci
13.	Je suis optimiste pour les 12 prochains mois
14.	J'ai le sentiment que les choses que je fais dans ma vie en valent la peine
15.	J'ai le sentiment que les choses que je fais dans ma vie ont leur raison d'être

Connaissances et expériences agricoles

16.	Je connais l'importance de l'eau dans la culture du riz et j'utilise toujours l'eau de manière optimale.
17.	Je connais l'importance de la fertilité des sols et de leur préservation permanente.
18.	Je sais que la sélection d'une semence appropriée est essentielle pour améliorer la rentabilité, et je suis conscient de leur existence.
19.	Je sais comment minimiser l'utilisation d'engrais chimiques tout en maintenant un bon rendement.
20.	Je connais l'importance de l'utilisation du compost organique
21.	Je connais les conséquences irréversibles de la négligence de l'irrigation à temps.
22.	Je sais qu'il est important d'utiliser les pesticides conformément aux spécifications suggérées.
23.	Je connais les méthodes biologiques pour lutter efficacement contre les parasites
24.	Je connais les avantages de la rotation des cultures et je sais que cette pratique peut accroître la fertilité des sols.
25.	Je connais la méthode la plus efficace pour lutter contre les mauvaises herbes.
26.	Je connais les avantages qu'il y a à laisser les résidus de culture dans les champs après la récolte, et je le fais toujours.
27.	Je sais que le travail minimum du sol peut réduire l'érosion et la dégradation des sols.
28.	Je sais utiliser la méthode de plantation rentable à chaque saison et je l'adapte.
29.	Je connais les avantages de la culture des légumineuses pour améliorer la fertilité des sols et je les utilise.

Planification et organisation

30.	Je sélectionne des semences rentables à chaque saison
31.	Je sélectionne une parcelle de terre appropriée pour la cultiver en fonction de la saison.
32.	Je fais l'agriculture au bon moment
33.	Je prépare le budget pour chaque saison afin de comprendre les coûts et les bénéfices.
34.	Je conserve et analyse les registres de production pour chaque saison et j'analyse généralement la production future et les tendances.

Attitudes

35.	Nous devons protéger les ressources naturelles pour la prochaine génération, même si cela entraîne des pertes à court terme pour notre résultat.
36.	Néanmoins, je pense que nous pouvons maintenir de bons profits dans la culture du riz en utilisant moins d'intrants chimiques
37.	L'utilisation intensive de produits chimiques dans l'agriculture peut avoir des effets négatifs sur la santé des personnes et des animaux.
Convictions et valeurs	
38.	Je pense que la réduction de l'utilisation des produits chimiques est une nécessité opportune
39.	La riziculture est ma passion et pas seulement mon travail ou mon entreprise.
40.	Le rendement obtenu grâce à la réduction des produits chimiques est plus sain
41.	Ma parcelle de terre est mon plus grand atout
42.	Je me préoccupe toujours de la préservation de ma parcelle agricole.
43.	Mes enfants poursuivront nos traditions agricoles.

Le capital social

Le capital social est un actif produit lorsque des personnes interagissent, créant des relations et des réseaux de confiance et de compréhension partagée (Gotschi et al., 2008). Selon Sobel (2002), le capital social décrit les circonstances dans lesquelles les individus peuvent utiliser leur appartenance à des groupes et à des réseaux pour obtenir des avantages (Putnam et al., 1993), et Coleman (1990) définit en détail le capital social comme les réseaux, les normes, la confiance et les liens de réciprocité qui facilitent la coopération et la coordination. Le capital social accumulé par les agriculteurs semble jouer un rôle déterminant dans l'adoption de nouvelles pratiques agricoles ; une étude portant sur de jeunes agriculteurs grecs a révélé que ceux qui disposaient d'un capital social plus élevé étaient plus susceptibles d'être innovants (Koutsou et al., 2014).

Réseaux et connexité : Les agriculteurs qui sont en contact avec des réseaux d'agriculteurs sont plus susceptibles de suivre les pratiques des autres, que ce soit en faveur de l'AS ou inversement. Carlisle (2016) constate des caractéristiques similaires chez les agriculteurs américains qui adaptent leurs pratiques pour améliorer la santé des sols. De même, une étude italienne a montré que les non-adoptants de mesures agroenvironnementales étaient réticents à rechercher des informations auprès des agriculteurs voisins, préférant obtenir leurs informations agricoles auprès des producteurs d'intrants et des magazines agricoles (Rust et al., 2020). Dans une autre étude, les adoptants étaient plus disposés à rechercher des informations agricoles auprès d'autres agriculteurs (Defrancesco et al., 2008). Ces résultats suggèrent que les réseaux et les relations des agriculteurs peuvent influencer les personnes à qui ils font confiance et les lieux où ils obtiennent des informations agricoles. En outre, l'apprentissage au sein des réseaux sociaux et le soutien des pairs sont particulièrement importants lorsque les agriculteurs entreprennent des changements systémiques à plus long terme vers des systèmes plus durables tels que l'agriculture biologique, agroécologique et de conservation (Ingram, 2010 ; Schneider et al., 2009).

La connexité est la configuration des interactions sociales à l'échelle de la communauté ou entre les réseaux et fait partie intégrante du capital social (Pretty et Ward, 2001 ; Pretty, 2003). La connexité se rapporte aux connexions réelles et perçues au sein d'un réseau, ainsi qu'à leur force. Il existe trois types de connexions structurelles du capital social : Le **bonding fait référence aux liens** horizontaux étroits entre des individus similaires au sein d'un réseau, par exemple entre d'autres agriculteurs ; le **bridging** fait référence aux relations horizontales entre deux réseaux différents, par exemple entre des agriculteurs et des défenseurs de l'environnement ; le **linking/bracing** fait référence aux liens verticaux entre différents niveaux hiérarchiques, par exemple entre des décideurs politiques et d'autres agriculteurs fortunés. Les liens entre les individus au sein d'un réseau sont dynamiques et contextuels, le type de liens de capital social au sein d'un réseau étant important pour l'efficacité de l'échange de connaissances. Par exemple, les nouvelles pratiques et informations sont plus susceptibles d'être partagées entre des personnes ayant des liens étroits avec leur réseau habituel avant d'aller au-delà de relations sociales faibles (Granovetter, 1973). Les liens de connexion et de liaison pourraient être des formes primaires de connectivité pour un échange de connaissances plus efficace sur les nouvelles pratiques agricoles pour l'agriculture durable (Adler et Kwon, 2002 ; Hall et Pretty, 2008). Ces nouveaux échanges de connaissances avec les gens augmentent la confiance au sein de leur réseau plus proche pour diffuser les connaissances tacites (Butler et al., 2006).

Confiance et réciprocité : La confiance est un attribut essentiel du capital social, car un capital social élevé peut promouvoir la confiance entre les personnes, ce qui favorise l'action collective (La Porta et al., 1996 ; Tsai et Ghoshal, 1998). La confiance entre les individus peut les aider à croire les informations et à les transformer en connaissances utilisables, ce qui influence l'adaptation des pratiques d'AS. Les gens ont tendance à accepter plus volontiers la sagesse qui émane des réseaux sociaux auxquels ils font confiance, en particulier lorsque les risques et l'incertitude sont élevés, ce qui est le contexte de la présente étude (Carolan, 200 5 ; de Vries et al., 2015 ; Taylor et Van Grieken, 2015). La confiance interpersonnelle est la confiance développée entre les individus, y compris la volonté d'accepter le risque ou d'être vulnérable dans la relation (Mayer et al., 1995 ; Stern et Coleman, 2015 ; Sundaramurthy, 2008). Faire confiance à quelqu'un signifie généralement que l'on pense qu'il est compétent, réciproque, juste, fiable, responsable et sur lequel on peut compter (McAllister, 1995). La confiance se construit sur le succès des interactions passées et sur les similitudes sociales, telles que l'appartenance ethnique ou religieuse. La confiance ne se limite pas à l'interaction entre deux personnes, mais aussi entre une personne et une institution. (Luhmann, 1979 ; Zucker, 1986).

Dans un contexte agricole, cela pourrait signifier que, dans les réseaux qui affichent un degré élevé de confiance, l'apprentissage de nouvelles pratiques se fait de manière plus gérable et plus rapide (Schneider et al., 2009) et pourrait encourager l'adoption plus rapide ou plus fréquente d'innovations pour des approches plus axées sur l'AS. Par exemple, les agriculteurs peuvent faire confiance à leurs agronomes et aux conseils qu'ils leur prodiguent en raison de la relation à long terme qu'ils ont établie au fil du temps (Sutherland et al., 2013). Cependant, il peut arriver que les agriculteurs finissent par surutiliser des produits chimiques si c'est ce que leur recommande leur agronome. Dans les pays dépourvus d'agents de vulgarisation agricole, les agronomes peuvent être indépendants ou travailler pour une société de distribution de produits agricoles ; dans ce dernier cas, ils risquent d'imposer l'agenda de la société, ce qui peut réduire la confiance dans les informations partagées. Les agronomes indépendants peuvent renforcer la confiance des agriculteurs en étant impartiaux et en gagnant en crédibilité, en fiabilité et en respect. Ainsi, la confiance dans la communication et dans le porteur de l'information influe sur la décision des agriculteurs d'agir en fonction de cette information (Knowler et Bradshaw, 2007 ; O'Connor et al., 2005).

Normes : Les normes peuvent donner aux gens la confiance nécessaire pour participer à des activités de groupe s'ils s'attendent à ce que les autres le fassent (Gómez-Limón et al., 2014). Les normes sociales, les traditions et la pression des pairs peuvent contribuer à façonner un comportement écologiquement durable

(Reimer et al., 2014). Les normes sociales peuvent concerner des valeurs et des coutumes profondes liées aux religions, à la foi en des dieux ou à la justice, ainsi que des normes séculières telles que les normes professionnelles et les codes de conduite. En France, les viticulteurs étaient davantage disposés à modifier leur gestion agricole s'ils pensaient que leurs pairs feraient de même (Kuhfuss et al., 2016). En Grèce, les agriculteurs étaient plus enclins à participer à des mesures agricoles respectueuses de l'environnement si leurs voisins ou leurs proches le faisaient (Damianos et Giannakopoulos, 2002). En outre, une étude italienne a montré que les agriculteurs qui adoptaient activement des pratiques agroenvironnementales étaient plus sensibles à ce qu'ils pensaient que la société pensait de l'agriculture que ceux qui n'en adoptaient pas (Defrancesco et al., 2008).

Dans les réseaux sociaux bien connectés, le changement peut s'avérer difficile car la norme est souvent de se conformer au statu quo (Compagnone et Hellec, 2015). Si la mise en place de réglementations peut parfois modifier les comportements, cela dépend de la norme au sein de la communauté pour se conformer aux nouvelles règles et réglementations. Par conséquent, les normes constituent un capital social crucial que les décideurs politiques et les praticiens doivent prendre en compte s'ils souhaitent encourager une adoption plus généralisée des mesures d'AS, car les normes peuvent permettre aux agriculteurs de modifier leurs pratiques agricoles. Si la norme au sein d'une communauté est de s'en tenir au statu quo, il peut être difficile pour les agriculteurs individuels d'aller à contre-courant, en particulier s'ils ont un fort désir de s'intégrer. Dans ce cas, d'autres mesures peuvent contribuer à créer le changement, comme la collaboration avec des agriculteurs démonstrateurs convaincants. Un bon agriculteur dans une communauté agricole peut être un personnage puissant qui peut influencer les autres. Les comportements associés à l'excellent agriculteur ne sont pas nécessairement ceux qui offrent les meilleurs rendements économiques, mais peuvent être liés à la réalisation d'autres objectifs existentiels, stylistiques ou moraux (Silvasti, 2003).

Le pouvoir : Le pouvoir est essentiel en ce qui concerne le capital social, car il joue un rôle crucial dans la détermination des personnes qui peuvent exercer une influence. Bourdieu (1986) a noté que les éléments du capital social sont relationnels et influencés par la présence du réseau et la dynamique du pouvoir. Étant donné que la plupart des interactions sociales sont impliquées dans les écosystèmes agricoles, les différentes bases de pouvoir pourraient être des déterminants importants des adaptations de l'AS (Chloupkova et al., 2003). Par exemple, le fait de faire confiance à un agent de terrain pour obtenir des conseils agricoles précis place un agriculteur dans une position vulnérable, car ses bénéfices pourraient diminuer si cet agent donnait des informations incorrectes. La confiance dans des acteurs puissants devient vitale dans des contextes de conditions à haut risque et d'incertitude.

Des luttes de pouvoir se produisent quotidiennement entre les individus et les groupes, ce qui affecte qui contrôle et obtient l'accès aux ressources et comment ils partagent les ressources entre eux, par exemple entre les propriétaires fonciers et les locataires (Boardman et al., 2017) et les agriculteurs et les acheteurs (Hall et Pretty, 2008). Les propriétaires fonciers et d'autres acteurs puissants de la chaîne d'approvisionnement alimentaire, tels que les supermarchés, peuvent stipuler pour ou contre certaines pratiques d'AS, limitant ainsi la prise de décision authentique des agriculteurs. Il se peut qu'une communauté agricole ait réussi à établir de bonnes relations avec les autorités locales et fasse preuve de souplesse en s'alignant sur les initiatives institutionnelles de l'AS. Au contraire, comme le souligne Szreter (2002), l'étroitesse du capital social de l'élite dans les sociétés de libre marché pourrait avoir un impact négatif sur les initiatives de l'AS. Ce problème s'est déjà posé dans l'agriculture, où des entreprises ont formé des coalitions efficaces pour lutter contre les réglementations visant à réduire ou à interdire les produits chimiques nocifs pour l'environnement.

Le tableau 3-4 présente les indicateurs dérivés pour mesurer le concept de capital social du modèle sur la base de la littérature discutée ci-dessus.

Tableau 3-4 Indicateurs de mesure du capital social

Le capital social
Questions génériques de réflexion (échelle de 1 à 5, SD-SA)
(Exemples de pratiques d'AS : Sélection de meilleures semences pour améliorer le rendement, réduction de l'utilisation d'engrais chimiques, amélioration de la fertilité des sols, utilisation minimale de produits chimiques pour lutter contre les parasites et les mauvaises herbes, réduction du gaspillage et de la pollution de l'eau, etc.)
44. Je vis dans une société où l'on m'encourage vivement à adopter les pratiques de l'AS
45. Je vis dans une société qui me soutient pleinement dans l'adoption des pratiques de l'AS.
46. Je vis dans une société où l'AS est considérée comme un élément important.
47. J'obtiendrai une meilleure reconnaissance sociale si j'adopte les pratiques de l'AS.
Questions formatives (échelle de 1 à 5, SD-SA)
Réseaux et connexité, a) liens - individus similaires au sein d'un réseau, b) liens entre les défenseurs de l'environnement, c) liens - décideurs politiques.
48. L'organisation paysanne m'apporte une aide significative pour mes activités agricoles
49. Je bénéficie d'un soutien important de la part de l'association communautaire dont je suis membre.
50. Je reçois un soutien important de la part des acheteurs de paddy pour mes activités agricoles
51. Je reçois un soutien important de la part des vendeurs de produits agrochimiques pour mes activités agricoles
52. Je reçois un soutien important de la part de divers autres fournisseurs de biens et de services pour mes activités agricoles.
53. Je reçois un soutien important de la part des chercheurs en agriculture pour mes activités agricoles
54. Je bénéficie d'un soutien important de la part des fonctionnaires pour mes activités agricoles
Confiance et réciprocité (pratiques d'AS) Exemple : Sélection de meilleures semences pour améliorer le rendement, réduction de l'utilisation d'engrais chimiques, amélioration de la fertilité des sols, réduction de l'utilisation de produits chimiques pour lutter contre les ravageurs et les mauvaises herbes, réduction du gaspillage et de la pollution de l'eau, etc.)
55. Je fais confiance aux conseils et au soutien de mes collègues agriculteurs pour les activités susmentionnées.
56. J'ai confiance dans les conseils et le soutien reçus des institutions gouvernementales (responsables de terrain) concernant les activités susmentionnées.

57.	Je me fie aux conseils et au soutien des acheteurs de paddy pour les activités susmentionnées.
58.	Je fais confiance aux conseils et à l'aide fournis par les banques et autres institutions financières.
59.	Je fais confiance aux conseils et à l'aide fournis par les compagnies d'assurance pour les activités susmentionnées.
60.	Je fais confiance aux conseils et à l'aide reçus des vendeurs de produits agrochimiques pour les activités susmentionnées.
Normes et valeurs	
61.	Certains collègues agriculteurs me poussent à adopter des pratiques agricoles plus respectueuses de la nature.
62.	Je suis toujours heureux de produire des récoltes avec des normes plus élevées.
63.	J'obtiendrai une meilleure reconnaissance sociale si j'adopte des méthodes agricoles plus respectueuses de l'environnement.
64.	Je recevrai un meilleur prix/demande si je produis du riz en utilisant des matières organiques et moins de produits chimiques.
Puissance	
65.	L'adaptation des pratiques susmentionnées est une condition de ma charge foncière.
66.	Les acheteurs de paddy accordent de meilleurs prix aux agriculteurs qui adoptent ces pratiques.
67.	Les vendeurs d'intrants agricoles accordent des remises et des facilités de crédit aux agriculteurs qui adoptent les pratiques susmentionnées.
68.	J'ai l'impression que les fonctionnaires soutiennent davantage les agriculteurs qui adoptent les pratiques susmentionnées.
69.	Je constate que les agriculteurs aisés de notre société nous soutiennent dans l'adaptation des pratiques susmentionnées.

Capital financier

La génération de flux de trésorerie est essentielle pour que les agriculteurs puissent se permettre de prendre des risques et de développer une vision à plus long terme que la subsistance quotidienne. Une synthèse réalisée par Vorley (2002) sur des projets de "politiques qui fonctionnent pour l'agriculture durable et la régénération des moyens de subsistance ruraux" prouve que la capacité d'autofinancement des agriculteurs brésiliens est vitale pour leur permettre d'adopter des pratiques plus respectueuses de l'environnement. Dans la même étude, l'accès limité au crédit est un obstacle important à la production agricole à petite échelle. Les programmes de crédit atteignent rarement les petits agriculteurs en raison des disparités de pouvoir et de la recherche de rentes par les grands agriculteurs. L'étude de cas bolivienne réalisée dans le cadre du même projet explique que, contrairement à l'agriculture mécanisée à grande échelle, les petits exploitants n'ont pas ou peu accès au crédit car ils n'ont pas de garantie, ce qui représente une faible valeur commerciale pour les banques. Les études de cas montrent également l'importance des revenus non agricoles, tels que les fonds de retraite et les emplois en ville. De nombreux ménages à faibles revenus utilisent les envois de fonds des parents migrants pour la consommation ou pour payer des dépenses telles que l'éducation et la santé, de sorte qu'il ne reste généralement que peu d'argent pour les investissements et les accumulations agricoles (Tacoli, 1998). En termes généraux, le capital financier explique l'épargne, le crédit et les transferts de fonds d'un individu ou d'une institution, dans ce cas, qui seraient des déterminants directs de la capacité des agriculteurs à adapter les pratiques de l'AS.

Ifejika Speranza et al. (2014) suggèrent que les rendements des cultures sont un moyen de mesurer la rentabilité des terres agricoles (par exemple, le nombre de kilogrammes produits par hectare au cours de la dernière saison). Bowman et Zilberman (2013) affirment que les conditions du marché des intrants et des extrants sont des variables essentielles qui influencent la prise de décision des agriculteurs et l'adoption de pratiques ou de technologies d'utilisation des terres. Knowler et Duncan Bradshaw (2007), dans leur synthèse sur l'adoption de l'agriculture de conservation par les agriculteurs, ont constaté que la gestion fiscale et la rentabilité des exploitations étaient des facteurs déterminants pour la prise de décision des agriculteurs en matière d'adaptation à l'agriculture de conservation.

Le tableau 3-5 présente les indicateurs dérivés pour mesurer la construction du capital financier du modèle sur la base de la littérature discutée ci-dessus.

Tableau 3-5 Indicateurs de mesure du capital financier

Capital financier

Questions génériques de réflexion (échelle de 1 à 5, SD-SA)	
70.	Je suis économiquement assez fort pour continuer à cultiver du riz.
71.	Obtenir une aide financière pour mes besoins agricoles n'est pas difficile
72.	Ma culture du riz est généralement rentable
Questions formatives (échelle de 1 à 5, SD-SA)	
Économies et flux de trésorerie	
73.	Assurer la sécurité alimentaire du ménage n'est pas un défi pour moi
74.	Répondre aux autres besoins financiers de ma famille n'est pas un défi pour moi
75.	Je fais un bon surplus à chaque saison
76.	Réinvestir dans la riziculture n'est pas un défi pour moi
Crédits financiers	
77.	Il est facile de contracter un prêt auprès d'une banque
78.	Je peux obtenir rapidement des prêts auprès d'autres institutions financières
79.	Je peux facilement emprunter de l'argent à des fournisseurs locaux à un taux d'intérêt raisonnable.
Envois de fonds	
80.	Je reçois des revenus substantiels de mes autres activités
81.	J'ai un emploi régulier avec un revenu stable, et la riziculture est mon activité à temps partiel.
82.	Bien que la riziculture soit mon activité principale, je travaille à temps partiel et je gagne bien ma vie.
83.	En plus de la riziculture, je pratique d'autres activités agricoles, ce qui me procure un revenu considérable
84.	Je reçois des revenus réguliers de mon épargne à la banque
Rentabilité	
85.	Je reçois un prix équitable pour ma récolte et le revenu est généralement rentable.
86.	Le prix de vente augmente parallèlement à l'augmentation du coût des intrants agricoles.
87.	Le bénéfice que je génère continue d'augmenter avec la hausse des prix des autres produits ménagers.

Capital physique

Plusieurs chercheurs ont étudié la propriété des actifs agricoles, tels que les parcelles, les machines, les bâtiments, les équipements, les puits de culture, les greniers, les outils, les équipements, les réseaux de transport et l'accès aux technologies, y compris les technologies de l'information et de la communication (TIC), dans le cadre de l'évaluation du capital physique des agriculteurs. Cette propriété est considérée comme un facteur susceptible d'influer sur leur préparation à l'adaptation à l'agriculture durable (Myeni et al., 2019 ; Arellanes et al., 2003 ; Petway et al., 2019). La taille et la propriété des parcelles agricoles sont apparues comme des facteurs importants dans les études sur l'agriculture durable. Gachango et al. (2015) et Rodríguez-Entrena et Arriaza (2013) ont constaté une relation positive entre la taille de l'exploitation et l'adaptation de l'agriculture de conservation. Inversement, Läpple et van Rensburg (2011) et Kallas et al. (2010) ont constaté une relation inverse entre la taille de l'exploitation et les capacités d'adaptation de l'agriculture biologique.

Toutefois, dans une synthèse bibliographique réalisée par Knowler et Bradshaw (2007), la taille des exploitations a été évaluée dans 18 études sur l'AS, qui ont révélé des résultats mitigés. Parmi ces études, six ont montré une corrélation positive avec l'AS, deux une corrélation inverse, et dix études ont trouvé que la relation n'était pas significative. Compte tenu des divers résultats des recherches antérieures, le chercheur estime que la taille de l'exploitation pourrait contribuer à la préparation des agriculteurs à l'AS, dans un sens ou dans l'autre. En outre, selon Knowler et Bradshaw (2007), la commodité de la location et de la conservation des terres agricoles a été examinée dans d'autres études.

La disponibilité des machines et des équipements constitue un autre facteur influent sur l'adaptation à l'agriculture durable. Les tracteurs à deux roues, les tracteurs à quatre roues, les moteurs hydrauliques, les coupe-herbes et les pulvérisateurs sont parmi les types de machines et d'équipements couramment utilisés par les agriculteurs sri-lankais en général (Hitihamu et Susila, 2019). Le chercheur soutient que la possession d'un ou de plusieurs de ces types de machines pourrait être un facteur important dans l'amélioration du capital physique des agriculteurs, influençant ainsi leur prise de décision concernant l'adaptation à l'AS.

Les études antérieures soulignent systématiquement que l'accès à l'information et aux connaissances joue un rôle crucial dans l'adaptation à l'agriculture biologique.

Kaufmann et al. (2009) ont constaté une corrélation positive entre l'accès aux services de conseil et l'adaptation des agriculteurs aux pratiques d'AS. De même, Gachango et al. (2015) ont constaté que la réception par les agriculteurs d'informations sur l'état écologique, la réduction de l'azote et du phosphore influençait de manière significative les pratiques d'AS. Zemo et Termansen (2018) soulignent l'importance du conseil au démarrage sur le "traitement du fumier et la fertilisation" dans l'adoption des pratiques d'AS par les agriculteurs. L'accès limité aux technologies de l'information et de la communication a été identifié comme un facteur contraignant dans l'adaptation des pratiques d'AS parmi les petits exploitants ruraux, selon Von et al. (2016).

La distance par rapport aux routes goudronnées et la facilité d'accès aux zones urbaines sont d'autres facteurs examinés dans les évaluations de l'agriculture durable, comme l'ont noté des études antérieures (Knowler et Bradshaw, 2007). Selon Bowman et Zilberman (2013), l'amélioration des infrastructures permettant de réduire les coûts de transport sur de longues distances a des répercussions importantes sur la diversification de l'agriculture durable. En outre, Bisangwa (2013) a constaté que la distance entre la résidence et les champs (emplacement de l'exploitation) influence également l'adaptation de l'Afrique du Sud. Le mauvais état des routes et les longues distances à parcourir ont été reconnus comme des facteurs influençant l'adaptation à l'AS par Von et al. (2016).

Le tableau 3-6 présente les indicateurs dérivés pour mesurer le concept de capital physique du modèle sur la base de la littérature discutée ci-dessus.

Tableau 3-6 Indicateurs de mesure du capital physique

Capital physique
Questions génériques de réflexion (échelle de 1 à 5, SD-SA)

88.	Je dispose des machines et équipements nécessaires à la culture du riz.
89.	Je peux me permettre de louer des machines en cas de besoin
90.	J'ai accès aux connaissances agricoles de l'AS
91.	J'obtiens facilement des informations sur le marché
92.	J'ai un accès facile aux points de vente d'intrants agricoles

Questions formatives (échelle de 1 à 5, SD-SA)

Disponibilité des machines

(Exemples de types de machines (pulvérisateur, pompe à eau, tracteur à deux roues, tracteur à quatre roues, planteuse, moissonneuse, etc.)

93.	Je possède les machines et équipements agricoles nécessaires à mon exploitation.
94.	L'entretien de ce type de machines n'est pas un problème pour moi
95.	Je peux me permettre d'engager les machines susmentionnées chaque fois que cela est nécessaire, sans aucun problème.
96.	Les frais que je paie pour la location de machines sont abordables
97.	Les frais de location de machines sont raisonnables

Accès à l'information, aux services de conseil et aux informations sur le marché (imprimés, radio, télévision et TIC)

98.	J'écoute des émissions de radio sur la riziculture et elles sont utiles.
99.	Je regarde des émissions de télévision sur la riziculture et elles sont utiles
100.	J'utilise mon téléphone portable pour accéder à des informations sur la riziculture, et elles sont utiles.
101.	J'utilise des vidéos Internet (YouTube) sur la riziculture, et elles sont utiles.
102.	J'utilise les médias sociaux (Facebook) pour regarder des vidéos sur la riziculture, et elles sont utiles.
103.	Je lis des articles de journaux relatifs à la riziculture, et ils sont utiles
104.	Je lis régulièrement les brochures et les dépliants distribués sur la riziculture, et ils sont utiles

Accès aux infrastructures et disponibilité de la main-d'œuvre

105.	Il est facile d'accéder aux acheteurs de paddy
106.	Il est facile d'accéder aux fournisseurs et vendeurs de produits agricoles
107.	Il est facile de trouver la main-d'œuvre nécessaire aux activités de riziculture

Le capital naturel

Rezvanfar et al. (2009) ont conclu que l'accélération de l'érosion des sols et la baisse de la fertilité constituent des contraintes importantes pour la production agricole et l'agriculture durable. La fertilité du sol fait référence à la capacité du sol à soutenir la croissance des plantes et à optimiser le rendement des cultures, et les engrais organiques et inorganiques permettent de remédier aux carences. Les agriculteurs, comme le notent Spaling et Vander (2019), affirment que la conservation des résidus de culture ou l'ajout régulier de paillis dans les champs améliorent la fertilité des sols en augmentant la matière organique et la teneur en éléments nutritifs. Zahra (2018) constate que le déclin de la fertilité des sols est associé à l'utilisation croissante d'engrais chimiques et de pesticides, tandis que les pratiques d'AS font souvent état d'une augmentation de la matière organique du sol et de préoccupations concernant la disponibilité des nutriments.

Plusieurs chercheurs soulignent que la matière organique du sol dépend de la disponibilité d'intrants organiques tels que les résidus de récolte, le fumier et le compost (Hobbs et al., 2008 ; Twomlow et al., 2009 ; Luo et al., 2010 ; Marongwe et al., 2011 ; Mupangwa et al., 2012 ; Palm et al., 2014 ; Nagothu, 2015). La proximité des intrants organiques influe également sur la disponibilité, les champs les plus proches des exploitations étant généralement plus riches en matières organiques en raison de la proximité des sources de fumier et de compost (Zingore et al., 2007 ; Guto et al., 2012).

En effet, le type de sol est un facteur crucial, et les sols sablonneux ont généralement une teneur en matière organique plus faible en raison de l'absence des propriétés physiques et structurelles nécessaires à sa rétention et à sa préservation (Chivenge et al., 2007). Il convient de noter que la couleur plus foncée du sol n'est pas toujours représentative de la teneur en matière organique. En outre, il a été démontré que l'ajout de paillis sans travail du sol augmentait la teneur en matière organique dans les horizons supérieurs du sol (Baudron et al., 2012 ; Giller et al., 2015).

Okeyo et al. (2016) ont découvert que l'incorporation de résidus de culture dans le sol dans le cadre d'un travail du sol conventionnel permettait d'augmenter les niveaux de carbone organique du sol et les rendements de maïs. À la lumière de cette littérature, le chercheur soutient que la richesse des propriétés physiques et structurelles des sols agricoles, ainsi que la disponibilité de substances organiques pour améliorer la fertilité des sols, sont deux facteurs critiques qui peuvent influencer de manière significative les décisions des agriculteurs concernant l'adaptation à l'agriculture durable (AS).

La riziculture est connue pour être la culture la plus gourmande en eau, et la disponibilité de l'eau est un facteur décisif influençant la production de riz (Bowman et Zilberman, 2013). Les chercheurs dans ce domaine soulignent que l'eau est l'une des trois ressources les plus vitales pour la riziculture, avec la terre et le sol (Scherer et Pfister, 2016). Ces ressources jouent un rôle essentiel dans les écosystèmes, limitent la production agricole et sont fondamentales pour l'alimentation humaine. La structure des systèmes d'irrigation et l'efficacité des cours d'eau sont également des facteurs naturels essentiels qui influencent les tendances des agriculteurs à adapter l'agriculture durable. Par conséquent, le chercheur soutient que l'adéquation de l'eau, l'efficacité de l'infrastructure de l'eau et la facilité d'irrigation des terres agricoles sont des facteurs cruciaux pour déterminer l'adaptation des pratiques d'agriculture durable.

Dans l'agriculture contemporaine, la gestion des risques liés aux ravageurs, aux insectes, aux champignons et aux mauvaises herbes repose souvent sur l'utilisation de pesticides, d'insecticides, de fongicides et d'herbicides synthétiques. La sensibilité des variétés cultivées à ces attaques devient un facteur crucial pour déterminer l'utilisation de produits chimiques, ce qui peut aller à l'encontre des normes de durabilité (Lohr et Salomonsson, 2000 ; Regmi et Gehlhar, 2005). Par conséquent, le chercheur postule que la capacité des agriculteurs à contrôler ces risques en recourant le moins possible aux produits chimiques de synthèse influencerait de manière significative leur décision d'adopter des pratiques d'agriculture durable (AS).

La susceptibilité aux calamités naturelles telles que les sécheresses, les inondations et les attaques d'animaux sont des facteurs examinés dans la littérature qui pourraient influencer de manière significative la capacité des agriculteurs à maintenir des pratiques agricoles efficaces. Ndamani et Watanabe (2015) ont étudié les effets des inondations, des sécheresses et des périodes de sécheresse sur la fréquence et la tolérance des agriculteurs à se remettre de ces incidents, et ont constaté que ces événements avaient un impact sur la résilience des agriculteurs. Selon Irangani et Shiratake (2013), les agriculteurs sri-lankais commencent généralement à préparer leurs terres avec la pluie Ak ("Ak wessa"). Les pluies diluviennes commencent généralement à la fin du mois de septembre après la longue sécheresse de Nikini ("Nikini idoraya"), qui commence généralement au début du mois de juillet. Les agriculteurs tirent parti de ces schémas climatiques de manière stratégique dans les activités de préparation des terres et de gestion de la fertilité des sols. Par conséquent, des conditions climatiques favorables réduisent la vulnérabilité aux conditions météorologiques extrêmes. L'atténuation de l'impact d'incidents désastreux tels que les attaques d'animaux (éléphants) est également un facteur susceptible d'influencer la volonté des agriculteurs de s'adapter à l'agriculture durable.

Le tableau 3-7 présente les indicateurs dérivés pour mesurer la construction du capital naturel du modèle sur la base de la littérature discutée ci-dessus.

Tableau 3-7 Indicateurs de mesure du capital naturel

Le capital naturel
Questions génériques de réflexion (échelle de 1 à 5, SD-SA)

108.	Je peux améliorer l'état du sol de ma parcelle agricole en vue de l'utilisation d'engrais organiques.
109.	Je dispose d'un approvisionnement en eau suffisant pour mon exploitation agricole
110.	L'emplacement de mon exploitation est moins vulnérable aux catastrophes naturelles
111.	L'orientation de ma parcelle agricole favorise la lutte biologique contre les parasites
112.	L'orientation de ma parcelle agricole favorise la lutte biologique contre les mauvaises herbes
Questions formatives (échelle de 1 à 5, SD-SA)	
La fertilité du sol	
(Observations : sablage, acidité et couleur)	
113.	Je pense que la fertilité du sol de mon exploitation est bonne
114.	Je pense pouvoir améliorer la structure du sol de ma parcelle agricole afin de favoriser l'utilisation d'engrais organiques.
115.	Le sol de ma parcelle agricole peut retenir l'humidité plus longtemps
Disponibilité de substances carboniques pour améliorer la fertilité des sols	
116.	Je peux trouver des quantités raisonnables de bouse de vache inutilisée à proximité de ma parcelle agricole.
117.	Je peux trouver des quantités raisonnables de fumier de volaille à proximité de ma parcelle agricole.
118.	Je peux préparer le compost nécessaire à mon exploitation agricole
119.	Je peux trouver une bonne quantité d'engrais verts à proximité de mon exploitation.
Efficacité des réseaux d'eau et adéquation de l'eau	
120.	Le réseau d'adduction d'eau de ma ferme est bien entretenu
121.	Je suis satisfait du calendrier des lâchers d'eau des réseaux d'irrigation gérés.
122.	Je peux aussi compter sur l'eau de pluie, dans une mesure raisonnable
123.	Je peux pomper de l'eau sur ma parcelle si nécessaire
Capacité à lutter naturellement contre les ravageurs, les insectes, les champignons et les mauvaises herbes	
124.	J'utilise moins de produits chimiques que les autres pour lutter contre les parasites
125.	J'utilise moins de produits chimiques que les autres pour lutter contre les insectes
126.	J'utilise moins de produits chimiques pour lutter contre les champignons que les autres.
127.	J'utilise moins de produits chimiques pour lutter contre les mauvaises herbes que les autres.
Fréquence des phénomènes météorologiques extrêmes et des attaques d'animaux	
128.	Je ne subis pas de graves dommages aux cultures en raison de la sécheresse
129.	Je ne subis pas de graves dommages aux cultures en raison des inondations
130.	Je ne subis pas de dommages importants aux cultures en raison d'attaques d'animaux.

3.6.2 Composition de l'efficacité perçue de l'incitation gouvernementale

L'efficacité perçue de l'incitation gouvernementale dans cette étude est limitée à l'examen des programmes de soutien et de subvention lancés par les institutions gouvernementales pour aider la transition en cours vers l'agriculture durable. Le gouvernement se concentre principalement sur l'incitation à l'utilisation d'engrais organiques dans le secteur agricole sri-lankais. Le ministère de l'agriculture a lancé une initiative nationale et un programme de subventions visant à renforcer les capacités, à dispenser des formations et à fournir des ressources suffisantes aux agriculteurs pour qu'ils s'engagent dans la fabrication locale d'engrais organiques. Ces initiatives s'inscrivent dans le cadre de la révolution des engrais envisagée dans le manifeste électoral du gouvernement précédent, intitulé "Vistas of Prosperity and Splendour" (Perspectives de prospérité et de splendeur) en 2019. Le mandat propose une approche progressive pour remplacer le système actuel de subvention des engrais par un système alternatif, l'objectif final étant que la majorité des agriculteurs utilisent principalement des engrais organiques dans leurs pratiques agricoles.

À la suite de l'interdiction de l'importation d'engrais chimiques au Sri Lanka en avril 2021, plusieurs transitions ont eu lieu dans le secteur agricole. Les institutions liées à l'agriculture s'efforcent activement d'aider les agriculteurs à réorganiser leurs pratiques agricoles en mettant l'accent sur les engrais organiques. Les progrès de ces initiatives ont été discutés par les représentants du gouvernement lors d'un point presse tenu au Secrétariat présidentiel le 2 septembre 2021. Au cours de cette réunion, ils ont fait le point sur l'adoption des engrais organiques et des nouvelles réglementations.

Les fonctionnaires ont indiqué qu'un mécanisme fonctionnel était en place pour garantir un approvisionnement adéquat en engrais organiques pour la prochaine saison Maha, afin d'éviter toute pénurie pour les agriculteurs. Ils ont souligné que l'ensemble du processus, y compris la sensibilisation des agriculteurs, l'assistance technique et le soutien financier, se poursuit sans interruption (Secrétariat présidentiel, 2021).

La discussion a également révélé que le gouvernement a lancé la production d'engrais organiques locaux, dans le but de fabriquer la quantité requise pour les agriculteurs. Cependant, la mise en œuvre a été retardée en raison de l'impact du COVID-19. En guise de plan d'urgence, des dispositions alternatives ont été prises pour importer des engrais organiques répondant à des normes internationales élevées afin de faire face à toute pénurie potentielle. Pour garantir la qualité et la sécurité de ces engrais organiques, les fonctionnaires ont déclaré qu'ils seraient soumis à des tests en laboratoire et à des recherches sur la biodiversité avant d'être mis à la disposition des agriculteurs.

Le gouvernement a élaboré un plan d'incitations financières pour les agriculteurs, prévoyant un montant de 12 500 roupies par hectare, jusqu'à un maximum de deux hectares, afin d'encourager la production d'engrais organiques. Les agriculteurs peuvent soumettre des formulaires de demande remplis pour cette incitation aux assistants de recherche et de production agricoles ou aux centres de services agraires. Les fonds alloués seront crédités directement sur les comptes bancaires des agriculteurs concernés. Un programme alternatif est également en place pour fournir une assistance financière aux agriculteurs qui n'ont pas de compte en banque.

Pour les agriculteurs qui ne sont pas en mesure de produire eux-mêmes des engrais organiques, le gouvernement leur permet de s'en procurer auprès d'autres sources, moyennant le remboursement des frais encourus. Pour garantir la transparence et le contrôle de la qualité, un système de code QR sera mis en place pour tous les engrais organiques importés et produits localement, ce qui permettra à quiconque de vérifier leur qualité.

Une ligne téléphonique spéciale, dont le numéro est le 1920, a été mise en place pour aider les agriculteurs et leur proposer des solutions à leurs problèmes. En outre, une équipe d'agents techniques sera déployée pour fournir un soutien sur place et mener des inspections sur le terrain, dans tous les districts.

Les fonctionnaires ont révélé qu'un budget de 26,62 milliards de roupies a été alloué au projet. Ce budget couvrira les engrais nécessaires pour la saison Maha, la production locale, les importations, les subventions, l'aide technique et les programmes de sensibilisation. Ils ont fait valoir que cette initiative permettrait d'économiser le budget annuel de 22,71 milliards de roupies consacré à l'importation d'engrais chimiques, et que les fonds resteraient dans la communauté agricole du pays. Le gouvernement vise à créer de nouvelles opportunités pour les jeunes entrepreneurs afin qu'ils s'engagent dans la production et la distribution d'engrais organiques.

Les fonctionnaires ont souligné que les banques d'État accordent déjà aux agriculteurs des prêts allant jusqu'à un million de roupies à un taux d'intérêt préférentiel. En outre, les personnes à faible revenu ont la possibilité de louer ou d'acheter les machines nécessaires à un prix réduit. Les représentants du gouvernement ont assuré que les agriculteurs ne seraient en aucun cas laissés à l'écart. En outre, ils ont affirmé que le pays ne connaîtrait pas de pénuries alimentaires ni de risques agricoles en raison de la politique relative aux engrais organiques, contredisant ainsi les affirmations de certains médias et de divers groupes.

Lors de la réunion hebdomadaire du cabinet du 25 janvier 2022, le gouvernement a présenté les plans de mise en œuvre du programme d'achat de paddy pour la saison

2021/2022 (Maha Season). L'objectif est de garantir des prix équitables aux agriculteurs et de conserver la réserve de paddy du gouvernement. Dans le cadre de cette initiative, le Paddy Marketing Board et les secrétariats de district/agents du gouvernement achèteront directement les récoltes de paddy par l'intermédiaire de petits et moyens propriétaires de moulins à paddy. Le gouvernement a alloué 29 805 millions de roupies par l'intermédiaire des banques d'État pour faciliter ce programme. En cas de déficit de la récolte de paddy pour la saison 2021-2022 en raison de l'adoption d'engrais organiques, le gouvernement s'est engagé à verser une compensation de 25 roupies pour chaque kilo de paddy produit afin de soutenir le revenu des agriculteurs concernés (ministre de l'agriculture, 25 janvier 2022).

Cette politique de promotion de l'agriculture biologique a suscité une vaste controverse, en particulier dans le contexte de la crise économique qui sévit dans le pays. Malgré les difficultés, le gouvernement s'est engagé à importer certains engrais chimiques, même si les réserves nationales de devises sont épuisées, ce qui affecte les importations essentielles telles que les médicaments et le carburant. Le 7 juin 2022, le cabinet a approuvé l'importation de 150 000 tonnes d'urée, 45 000 tonnes de muriate de potasse (MOP) et 36 000 tonnes d'engrais triple superphosphate (TSP) pour la culture du riz pendant la saison 2022/23 Maha. En outre, le cabinet a approuvé la proposition du Premier ministre de signer des accords en vue d'obtenir un prêt de 55 millions de dollars par l'intermédiaire de la Banque d'import-export de l'Inde afin d'acheter de l'urée pour la saison 2022/23 Maha.

Cependant, les agriculteurs s'inquiètent de la disponibilité rapide et de l'accessibilité financière de ces engrais chimiques, compte tenu de la hausse potentielle des prix due à une forte inflation. La crise économique actuelle a ajouté aux défis et aux incertitudes du secteur agricole.

En résumé, le gouvernement a introduit et promis plusieurs interventions clés classées en quatre catégories dans le cadre de son soutien aux agriculteurs pendant la transition vers l'agriculture biologique. Ces interventions comprennent des incitations financières pour la production d'engrais biologiques, des dispositions pour l'achat de machines à des taux préférentiels, un système de compensation pour les pénuries potentielles de récolte de paddy et un programme d'achat de paddy. Toutefois, l'efficacité de ces régimes de subvention et l'opinion des agriculteurs sur les promesses faites à l'avenir pour encourager le passage à l'utilisation d'engrais organiques restent inconnues.

Subventions financières :

1. Aide financière pour l'achat d'engrais organiques
2. Aide financière (soutien bancaire) pour la production de ses propres engrais organiques

Aide matérielle :

3. Fourniture d'engrais organiques standard et en quantité suffisante
4. Fourniture de semences plus adaptées aux engrais organiques

Formation et renforcement des capacités :

5. Renforcement des capacités de sensibilisation à l'utilisation d'engrais organiques
6. Formation et connaissances techniques sur la fabrication d'engrais chimiques

Des décisions politiques favorables :

7. Achat de la récolte à un prix équitable garanti par l'intermédiaire de l'office de commercialisation du paddy
8. Octroi d'une compensation au cas où les agriculteurs se retrouveraient avec des rendements agricoles insuffisants en raison de la transition.

Sur la base de la discussion bibliographique ci-dessus, le chercheur propose la conceptualisation suivante, présentée dans le tableau 3-2, pour mesurer le concept : L'efficacité perçue par les agriculteurs des interventions gouvernementales. Le tableau 3-8 présente les indicateurs dérivés pour évaluer ce concept du modèle conceptuel.

Exposer 3-2 Composition de la perception de l'efficacité des interventions gouvernementales par les agriculteurs Mesures

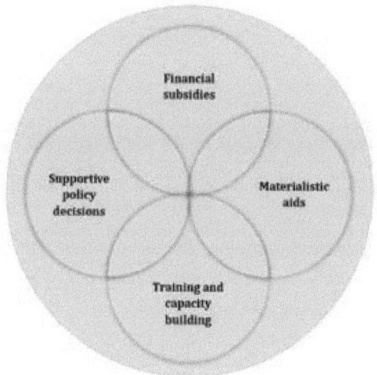

Tableau 3-8 Indicateurs pour mesurer l'efficacité perçue de l'incitation gouvernementale

Efficacité perçue des mesures d'incitation gouvernementales en faveur de l'adaptation des engrais organiques
Questions génériques de réflexion (échelle de 1 à 5, SD-SA)
131. Les programmes financiers gouvernementaux mis en place pour soutenir les engrais organiques sont utiles.
132. Les programmes de formation lancés pour soutenir l'utilisation d'engrais organiques sont utiles
133. L'aide matérielle que nous recevons du gouvernement pendant cette période de transition est utile

Questions formatives (échelle de 1 à 5, SD-SA)	
Disponibilité d'engrais organiques pour l'agriculture	
134. Les engrais organiques sont disponibles sur le marché	
135. J'ai confiance dans l'utilisation des engrais organiques disponibles sur le marché pour ma culture du riz.	
136. Je pense que les approvisionnements se poursuivront avec les mêmes normes à l'avenir également	
Aide financière (soutien bancaire) pour l'achat d'engrais organiques	
137. Le soutien financier apporté par le gouvernement pour l'achat d'engrais organiques est suffisant.	
138. Je pense que l'aide financière sera maintenue pour les saisons à venir.	
139. Nous recevons tous une aide financière avec moins de papiers, de travail et de procédures.	
140. Nous recevons l'aide financière de manière équitable	
141. Nous recevons l'aide financière à temps	
Aide financière (soutien bancaire) pour la production de son propre engrais organique	
142. Le soutien financier apporté par le gouvernement à la production d'engrais organiques est suffisant.	
143. Nous recevons tous ces aides financières avec moins de papiers, de travail et de procédures	
144. Nous recevons l'aide financière de manière équitable	
145. Nous recevons l'aide financière en temps voulu	
Renforcement des capacités de sensibilisation à l'utilisation d'engrais organiques	
146. Nous recevons un tel programme, dont le contenu est bénéfique	
147. La plupart d'entre nous ont participé à ces formations	
148. Le processus de sélection pour cette formation est équitable	
149. La formation se trouve à proximité et est accessible	
150. La formation est opportune	
Formation et connaissances techniques sur la production d'engrais organiques	
151. Nous recevons un tel programme, dont le contenu est bénéfique	
152. La plupart d'entre nous ont participé à ces formations	
153. Le processus de sélection pour cette formation est équitable	
154. La formation se trouve à proximité et est accessible	
155. La formation est opportune	
Achat de la récolte à un prix équitable garanti par l'intermédiaire de l'office de commercialisation du paddy	
156. Le processus d'achat est simple et ne nécessite pas de longues files d'attente.	
157. Les paiements sont effectués immédiatement et de manière simple	
158. Nous bénéficions d'un traitement équitable dans le cadre de ce programme d'achat de paddy.	
159. Nous espérons que le programme se poursuivra également au cours de la prochaine saison.	
Fourniture de semences plus adaptées aux engrais organiques	
160. Les semences fournies par le gouvernement sont considérées comme adaptées à l'agriculture biologique.	
161. Les prix des semences sont raisonnables	
162. Les graines sont facilement disponibles	
163. Nous pouvons trouver des semences dans les points de vente les plus proches	

164.	Nous pouvons être sûrs que l'établissement continuera

Prévoir des compensations au cas où les agriculteurs se retrouveraient avec une récolte insuffisante en raison de la transition.

165.	L'annonce par le gouvernement d'un système de compensation pour les éventuelles pertes de récolte dues à l'utilisation d'engrais organiques est encourageante.
166.	Nous pouvons raisonnablement faire confiance à de telles promesses de la part du gouvernement
167.	J'ai vu de telles aides compensatoires nous être accordées par le passé en cas de pertes de récoltes

3.7 Réflexions sur la volonté des agriculteurs d'abandonner les produits chimiques et d'adopter les produits biologiques

Selon le Webster's New Collegiate Dictionary, le concept de "préparation" est défini comme le fait d'être mentalement ou physiquement prêt pour une expérience ou une action particulière. Dans diverses disciplines, les chercheurs ont adopté cette définition pour évaluer la préparation personnelle, en incluant des dimensions telles que la préparation physique, technologique, psychologique et économique (Borotis et Poulymenakou, 2004 ; So et Swatmanc, 2006 ; Purnomo, 2010). Purnomo (2010) a ensuite synthétisé la préparation personnelle en quatre dimensions : la préparation physique, la préparation technologique, la préparation psychologique et la préparation économique lors de l'évaluation de la préparation des agents agricoles à l'utilisation des téléphones mobiles.

Le dictionnaire Oxford définit l'état de préparation comme "l'état d'être entièrement préparé à quelque chose". À partir de ces définitions et des suggestions de la littérature, le chercheur a défini deux concepts dans le cadre de la préparation des agriculteurs à l'abandon des engrais chimiques (CF) et à l'adoption des engrais organiques (OF). L'état de préparation physique des agriculteurs est déterminé par la disponibilité de substances chimiques ou carboniques dans leur voisinage. La préparation technique est influencée par les connaissances des agriculteurs en matière d'utilisation de ces substances et par leur conscience des résultats potentiels.

La préparation psychologique est déterminée par les attitudes, les croyances et les valeurs des agriculteurs, en particulier en ce qui concerne l'agriculture respectueuse de l'environnement et les pratiques durables. La préparation économique, quant à elle, est déterminée par l'accessibilité financière de l'abandon des engrais chimiques et de l'adoption d'engrais organiques.

Il est certain que l'intégration des quatre dimensions de la préparation - physique, technologique, psychologique et économique - fournit un cadre complet pour évaluer la préparation générale des agriculteurs à l'abandon des engrais chimiques (CF) et à l'adoption des engrais organiques (OF). En abordant ces dimensions, le chercheur vise à obtenir une vision holistique de la préparation des agriculteurs dans ces domaines cruciaux.

En formulant des questions pour mesurer ces concepts, il est essentiel de concevoir des indicateurs de réflexion qui saisissent efficacement les nuances de chaque dimension de la préparation. Ces indicateurs doivent être conçus de manière à permettre aux agriculteurs d'exprimer leur niveau de préparation sur les plans physique, technologique, psychologique et économique.

La figure 3-3 ci-dessous illustre la conceptualisation des deux variables de l'état de préparation dans le modèle. Le tableau 3-9 présente les indicateurs proposés pour évaluer ces indicateurs de manière réfléchie et covariante.

Exposer 3-3 Mesures réfléchies de la volonté des agriculteurs d'abandonner les engrais chimiques et d'adopter les engrais organiques

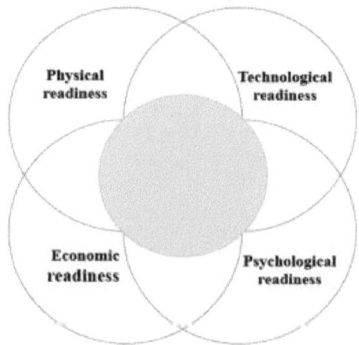

Tableau 3-9 Disposition des agriculteurs à abandonner les engrais chimiques et à adopter les engrais organiques

Les agriculteurs sont prêts à abandonner les engrais chimiques
168. La réduction de l'utilisation d'engrais chimiques est une nécessité urgente
169. Même si cela peut avoir un impact sur mon rendement, je suis prêt à minimiser l'utilisation d'engrais chimiques.
170. L'utilisation intensive d'engrais chimiques n'est pas la voie à suivre pour l'avenir de la riziculture.
171. Je suis prêt à essayer des substances organiques comme alternative aux engrais chimiques.
Disposition des agriculteurs à réorganiser les parcelles agricoles à l'aide d'engrais organiques
172. L'utilisation de la substance organique dans la riziculture n'est pas nouvelle pour moi
173. Nous pouvons produire des résultats plus rentables en utilisant des engrais organiques.
174. Je peux produire des engrais organiques pour répondre à mes besoins au niveau national.
175. L'utilisation d'engrais organiques est l'avenir durable de la riziculture

3.8 Facteurs démographiques

Outre les questions de l'échelle ordinale suggérées précédemment pour mesurer la construction principale du modèle, l'analyse de la littérature montre que les indicateurs catégoriels suivants peuvent exercer des influences distinctes sur les coefficients de cheminement du modèle lors de la vérification des hypothèses dans divers groupes au sein d'un même échantillon. En d'autres termes, ces variables sont susceptibles d'avoir des effets modérateurs variables sur les résultats lorsqu'elles sont examinées dans ces différents groupes démographiques. Le tableau 3-10 ci-dessous dresse la liste des variables identifiées comme se prêtant à une telle analyse multigroupe.

Tableau 3-10 Questions catégorielles pour mesurer les facteurs démographiques

Nom de la variable	Type	Question	Réponse attendue	
Nom (facultatif) :	Nominal		....	
Contact (facultatif) :	Nominal		....	
Genre :	Nominal		....	
L'âge :	Nominal		....	
		La religion :	....	
1. Enseignement général	Ordinaire	Quel est votre niveau d'éducation ?	a) N'ont pas fréquenté l'école b) De la première à la cinquième année c) De la 6e à la 11e année d) Passé LO e) Adopté AL f) Licence ou diplôme supérieur	
2. Enseignement agricole	Ordinaire	Comment se présente votre enseignement agricole	a) Pas d'enseignement agricole spécifique b) Étudier jusqu'à l'OL c) Étudier en AL d) licence en agriculture	
3. Formation agricole	Nominal	Avez-vous participé à des programmes de formation ou de certification dans le domaine de l'agriculture ?	Oui/Non Si oui, veuillez préciser	
4. Moyens d'approvisionnement en main-d'œuvre	Nominal	Comment répondez-vous aux besoins en main-d'œuvre de votre riziculture ?	a) Moi-même uniquement b) Et mes ménages c) Main d'œuvre salariée d) Tous les points ci-dessus	
5. Expérience	Ordinaire	Depuis combien d'années pratiquez-vous la riziculture ?	....	
6. Adhésion à une organisation d'agriculteurs	Nominal	Êtes-vous membre d'une organisation d'agriculteurs ?	Oui/Non	
7. Navire membre d'autres groupes	Nominal	Êtes-vous membre d'un autre groupe dans votre communauté qui contribue aux activités de riziculture ?	Oui/Non	

8.	Affiliation à d'autres personnes	Nominal	Avec qui discutez-vous principalement des questions liées à la riziculture ou demandez-vous des conseils sur les améliorations à apporter ?	a) b) c) d) e) f)	Fonctionnaires gouvernementaux sur le terrain Chercheurs agricoles Acheteurs de paddy Vendeurs d'intrants Agriculteurs associés Préciser autre chose
9.	Dépendance à l'égard des autres	Nominal	De qui dépendez-vous principalement pour poursuivre votre activité agricole ?	a) b) c) d) e) f)	Propriétaires Acheteurs Vendeurs Chercheurs Fonctionnaires Agriculteurs associés
10.	Type d'intrants agricoles utilisés	Nominal	Quels sont les intrants agricoles que vous utilisez dans la riziculture ?	a) b) c) d) e)	Substances organiques uniquement Essentiellement des produits biologiques et moins de substances chimiques Substances chimiques de plus en plus organiques Les substances organiques et chimiques sont égales Préciser autre chose
11.	Nature de l'engagement dans l'agriculture	Nominal	La riziculture est mon	a) b) c) d)	Activité à temps plein Activité à temps partiel avec un autre emploi Activité à temps partiel avec d'autres activités agricoles Préciser autre chose
12.	Méthodes appliquées à l'agriculture	Nominal	Quelles sont les pratiques agricoles que vous appliquez dans la culture du riz ?	a) b) c) d)	Méthodes modernes utilisant les machines disponibles Méthodes traditionnelles Un mélange de méthodes traditionnelles et modernes Préciser Autre

13. Nature de la propriété de la parcelle agricole	Nominal	Cultivez-vous du riz sur votre parcelle ou sur une parcelle en location ?	a) b) c) d) e)	Terrain propre Location à court terme (2 à 5 saisons) Location à long terme (pour cinq saisons ou plus) Location à long terme ("Panath") Préciser Autre
14. Taille de la parcelle de l'exploitation	Ordinaire	Quelle est la taille de votre principale parcelle de riziculture en acres ?	....	
15. Statut de l'analyse des sols	Nominal	Avez-vous déjà effectué une analyse de sol sur votre parcelle agricole ?	Oui/ Non Si oui, précisez les détails	
16. Rétention des résidus de culture	Nominal	Conservez-vous les résidus de culture dans la parcelle agricole ?	Oui/Non	
17. Élevage d'animaux	Nominal	Pratiquez-vous l'élevage parallèlement à la riziculture ?	Oui/Non Si oui, quels sont les animaux que vous élevez	
18. Type d'irrigation	Nominal	Comment classez-vous votre principale parcelle de riziculture ?	a) b) c) d) e)	Principales zones irriguées Peu irriguée Alimenté par la pluie Puits et pompe à eau Autres, précisez................
19. Les ravageurs de la nature s'attaquent à l'agriculture	Nominal	Quels sont les ravageurs et les insectes qui posent problème à votre culture du riz ?	....	
20. Méthodes de lutte contre les ravageurs et les champignons	Nominal	Comment lutter contre les parasites et les champignons ?	a) b) c) d)	Utilisation de produits chimiques Utiliser des méthodes traditionnelles Les deux ci-dessus Autres précisions
21. Méthode de lutte contre les insectes	Nominal	Comment lutter contre les insectes ?	a) b) c) d)	Utilisation de produits chimiques Utiliser des méthodes traditionnelles Les deux ci-dessus Autres précisions

22. Méthode de lutte contre les mauvaises herbes	Nominal	Comment luttez-vous contre les mauvaises herbes dans votre exploitation ?	a) Utilisation de produits chimiques b) Désherbage manuel c) Donner de l'eau au bon moment d) Grâce à des pratiques traditionnelles de labourage et au nivellement des champs pour une bonne rétention de l'eau.
23. Les animaux s'attaquent à l'agriculture	Nominal	Quel animal menace votre riziculture ?	Veuillez préciser ....

3.9 Pré-test du questionnaire de recherche

Il est impératif de procéder à un examen approfondi de ce questionnaire pour s'assurer que les questions représentent bien les concepts du modèle, conformément aux objectifs de la recherche, et que leur formulation et leur codage sont rationnels à des fins d'évaluation. La phase de pré-test est considérée comme cruciale dans l'élaboration d'un questionnaire. Selon Bell (1987) et Dwivedi (1997), les chercheurs doivent déterminer si les répondants possèdent les connaissances nécessaires ou s'ils ont accès aux informations requises pour répondre correctement aux questions. Il est recommandé de faire appel à des experts pour s'assurer que les questions sont claires, spécifiques et dépourvues d'ambiguïté, tout en éliminant les éléments tels que les aspects suggestifs, présomptifs, embarrassants et ceux qui font appel à la mémoire (Moser et Kalton, 2004).

Neuman (2006) déconseille l'utilisation du jargon, de l'argot et des abréviations, ainsi que l'absence d'ambiguïté, de confusion, de langage émotionnel, de questions à double sens et de questions suggestives. Les chercheurs doivent éviter de poser des questions qui dépassent les capacités des personnes interrogées, qui reposent sur de fausses prémisses, qui portent sur des intentions dans un avenir lointain, qui comportent des doubles négations ou qui entraînent des réponses déséquilibrées (Neuman, 2006).

Afin d'améliorer la qualité du questionnaire, celui-ci a été revu par des universitaires ayant une grande expérience de la recherche et des affiliations académiques. Le tableau 8-1 de l'annexe 02 ci-dessous résume les commentaires critiques qu'ils ont formulés sur le questionnaire complet élaboré précédemment.

La traduction de ce questionnaire est essentielle car les agriculteurs de cette population spécifique communiquent principalement en cingalais, leur langue maternelle. Le chercheur, avec l'aide d'un linguiste qui fait office d'expert en agriculture dans une région appartenant à cette population, a entrepris le processus de traduction afin de garantir l'exactitude et l'adéquation culturelle de la traduction.

3.10 Population de l'étude

Les petits exploitants dont les parcelles de riz sont inférieures à deux acres contribuent de manière significative, puisqu'ils représentent 70 % de la production de paddy dans le pays. Un autre quart de la contribution provient des agriculteurs possédant des parcelles de 2 à 5 acres. Ces statistiques soulignent l'importance de considérer l'étendue des cultures ensemencées comme un indicateur représentatif de la densité de population parmi les agriculteurs dans tous les districts rizicoles du Sri Lanka.

Les districts clés du Sri Lanka, qui se distinguent par leur prédominance en termes de superficie ensemencée et de volume de production, comprennent Anuradhapura, Polonnaruwa, Kurunegala et Batticaloa. L'illustration 3-4 montre que le district d'Anuradhapura contribue à lui seul à 16 % de la culture totale de paddy dans le pays, compte tenu de la superficie brute ensemencée. Ce district englobe notamment les trois principaux systèmes d'irrigation : majeur, mineur et pluvial.

Reconnaissant l'importance du volume de culture et la diversité des méthodes d'irrigation dans le district d'Anuradhapura, le chercheur propose de sélectionner la population de l'échantillon dans ce district pour l'étude.

Exposer 3-4 - Principaux districts de culture du paddy au Sri Lanka (par superficie brute ensemencée)

District	Superficie brute ensemencée (en acres) - 2019/2020 (Maha)				% du total
	Grands projets	Régimes mineurs	Pluvial	Tous les régimes	
Anuradhapura	133575	129204	31035	293814	16
Polonnaruwa	140748	18363	6488	165599	9
Kurunegala	44344	93277	66188	203809	11
Ampara	147601	10992	37651	196244	11
Batticaloa	60482	9416	95652	165550	9
Total (pour l'ensemble de l'île)	864237	494711	499894	1858842	100

Source : Département du recensement et des statistiques du Sri Lanka : Département du recensement et des statistiques du Sri Lanka. (2020).

L'introduction du projet Mahaweli dans le système national d'irrigation se distingue comme un projet pivot lancé dans l'ère postindépendance, avec pour objectif principal d'améliorer la culture du riz. Lancé en 1979 par une loi du Parlement, le projet a été mis en œuvre en 1984 sous l'autorité résolue de Mahaweli. Le programme visait à améliorer la qualité de vie des colons et à faciliter la production et la circulation des marchandises. Le gouvernement a fourni diverses infrastructures, notamment des infrastructures physiques (routes, canaux, services publics, maisons et autres bâtiments), des infrastructures sociales (éducation, santé et services postaux), des infrastructures économiques (modernisation de l'agriculture et création d'agro-industries) et des infrastructures institutionnelles (banques, sociétés coopératives, centres de formation professionnelle et bureaux du gouvernement) (Wanasinghe, 1987).

Le système de Mahaweli se compose de cinq systèmes principaux : B, C, G, H et Udawalawe. Le système Mahaweli H est situé dans le district d'Anuradhapura et a été jugé approprié pour cette étude en raison de son importance socio-économique. Le chercheur considère cette sélection comme une opportunité d'évaluer l'impact à long terme sur les agriculteurs des changements socio-économiques entrepris dans ces régions dans le cadre du programme Mahaweli dans les années 1980.

3.11 Échantillonnage de la population

Selon les chiffres publiés dans le recensement et les statistiques 2019/2020, pendant la saison de culture "Maha", qui est la principale saison de culture du riz au Sri Lanka, le système (H) de Mahaweli constitue 20 % de la superficie des terres dans le district d'Anuradhapura. Ce système H englobe environ 14 170 hectares de terres aménagées réparties sur quatre plans de colonisation. Les détails de la disposition géographique du système H et les superficies ensemencées en riz, ainsi que leurs pourcentages respectifs dans les régions, sont présentés dans les figures 3-3 et les pièces 3 5 oi dessous.

Exposer 3-5 Superficie ensemencée (en acres) dans les zones H de Mahaweli dans le district d'Anuradhapura

Région de culture du riz dans le système H	Acres	% du total du district
Galnewa	9082	3%
Meegalewa	5220	2%
Galkiriyagama	5367	2%
Madatugama	7307	2%
Eppawela	8122	3%
Tabuttegama	7129	2%
Nochchiyagama	8257	3%
Thalawa	7437	3%

Source : Département du recensement et des statistiques du Sri Lanka : Département du recensement et des statistiques du Sri Lanka. (2020).

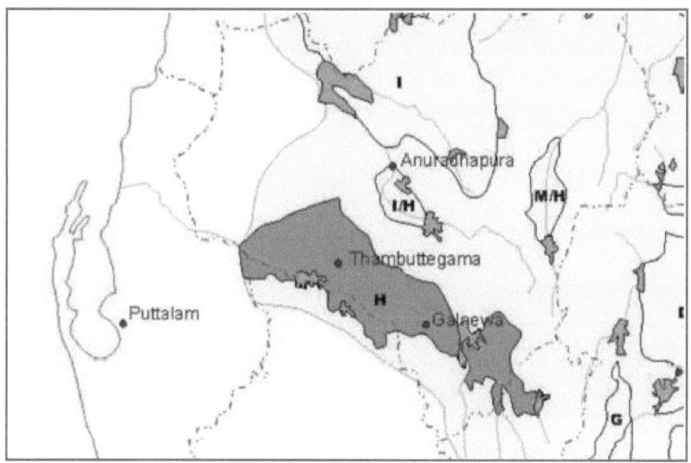

Figure 3-3 Géographie du système Mahaweli (H)

(Source : Aheeyar, (2007)

3.12 Enquête pilote

Le pré-test d'un questionnaire auprès d'un petit groupe de répondants est une pratique de recherche largement acceptée avant sa mise en œuvre dans l'étude principale (Mugenda et Mugenda, 2003). La littérature souligne systématiquement l'importance des études pilotes pour les instruments de collecte de données. Cette étape cruciale permet de s'assurer que les personnes interrogées comprennent les questions clairement et sans ambiguïté (Reynolds et Diamantopoulos, 1993 ; Janes, 1999 ; Easterby-Smith et al., 2021 ; Babbie, 2004 ; Moser et Kalton, 2004 ; Neuman, 2006 ; McBurney et White 2007). Les tests initiaux permettent également aux chercheurs d'évaluer la longueur et l'enchaînement des questions (Easterby-Smith et al., 2021), d'identifier les erreurs (Reynolds et Diamantopoulos, 1998), de former l'équipe de recherche (Cooper et Schindler, 2003), de rectifier les insuffisances et de réduire les biais. Les enquêtes pilotes permettent d'évaluer la pertinence et l'exhaustivité des questions, de déceler les demandes vagues (Sekaran et Bougie,

2016), d'éviter les redondances (Babbie, 2004), d'évaluer les questions marginales (Moser et Kalton, 2004) et d'affiner les instruments (Synodinos, 2003).

Selon McBurney et White (2007), une enquête pilote portant sur un nombre modéré de cas a permis d'obtenir des informations précieuses sur les données et les résultats. Easterly-Smith (2002) et Sekaran et Bougie (2016) ont conclu qu'un tel test permettait d'évaluer s'il était possible d'analyser les données à l'aide des méthodes sélectionnées. McBurney et White (2007) ont averti que le fait de ne pas pré-tester le protocole sur certains informateurs pouvait être décevant et avoir un impact sur la précision de l'étude. Conformément aux recommandations de diverses sources documentaires, le questionnaire méticuleusement conçu et présenté dans le chapitre précédent a fait l'objet d'une enquête pilote et de révisions ultérieures afin de le préparer pour l'étude principale.

Collecte d'échantillons pour l'enquête pilote

Des échantillons commodes ont été recueillis par le biais d'entretiens en face à face avec 64 répondants entre le 23 mai et le 4 juin 2022, dans des régions spécifiques du système H de Mahaweli, la population visée par l'étude principale. Pour administrer le questionnaire, des informateurs clés ont été identifiés avec l'aide des agents agricoles de terrain de ces divisions. Le questionnaire a ensuite été administré par ces informateurs clés. Les personnes interrogées ont été sélectionnées en consultant les listes de distribution d'engrais accessibles aux responsables agricoles de cette division.

3.13 Analyse des données de l'enquête pilote

Les conseils et suggestions de la littérature PLS-SEM ont été méticuleusement respectés à chaque étape de l'analyse des données et de l'élaboration des conclusions. Comme indiqué précédemment, le modèle comprend à la fois des éléments de mesure et des éléments structurels, avec une combinaison d'indicateurs formatifs et réflexifs. L'analyse des données commence par l'analyse du modèle de mesure, où les règles et conditions recommandées dans la littérature sont appliquées séparément aux catégories de mesure "formative" et "réflexive". Cette analyse vise à identifier les indicateurs les plus efficaces et les plus fiables pour l'évaluation ultérieure du modèle structurel et la vérification des hypothèses.

Le modèle de mesure comprend 175 indicateurs de mesure et 23 variables observables pour étudier les DF, tandis que le modèle structurel englobe quatre concepts latents (voir figure 3-4). Les forces de chaque coefficient de chemin des actifs immobilisés mesurent la puissance des potentiels d'agriculture durable de l'agriculteur, qui est un construit de second ordre dans le modèle. Inversement, les coefficients de chemin entre les autres variables reflètent les effets directs et indirects prédits dans le modèle. Les indicateurs de mesure prennent la forme de mesures ordinales de Likert, comme décrit précédemment.

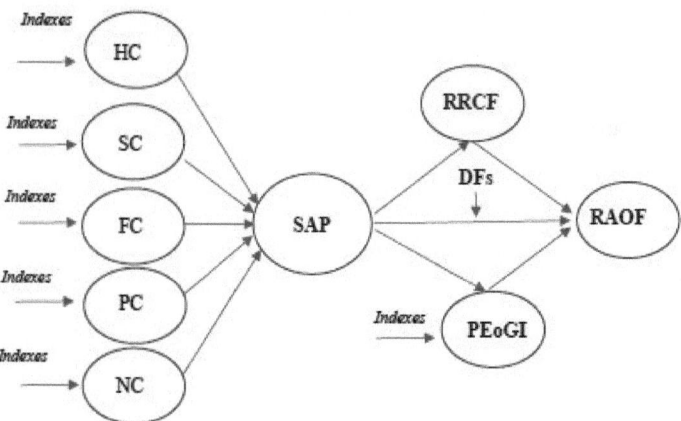

Figure 3-4 Modèle pour la mesure du construit et l'analyse des chemins
(Source : Création de l'auteur)

3.13.1 Analyse en composantes principales (ACP)

L'analyse en composantes principales (ACP) joue un rôle crucial dans l'identification des questions les plus convaincantes pour les instruments de recherche, un processus souvent réalisé lors d'enquêtes pilotes. Elle permet de rationaliser l'instrument en identifiant les questions clés qui capturent efficacement les concepts sous-jacents. La régression PLS, quant à elle, se distingue de la régression classique. Lors de la construction du modèle de régression, elle crée des facteurs composites par le biais d'une analyse en composantes principales, en utilisant à la fois des variables indépendantes multiples et des variables dépendantes.

La régression PLS est une technique analytique qui étudie les relations linéaires entre plusieurs variables indépendantes et une ou plusieurs variables dépendantes. Cette méthode permet de construire des composites à partir des multiples variables indépendantes et dépendantes par le biais d'une analyse en composantes principales (Hair et al., 2017). L'analyse du modèle de mesure, telle que décrite ci-dessous, a un objectif similaire à l'analyse en composantes principales et répond à l'exigence cruciale d'élaboration du nouvel instrument dans le cadre de cette recherche.

Analyse du modèle de mesure (ACP)

Analyse des constructions formatives

La littérature PLS-SEM suggère d'appliquer les étapes suivantes de manière séquentielle dans l'évaluation de modèles formatifs similaires à ce modèle. Les étapes ont permis d'analyser le modèle avec 64 échantillons collectés au cours de cette enquête pilote.

Étape 1 : Évaluer la **validité convergente** du modèle de mesure formative

Étape 2 : Évaluer le modèle de mesure "formatif" pour détecter les **problèmes de colinéarité**

Étape 3 : Évaluer l'**importance et la pertinence** des indicateurs formatifs

(Hair et al. (2017)

Validité convergente :

La littérature propose également une méthode pour tester la validité convergente (CV) lors de la mesure et de l'évaluation des indicateurs de mesure formative. Cette technique consiste à analyser le CV des concepts formatifs en calculant la corrélation entre la mesure formative et d'autres mesures réflexives du même concept. Chaque construit est traité comme un sous-modèle distinct, étiqueté comme "construit-formatif" et "construit-réflexif", comme le montre la figure 3-5. Dans cet arrangement linéaire, les indicateurs formatifs contribuent collectivement au construit latent formatif et, dans une situation idéale, la variance expliquée (valeur R2) du construit latent créé de manière composite devrait être égale à 1 (Bollen, 2011 ; Bollen et Bauldry, 2011).

La littérature recommande que la force du coefficient de cheminement reliant deux concepts (formatif et réflexif) soit d'au moins 0,80 ou d'un minimum de 0,70 pour une validité convergente satisfaisante. En d'autres termes, cela reflète une valeur R^2 indicative du construit de 0,64 ou d'au moins 0,50 pour établir la "validité convergente". L'analyse des six construits latents formatifs du modèle a été réalisée conformément à ces critères et règles. Le tableau 3-12 présente un résumé de l'analyse de la validité convergente des construits formatifs du modèle.

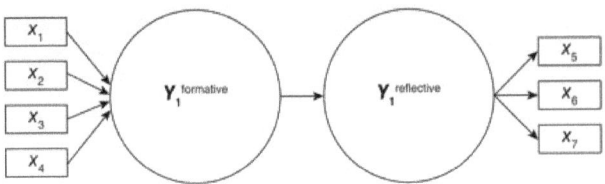

Figure 3-5 Modèle de mesure de la validité convergente des indicateurs formatifs

Source : (Hair et al. (2017)

Tableau 3-11 Résultats de l'analyse de la validité convergente

Construction latente	Coefficient de chemin	R^2 Valeur
$HC^F \rightarrow HC^R$	0.924	0.853
$SC^F \rightarrow SC^R$	0.784	0.615
$FC^F \rightarrow FC^R$	0.895	0.801
$PC^F \rightarrow PC^R$	0.828	0.686
$NC^F \rightarrow NC^R$	0.700	0.491
$FPEII^F - FPEII^R$	0.950	0.902

Colinéarité des indicateurs

Le PLS-SEM évalue les colinéarités des indicateurs formatifs à l'aide du facteur d'inflation de la variance (VIF), qui est la réciproque de la tolérance. La tolérance représente la variance de l'indicateur formatif qui n'est pas expliquée par d'autres indicateurs dans la même construction. Dans le contexte du PLS-SEM, une valeur de tolérance de 0,20 ou moins et une valeur VIF de 5 ou plus indiquent un problème potentiel de colinéarité (Hair et al., 2011).

Lors de l'analyse de colinéarité de tous les indicateurs formatifs, il a été observé que certains indicateurs dépassaient les seuils spécifiés. Par conséquent, ces questions ont été exclues du questionnaire et n'ont pas été prises en compte pour l'évaluation du modèle structurel. Les résultats des analyses VIF des concepts formatifs sont disponibles à l'annexe 03 de cette thèse.

Importance et pertinence

Dans le PLS-SEM, les poids externes et les charges externes des indicateurs jouent un rôle crucial en indiquant la pertinence relative et l'importance absolue de la contribution de chaque indicateur à la formation du construit. L'importance de ces contributions est généralement évaluée à l'aide de la technique de bootstrap dans le PLS-SEM.

La littérature fournit certaines règles pour déterminer la pertinence et la signification des pondérations et des saturations externes. Ces règles aident les chercheurs à comprendre l'importance relative des indicateurs individuels dans la formation des concepts sous-jacents.

- Lorsque le poids d'un indicateur est significatif, il existe un soutien empirique au maintien de l'indicateur.
- Lorsque le poids d'un indicateur n'est pas significatif, mais que le poids de l'item correspondant est relativement élevé (c'est-à-dire ≥0,50) ou statistiquement significatif, les chercheurs doivent généralement conserver ces indicateurs.
- Si le "poids extérieur" n'est pas significatif et que la "charge extérieure" est relativement faible (c'est-à-dire <0,5), les chercheurs devraient fortement envisager de supprimer l'indicateur formatif du modèle.

Suite à l'application des règles spécifiées à ce modèle, les résultats indiquent que certains indicateurs ne répondent pas aux critères énoncés ci-dessus. Par conséquent, ces questions ont été exclues du questionnaire et n'ont pas été prises en considération pour les analyses du modèle structurel. Les résultats détaillés des analyses d'importance et de pertinence des indicateurs formatifs sont disponibles à l'annexe 03 ci-dessous.

Résultats globaux de l'analyse formative

Sur les 138 questions formatives, 72 indicateurs ont été jugés productifs et conservés dans le questionnaire final ; ces indicateurs ont été utilisés pour tester le modèle structurel présenté plus loin dans ce chapitre.

Analyse des constructions réflexives

Dans le cadre du PLS-SEM, l'analyse des données réflexives fait intervenir des critères différents de ceux de l'analyse formative. L'évaluation des mesures réflexives est basée sur l'application de paramètres et de règles spécifiques.

- Cohérence interne (alpha de Cronbach, fiabilité composite)
- Validité convergente (fiabilité de l'indicateur, variance moyenne extraite)
- Fiabilité de l'indicateur
- Validité discriminante

L'évaluation des données réflexives dans le cadre du PLS-SEM implique plusieurs paramètres et règles :

Fiabilité composite (CR) : La fiabilité de la cohérence interne est mesurée à l'aide du paramètre de fiabilité composite. Dans la recherche exploratoire, il est suggéré que la CR soit supérieure à 0,70, les valeurs comprises entre 0,60 et 0,70 étant considérées comme acceptables.

Fiabilité de l'indicateur : La fiabilité de l'indicateur est évaluée en examinant la charge externe de l'indicateur. Les valeurs de charge externe supérieures à 0,70 sont généralement considérées comme fiables. Les valeurs de charge externe comprises entre 0,40 et 0,70 ne peuvent être supprimées que si ces déductions améliorent la fiabilité composite et la "variance moyenne expliquée" (AVE).

Validité convergente (AVE) : La validité convergente est mesurée à l'aide de la variance moyenne expliquée (AVE), et une valeur supérieure à 0,50 est généralement acceptée sur la base des recommandations PLS-SEM.

Validité discriminante (HTMT) : La validité discriminante est évaluée par le biais du rapport "Hétérotrait-Monotrait" (HTMT), où une valeur de 1 pour toutes les combinaisons de concepts doit être évitée.

Critère de Fornell-Larcker : Le critère de Fornell-Larcker suggère que les saturations externes d'un indicateur sur un concept doivent être plus élevées que toutes ses saturations croisées avec d'autres concepts. En outre, la racine carrée de l'EAV de chaque concept doit être supérieure à sa corrélation la plus élevée avec n'importe quel autre concept.

Les résultats de l'application de ces règles sont présentés dans les tableaux 3-13 et 3-14. Les charges externes de chaque indicateur réflexif ont été examinées afin de déterminer quels indicateurs étaient moins efficaces et devaient être éliminés du questionnaire.

Tableau 3-12 Analyse de la cohérence interne et de la fiabilité

Construire	Alpha de Cronbach	Fiabilité composite	Variance moyenne extraite (AVE)
Préparation de l'agriculteur à l'adoption de l'OF	0.778	0.857	0.603
Préparation de l'agriculteur à la libération CF	0.829	0.882	0.657
Potentiel de l'AS pour les agriculteurs	0.821	0.871	0.531

Tableau 3-13 Analyse HTMT

	Préparation de l'agriculteur à l'adoption de l'OF	Préparation de l'agriculteur à la libération CF
Potentiel de l'AS pour les agriculteurs	0.404	0.323
Préparation de l'agriculteur à la libération CF	0.744	

L'application des règles de mesure réflexive a permis de retenir 17 questions sur les 37 testées lors de cette phase. Le questionnaire final comprend ces questions, qui sont utilisées pour évaluer l'analyse du modèle structurel. Les détails des résultats de l'analyse susmentionnée figurent à l'annexe 03 ci-dessous.

Analyse multigroupe

Le questionnaire comprend 23 questions catégorielles (regroupement) visant à explorer divers aspects des comportements démographiques, sociaux, culturels et traditionnels des agriculteurs susceptibles d'influencer leur prise de décision concernant l'adoption de l'agriculture biologique et la transition vers une agriculture plus durable. L'analyse multigroupe est utilisée pour évaluer si les réponses à ces questions diffèrent de manière significative lorsqu'elles sont catégorisées au sein d'un même échantillon.

Dans le contexte des techniques PLS-SEM, le test de permutation est utilisé pour effectuer cette analyse, en traitant les groupes différemment et en présentant des résultats comparatifs pour mettre en évidence toute différence perceptible. En calculant les différences entre les coefficients de cheminement spécifiques aux groupes par permutation, le test permet d'examiner si ces différences sont significatives dans la population plus large (Chin et Dibbern, 2010 ; Dibbern et Chin, 2005).

Pour cette analyse, deux catégories sont considérées : la "majorité" et le "reste" des réponses. Le test de permutation est effectué pour déterminer s'il existe une différence significative entre ces deux groupes de catégories, au moins dans l'un des coefficients de cheminement du modèle. Les résultats du test de permutation ont révélé que neuf des 23 questions catégorielles présentaient des différences substantielles entre les groupes susmentionnés, au moins sur l'un des coefficients de chemin du modèle.

3.13.2 Conclusion des analyses des modèles de mesure (ACP)

Le vaste questionnaire, qui comprenait à l'origine 23 variables de regroupement et 175 questions réflexives et formatives, a été considérablement réduit à près de la moitié au cours de l'analyse du modèle de mesure. Les indicateurs sélectionnés pour le questionnaire final et les tests ultérieurs du modèle structurel sont détaillés dans le tableau 3-15. Lors de cette finalisation, les commentaires des évaluateurs ont été réexaminés et pris en compte dans le processus d'affinement.

Tableau 3-14 Indicateurs retenus pour l'étude principale

Questions catégoriques à l'intention des observateurs Facteurs démographiques

Question	Réponse
Nom (facultatif) :	....
Contact (facultatif) :	....
Genre :	....
L'âge :	....
La religion :	....
1. Quel est votre niveau d'éducation ?	g) N'ont pas fréquenté l'école h) De la première à la cinquième année i) De la 6e à la 11e année j) Passé LO k) Adopté AL l) Licence ou diplôme supérieur
2. Comment répondez-vous aux besoins en main-d'œuvre de votre riziculture ?	e) Moi-même uniquement f) Et mes ménages g) Main d'œuvre salariée h) Tous les points ci-dessus
3. Êtes-vous membre d'une organisation d'agriculteurs ?	Oui/Non

Question	Réponse
4. Avec qui discutez-vous principalement des questions liées à la riziculture ou demandez-vous des conseils sur les améliorations à apporter ?	g) Fonctionnaires gouvernementaux sur le terrain h) Chercheurs agricoles i) Acheteurs de paddy j) Vendeurs d'intrants k) Agriculteurs associés l) Préciser autre chose
5. Quels sont les intrants agricoles que vous utilisez dans la riziculture ?	f) Substances organiques uniquement g) Essentiellement des produits biologiques et moins de substances chimiques h) Substances chimiques de plus en plus organiques i) Substances organiques et chimiques j) Préciser autre chose
6. Quelles sont les pratiques agricoles que vous appliquez dans la culture du riz ?	e) Méthodes modernes utilisant les machines disponibles f) Méthodes traditionnelles g) Un mélange de méthodes traditionnelles et modernes h) Préciser Autre
7. Quelle est la taille de votre principale parcelle de riziculture en acres ?	....
8. Conservez-vous les résidus de culture dans la parcelle agricole ?	Oui/Non
9. Êtes-vous confronté à des menaces animales dans votre exploitation ? Quelles sont les menaces qui pèsent sur votre riziculture ?	Oui/Non, si oui, veuillez préciser Veuillez préciser ....

Indicateurs d'échelle pour évaluer les relations entre les modèles

SN	Indicateur	Description des indicateurs de mesure
		Le capital humain
	Capital humain - Indicateurs réflexifs génériques	
1.	HCGQ1	Je suis très motivé pour continuer à cultiver du riz
2.	HCGQ3	Je connais les activités agricoles respectueuses de la nature
3.	HCGQ4	J'applique systématiquement des activités agricoles respectueuses de la nature dans la culture du riz
	Capital humain -Indicateurs composites formatifs	
		Santé et bien-être
4.	HCHAW3	Il est rare que nos problèmes de santé aient un impact sur nos activités de riziculture.
5.	HCHAW5	Je suis satisfait de mes relations avec mes amis
6.	HCHAW7	Je ne suis pas du tout inquiet de tout ce qui se passe ces jours-ci
7.	HCHAW8	Je suis optimiste pour les 12 prochains mois
		Connaissances et expériences agricoles

SN	Indicateur	Description des indicateurs de mesure
8.	HCKAFE10	Je connais la méthode la plus efficace pour lutter contre les mauvaises herbes.
9.	HCKAFE5	Je connais l'importance de l'utilisation du compost organique
10.	HCKAFE6	Je connais les conséquences irrémédiables de la négligence de l'irrigation à temps.
11.	HCKAFE8	Je connais les méthodes biologiques pour lutter efficacement contre les parasites
		Planification et organisation
12.	HCPAO3	Je fais l'agriculture au bon moment
		Attitudes
13.	HCA1	Nous devons protéger les ressources naturelles pour la prochaine génération, même si cela entraîne des pertes à court terme pour notre résultat.
14.	HCA3	L'utilisation intensive de produits chimiques dans l'agriculture affecte la santé des personnes et des animaux
		Convictions et valeurs
15.	HCBAV1	Je pense que la réduction de l'utilisation des produits chimiques est une nécessité opportune
16.	HCBAV3	Le rendement obtenu grâce à la réduction des produits chimiques est plus sain
17.	HCBAV6	Mes enfants poursuivront nos traditions agricoles.
		Le capital social
		(Exemples de pratiques d'AS : Sélection de meilleures semences pour améliorer le rendement, réduction de l'utilisation d'engrais chimiques, amélioration de la fertilité des sols, utilisation minimale de produits chimiques pour lutter contre les parasites et les mauvaises herbes, réduction des déchets et de la pollution de l'eau, etc.)
		Capital social - Indicateurs réflexifs génériques
18.	SCGRQ1	Je vis dans une société où l'on m'encourage vivement à adopter les pratiques de l'AS
19.	SCGRQ2	Je vis dans une société où l'on me soutient pleinement dans l'adoption des pratiques de l'AS.
20.	SCGRQ3	Je vis dans une société où l'AS est considérée comme un élément important.
21.	SCGRQ4	J'obtiendrai une meilleure reconnaissance sociale si j'adopte les pratiques de l'AS.

SN	Indicateur	Description des indicateurs de mesure
	Capital social -Indicateurs formatifs composés	
		Réseaux et connexité, a) liens - individus similaires au sein d'un réseau, b) liens entre les défenseurs de l'environnement, c) liens - décideurs politiques.
22.	SCNBBL1	L'organisation paysanne m'apporte une aide importante pour mes activités agricoles
23.	SCNBBL2	Je reçois un soutien important de la part des associations communautaires dont je suis membre
24.	SCNBBL6	Je reçois un soutien important de la part des chercheurs en agriculture pour mes activités agricoles
		Confiance et réciprocité
25.	SCTAR1	Je fais confiance aux conseils et au soutien de mes collègues agriculteurs en ce qui concerne les pratiques susmentionnées.
26.	SCTAR4	Je fais confiance aux conseils et à l'aide fournis par les banques et autres institutions financières concernant les pratiques susmentionnées.
27.	SCTAR5	Je fais confiance aux conseils et à l'aide fournis par les compagnies d'assurance concernant les pratiques susmentionnées.
28.	SCTAR6	Je fais confiance aux conseils et à l'aide reçus des vendeurs de produits agrochimiques pour les activités susmentionnées.
		Normes et valeurs
29.	SCNAV1	Certains collègues agriculteurs me poussent à adopter des pratiques agricoles plus respectueuses de la nature.
30.	SCNAV2	Je suis toujours heureux de produire des récoltes avec des normes plus élevées.
31.	SCNAV3	J'obtiendrai une meilleure reconnaissance sociale si j'adopte des méthodes agricoles plus respectueuses de l'environnement.
32.	SCNAV4	Je recevrai un meilleur prix/demande si je produis du riz en utilisant des matières organiques et moins de produits chimiques.
		Puissance
33.	SCP1	L'adaptation des pratiques susmentionnées est une condition de ma charge foncière.

SN	Indicateur	Description des indicateurs de mesure
34.	SCP2	Les acheteurs de paddy accordent de meilleurs prix aux agriculteurs qui adoptent ces pratiques.
35.	SCP3	Les vendeurs d'intrants agricoles accordent des remises et des facilités de crédit aux agriculteurs qui adoptent les pratiques susmentionnées.
36.	SCP4	J'ai le sentiment que les fonctionnaires soutiennent davantage les agriculteurs qui adoptent les pratiques susmentionnées.
37.	SCP5	Je constate que les agriculteurs aisés de notre société nous soutiennent dans l'adaptation des pratiques susmentionnées.
		Capital financier
	Capital financier - Indicateurs réflexifs génériques	
38.	FCGRQ1	Je suis économiquement assez fort pour continuer à cultiver du riz.
39.	FCGRQ2	Obtenir une aide financière pour mes besoins agricoles n'est pas difficile
40.	FCGRQ3	Ma culture du riz est généralement rentable
	Capital financier - Indicateurs formatifs composites	
		Économies et flux de trésorerie
41.	FCSACF1	Assurer la sécurité alimentaire du ménage n'est pas un défi pour moi
42.	FCSACF2	Répondre aux besoins financiers de ma famille n'est pas un défi pour moi
43.	FCSACF3	Je fais un bon surplus à chaque saison
44.	FCSACF4	Réinvestir dans la riziculture n'est pas un défi pour moi
		Crédits financiers
45.	FCFC3	Je peux facilement emprunter de l'argent à des fournisseurs locaux à un taux d'intérêt raisonnable.
46.	FCFC1	L'obtention d'un prêt auprès d'une banque publique n'est pas un défi pour moi.
47.	FCFC2	Obtenir un prêt auprès d'une banque privée n'est pas un défi pour moi.
		Envois de fonds
48.	FCR1	Je reçois des revenus substantiels de mes autres activités
49.	FCR3	Bien que la riziculture soit mon activité principale, je travaille à temps partiel et je gagne bien ma vie.

SN	Indicateur	Description des indicateurs de mesure
50.	FCR4	En plus de la riziculture, je pratique d'autres activités agricoles, ce qui me procure un revenu considérable
51.	FCR5	Je reçois des revenus réguliers de mon épargne à la banque
		Rentabilité
52.	FCP1	Je reçois un prix équitable pour ma récolte et le revenu est généralement rentable.
53.	FCP2	Le prix de vente augmente parallèlement à l'augmentation du coût des intrants agricoles.
54.	FCP3	Le bénéfice que je génère continue d'augmenter avec la hausse des prix des autres produits ménagers.
		Capital physique
		Capital physique - Indicateurs réflexifs génériques
55.	PCGRQ1	Je dispose des types de machines et d'équipements nécessaires à la riziculture.
56.	PCGRQ2	Je peux me permettre de louer les types de machines nécessaires en cas de besoin.
57.	PCGRQ3	J'ai accès aux connaissances agricoles de l'AS
58.	PCGRQ4	J'obtiens facilement des informations sur le marché
59.	PCGRQ5	J'ai un accès facile aux points de vente d'intrants agricoles
		Capital physique - Indicateurs composites formatifs
		Disponibilité des machines
		(Exemples de machines (pulvérisateur, pompe à eau, tracteur à deux roues, tracteur à quatre roues, planteuse, moissonneuse, etc.)
60.	PCAOM1	Je possède les types de machines et d'équipements agricoles nécessaires à mon exploitation.
61.	PCAOM2	L'entretien de ce type de machines n'est pas un problème pour moi
62.	PCAOM3	Je peux me permettre de louer les types de machines susmentionnés chaque fois que cela est nécessaire, sans aucun problème.
63.	PCAOM4	Les frais que je paie pour la location de certains types de machines sont abordables.
64.	PCAOM5	Les frais que je paie pour la location de machines sont raisonnables.
		Accès aux services d'information et de conseil et aux informations sur le marché

SN	Indicateur	Description des indicateurs de mesure
65.	PCAIS1	J'écoute des émissions de radio sur la riziculture et elles sont utiles.
66.	PCAIS2	Je regarde des émissions télévisées sur la riziculture et elles sont utiles
67.	PCAIS6	Je lis des articles de journaux relatifs à la riziculture, et ils sont utiles
68.	PCAIS7	Je lis régulièrement les brochures et les dépliants distribués sur la riziculture, et ils sont utiles
69.	PCAIS3	Je trouve des vidéos utiles sur l'agriculture sur Internet et dans les médias sociaux, et elles sont utiles
		Accès aux infrastructures et disponibilité de la main-d'œuvre
70.	PCAIAL1	Il est facile d'accéder aux acheteurs de paddy
71.	PCAIAL2	Il est facile d'accéder aux fournisseurs et vendeurs de produits agricoles
72.	PCAIAL3	Il est facile de trouver la main-d'œuvre nécessaire aux activités de riziculture
		Le capital naturel
	Capital naturel - Indicateurs réflexifs génériques	
73.	NCGRQ1	L'état du sol de ma parcelle agricole peut être amélioré par l'utilisation d'engrais organiques.
74.	NCGRQ2	Je dispose d'un approvisionnement en eau suffisant pour mon exploitation agricole
75.	NCGRQ3	L'emplacement de mon exploitation est moins vulnérable aux catastrophes naturelles
	Capital naturel - Indicateurs formatifs composites	
		La fertilité du sol
76.	NCSFL1	Je pense que la fertilité du sol de mon exploitation est bonne
77.	NCSFL2	Je pense que je peux améliorer le sol de ma parcelle agricole pour l'utilisation d'engrais organiques.
		Disponibilité de substances carboniques pour améliorer la fertilité des sols
78.	NCACS3	Je peux préparer le compost nécessaire à mon exploitation agricole
79.	NCACS4	Je peux trouver une bonne quantité d'engrais verts à proximité de mon exploitation.

S N	Indicateur	Description des indicateurs de mesure
80.	NCACS2	Je peux trouver des quantités raisonnables de fumier de volaille ou de bouse de vache à proximité de ma parcelle agricole.
		Efficacité des réseaux d'eau et adéquation de l'eau
81.	NCEWAW1	Le réseau d'adduction d'eau de ma ferme est bien entretenu
82.	NCEWAW2	Je suis satisfait des intervalles de lâcher d'eau pour l'agriculture
83.	NCEWAW3	Je peux aussi compter sur l'eau de pluie, dans une mesure raisonnable
84.	NCEWAW4	Je peux pomper de l'eau sur ma parcelle si nécessaire
		Fréquence des extrêmes et des attaques d'animaux
85.	NCFWA1	Je ne subis pas de graves dommages aux cultures en raison de la sécheresse
86.	NCFWA2	Je ne subis pas de graves dommages aux cultures en raison des inondations
87.	NCFWA3	Je ne subis pas de dommages importants aux cultures en raison d'attaques d'animaux.
		Efficacité perçue par les agriculteurs des interventions du gouvernement
		Efficacité perçue par les agriculteurs des interventions gouvernementales - Indicateurs réflexifs génériques
88.	PEIIGRQ1	Les programmes de financement gouvernementaux mis en place pour soutenir les engrais organiques sont utiles.
89.	PEIIGRQ2	Les programmes de formation lancés pour soutenir l'utilisation d'engrais organiques sont utiles
90.	PEIIGRQ3	Le soutien matériel que nous recevons du gouvernement pendant cette période de transition est utile
91.	PEIIGRQ4	Le gouvernement prend des décisions politiques favorables aux agriculteurs qui adoptent les engrais organiques.
		Efficacité perçue par les agriculteurs des interventions du gouvernement - Indicateurs formatifs composites
		Disponibilité d'engrais organiques pour l'agriculture
92.	PEIIAOF1	Les engrais organiques sont disponibles sur le marché
93.	PEIIAOF2	J'ai confiance dans l'utilisation des engrais organiques disponibles sur le marché pour ma culture du riz.
		Aide financière pour l'achat d'engrais organiques

SN	Indicateur	Description des indicateurs de mesure
94.	PEIIFAFOF1	Le programme gouvernemental de soutien financier à la promotion des engrais organiques fonctionne bien.
95.	PEIIFAFOF2	Je pense que l'aide financière du gouvernement pour les engrais organiques sera maintenue pour les saisons à venir.
96.	PEIIFAFOF3	Nous recevons tous cette aide financière avec moins de papiers, de travail et de procédures.
		Prévoir des compensations au cas où les agriculteurs se retrouveraient avec une récolte insuffisante en raison de la transition.
97.	PEIIPOC1	L'annonce par le gouvernement d'un système de compensation pour les éventuelles pertes de récolte dues à l'utilisation d'engrais organiques est encourageante.
98.	PEIIPOC2	Nous pouvons raisonnablement faire confiance à ces promesses du gouvernement
99.	PEIIPOC3	J'ai vu de telles aides compensatoires nous être accordées par le passé en cas de pertes de récoltes
		Fourniture de semences plus adaptées aux engrais organiques
100.	PEIIPSFOF1	Il existe un programme gouvernemental qui fournit des semences plus adaptées à l'utilisation d'engrais carboniques.
101.	PEIIPSFOF2	Les prix des semences adaptées à l'engrais carbonique fournies par le gouvernement sont raisonnables.
102.	PEIIPSFOF4	Nous pouvons trouver ces graines dans les points de vente les plus proches
	Disposition des agriculteurs à renoncer à l'utilisation d'engrais chimiques - Indicateurs de réflexion	
103.	FRTRCF1	La réduction de l'utilisation d'engrais chimiques est une nécessité urgente
104.	FRTRCF2	Même si cela peut avoir un impact sur mon rendement, je suis prêt à minimiser l'utilisation d'engrais chimiques.
105.	FRTRCF3	L'utilisation intensive d'engrais chimiques n'est pas la voie à suivre pour l'avenir de la riziculture.
106.	FRTRCF4	Je suis prêt à essayer des substances organiques comme alternative aux engrais chimiques.

SN	Indicateur	Description des indicateurs de mesure
		Disposition des agriculteurs à réorganiser les parcelles agricoles à l'aide d'engrais organiques -Indicateurs réflexifs
107.	FRTROF1	L'utilisation de la substance organique dans la riziculture n'est pas nouvelle pour moi
108.	FRTROF2	Nous pouvons produire des résultats plus rentables en utilisant des engrais organiques.
109.	FRTROF3	Je peux produire des engrais organiques pour répondre à mes besoins au niveau national.
110.	FRTROF5	L'utilisation d'engrais organiques est l'avenir durable de la riziculture

3.14 Évaluation du modèle structurel

Dans cette étude pilote, le test du modèle structurel est entrepris pour évaluer l'adéquation de la technique d'analyse des données choisie, le modèle d'équation structurelle des moindres carrés partiels (PLS-SEM), pour l'étude. Bien que l'analyse du modèle structurel s'abstienne de tirer des conclusions définitives, son objectif premier est d'examiner minutieusement les hypothèses du modèle. Ce processus vise à donner un aperçu de l'applicabilité potentielle des hypothèses pour l'étude principale.

Dans cette phase, l'analyse est menée en suivant les recommandations de la littérature présentées par Hair et al. (2017), en intégrant leurs conseils comme indiqué dans les étapes ci-dessous pour assurer une évaluation préliminaire du modèle structurel et de ses hypothèses associées.

- Étape 1 Évaluer le modèle structurel pour détecter les problèmes de colinéarité
- Étape 2 Évaluer l'importance et la pertinence des relations du modèle structurel
- Étape 3 Évaluer le niveau de R^2

- Étape 4 Évaluer l'ampleur de l'effet f ^{2}
- Étape 5 Évaluer la pertinence prédictive de Q^2
- Étape 6 Évaluer l'ampleur de l'effet q ^{2}
- Évaluation des indices d'adéquation des modèles

Les détails de l'analyse menée sur les étapes ci-dessus sont inclus dans l'annexe 03 de cette thèse.

3.15 Résumé des résultats de l'enquête pilote

L'objectif principal de cette étude pilote est de valider et d'affiner le questionnaire de recherche, d'évaluer l'adéquation de la technique d'analyse des données choisie pour l'étude principale, et d'évaluer la pertinence du modèle conceptuel développé pour cette enquête. L'étude vise à mener une recherche descriptive quantitative, en explorant un phénomène par des moyens d'observation dans le contexte de la riziculture sri-lankaise. L'enquête pilote a servi d'approche pragmatique pour finaliser le questionnaire avec un nombre raisonnable et gérable de questions. Le questionnaire, élaboré à partir d'une revue de la littérature et validé par une revue scientifique et l'enquête pilote, comprend 110 questions formatives et réflexives, ainsi que neuf questions démographiques regroupées dans des catégories spécifiques. On estime qu'il faut environ 30 à 40 minutes à un répondant moyen pour remplir le questionnaire.

Les techniques et les dispositions offertes par la modélisation des équations structurelles par les moindres carrés partiels (PLS-SEM) pour mesurer à la fois les mesures et les composantes du modèle structurel correspondent bien aux exigences de cette étude. Les résultats du modèle structurel ont été jugés raisonnablement satisfaisants, ce qui indique que le modèle, ainsi que les techniques PLS-SEM, sont capables de tester les hypothèses. Les variables, les poids, les charges et les coefficients de cheminement respectent les règles et les conditions établies recommandées par divers chercheurs dans la littérature sur différents segments de l'analyse de la modélisation par équations structurelles (SEM).

Il est important de souligner que l'objectif principal de cette étude n'est pas de valider la théorie sous-jacente, mais plutôt d'utiliser la théorie pour étudier un phénomène peu familier dans un contexte spécifique. L'examen du modèle structurel avec un échantillon de taille limitée (64) dans cette étude pilote montre que les variables et les relations au sein du modèle sont évaluables et s'alignent sur les critères fixés par le modèle d'équation structurelle des moindres carrés partiels (PLS-SEM).

Les capacités du PLS-SEM permettent aux chercheurs d'évaluer les contributions individuelles des immobilisations des agriculteurs à la variable composite et dépendante du modèle. Cette analyse comparative est précieuse pour les décideurs, car elle donne un aperçu des forces et des faiblesses de chaque capital et de leurs liens avec les conditions de vie des agriculteurs dans le monde réel. Comme l'illustre le tableau 3-16/17 ci-dessous, ces résultats servent d'exemples que l'étude principale peut reproduire avec un échantillon plus large, garantissant ainsi des conclusions plus représentatives.

Tableau 3-15 Contribution des immobilisations au potentiel d'agriculture durable des agriculteurs

Coefficient de chemin	Échantillon original	Moyenne de l'échantillon	Écart std. Écart	T Valeur	P Valeurs
Capital humain -> Potentiels de SA des agriculteurs	0.325	0.309	0.077	4.229	0

Coefficient de chemin	Échantillon original	Moyenne de l'échantillon	Écart std. Écart	T Valeur	P Valeurs
Capital social -> Potentiels d'AS des agriculteurs	0.265	0.268	0.098	2.699	0.007
Capital financier -> Potentiels de l'AS de l'agriculteur	0.12	0.145	0.099	1.211	0.226
Capital physique -> Potentiels de l'agriculteur en matière d'AS	0.304	0.263	0.091	3.358	0.001
Capital naturel -> Potentiels de l'agriculteur en matière de sécurité sociale	0.077	0.091	0.095	0.808	0.419

Tableau 3-16 Effets directs des immobilisations sur la volonté des agriculteurs d'adopter des engrais organiques

Individuel Effets totaux	Échantillon original (O)	P Valeurs
Capital humain -> disposition des agriculteurs à adopter l'OF	0.105	0.019
Capital social -> disposition de l'agriculteur à adopter l'OF	0.085	0.088
Capital physique -> disposition de l'agriculteur à adopter l'OF	0.098	0.026
Capital financier -> disposition de l'agriculteur à adopter l'OF	0.038	0.297
Capital naturel -> disposition de l'agriculteur à adopter l'OF	0.025	0.484

L'enquête pilote remplit avec succès tous les objectifs, y compris l'affinement du questionnaire, la confirmation de l'adéquation des indicateurs pour l'étude, la justification de la pertinence du modèle proposé et l'établissement de l'applicabilité de la technique PLS-SEM (à l'aide du logiciel SmartPLS3) pour l'analyse des données et la vérification des hypothèses. Il est important de noter que l'enquête pilote s'abstient de tirer des conclusions substantielles sur les résultats par l'analyse des données en raison de la taille limitée de l'échantillon (64 personnes).

3.16 Plan d'échantillonnage pour l'étude principale

Patton (2002) a noté que les études peuvent utiliser diverses stratégies d'échantillonnage et intégrer différents types de données, le choix de l'approche étant influencé par le critère de pertinence ou d'adéquation à l'objectif (Cohen et al.,

2007). L'échantillonnage peut être catégorisé comme probabiliste ou non probabiliste, souvent appelé échantillonnage aléatoire et non aléatoire (Frankfort et al., 1996 ; Cooper et Schindler, 2003 ; Leedy et Ormrod, 2005 ; Somekh et Lewin, 2005 ; Durrheim et Painter, 2006 ; Gravetter et Forzano, 2009).

Dans le domaine des études sur l'agriculture durable, diverses techniques d'échantillonnage ont été employées par les chercheurs. Par exemple, Mulimbi et al. (2019) ont utilisé des échantillons stratifiés aléatoires dans une étude similaire à celle-ci, analysant l'impact des pratiques d'agriculture de conservation. Irangani et Shiratake (2013) ont utilisé une méthode d'échantillonnage raisonné pour étudier les techniques indigènes dans la culture du riz au Sri Lanka. À l'inverse, Sevinç et al. (2019) ont utilisé une méthode d'échantillonnage aléatoire simple pour évaluer les attitudes des agriculteurs à l'égard de la politique de soutien public. Mishra (2017) a utilisé une méthode d'échantillonnage à double stratification pour enquêter auprès des agriculteurs, en se concentrant sur l'adaptation des pratiques de SA parmi les agriculteurs du Kentucky. Addinsall (2017) a utilisé des méthodes d'échantillonnage par critères et en boule de neige pour évaluer les perceptions des agriculteurs à l'égard de l'agrotourisme dans le cadre d'une étude similaire. Ces conclusions tirées de la littérature suggèrent que la sélection des répondants dans de telles études implique souvent de choisir des membres influents des concepts étudiés.

C'est pourquoi le chercheur propose une technique d'échantillonnage stratifié aléatoire pour cette étude afin d'identifier les agriculteurs engagés de manière significative dans la riziculture et contribuant de manière substantielle au secteur. L'identification des répondants sera facilitée par les organisations d'agriculteurs et les agents agricoles de terrain agissant en tant qu'informateurs clés dans les zones respectives. L'échantillonnage stratifié est censé représenter tous les segments de la population de manière adéquate, permettant l'utilisation de tests statistiques pour étudier les modèles de comportement des différentes strates (Hani, 2011). La sélection aléatoire minimise les biais, en traitant chaque membre de la population de la même manière, avec une probabilité égale d'être échantillonné.

3.16.1 Sélection de la taille de l'échantillon

Selon Han et al. (2018), il y a 225 organisations d'agriculteurs et 25 623 membres enregistrés dans le système H de Mahaweli. Aheeyar (2007) a constaté que 94 % des agriculteurs du système H sont engagés dans la culture du riz. Israël (1992, 2013, p.3) fournit un tableau de référence pour déterminer la taille de l'échantillon en fonction de paramètres liés à la population étudiée et à la probabilité. Selon ce tableau de référence, la taille de l'échantillon requise pour cette population d'étude serait d'environ 400. Les paramètres et statistiques suivants permettent d'estimer la taille de l'échantillon, comme indiqué ci-dessous :

Niveau de confiance - Niveau de confiance 95% (P=.05)

Niveau de précision (+/-) 5 %

Taille de la population - 25 623*.94 - 24 085, nombre total d'échantillons requis - 394

Krejcie et Morgan (1970) ont élaboré un tableau permettant de déterminer la taille de l'échantillon pour une population donnée, ce qui constitue une référence pratique. Étant donné l'importance du choix d'une taille d'échantillon appropriée pour représenter convenablement la population statistique, cette table de référence est consultée pour valider le nombre généré ci-dessus. Selon ce tableau, 377 échantillons seraient suffisants pour une population de 20 000 personnes, et 379 pour une population de 30 000 personnes. Étant donné que la taille de la population pour cette étude est d'environ 25 000 personnes, la référence suggère qu'une taille d'échantillon de 379 serait adéquate.

Toutefois, il est essentiel de noter que la technique d'analyse des données PLS-SEM choisie pour cette étude est également un facteur qui influence la taille de l'échantillon souhaitée pour obtenir des résultats fiables. Il convient de veiller à ce que la taille de l'échantillon corresponde aux exigences de l'analyse PLS-SEM.

Hair et al. (2017) affirment que la complexité globale d'un modèle structurel a un impact minimal sur les exigences en matière de taille d'échantillon pour la modélisation des équations structurelles par les moindres carrés partiels (PLS-SEM). En outre, une étude de simulation réalisée par Reinartz et al. (2009) suggère que la méthode PLS-SEM est un choix favorable lorsqu'il s'agit d'échantillons de petite taille. Les chercheurs affirment que les considérations relatives à la taille de l'échantillon jouent un rôle moins important dans l'application de la méthode PLS-SEM que dans celle de la méthode CB-SEM (Covariance-Based Structural Equation Modelling). En outre, le PLS-SEM présente des niveaux plus élevés de puissance statistique dans les scénarios impliquant des structures de modèle complexes ou des tailles d'échantillon plus petites. Henseler et al. (2014) démontrent que la méthode PLS-SEM peut apporter des solutions lorsque d'autres méthodes ne convergent pas ou donnent des résultats inadmissibles. Néanmoins, la "règle des dix fois" souvent citée (Barclay et al., 1995) fournit des lignes directrices pour déterminer la taille minimale de l'échantillon pour l'application de la méthode PLS-SEM.

1. Dix fois le plus grand nombre d'indicateurs formatifs utilisés pour mesurer un seul concept, ou

2. Dix fois le plus grand nombre de chemins structurels dirigés vers une construction particulière dans le modèle structurel.

La règle des dix fois sert de ligne directrice générale pour déterminer la taille minimale de l'échantillon ; cependant, il est essentiel de reconnaître que la PLS-SEM, comme toute technique statistique, exige que les chercheurs évaluent la taille de l'échantillon à la lumière des caractéristiques du modèle et des données (Hair et al., 2011 ; Marcoulides et Chin, 2013). Dans le modèle structurel spécifique à l'étude, le nombre maximum d'indicateurs mesurant un seul construit est de 16, ce qui correspond aux mesures du capital social telles que présentées dans le tableau 3-15. Par conséquent, l'échantillon minimum requis pour l'application de la méthode PLS-SEM à ce modèle de cheminement est d'au moins 160 échantillons.

Dans des études antérieures sur l'agriculture durable, divers chercheurs ont utilisé différentes tailles d'échantillon, comme Waseem et al. (2020) avec 300, Krishnankutty et al. (2021) avec 300, Mulimbi et al. (2019) avec 235, Zahra (2018) avec 623, Sevinç et al. (2019) avec 734, et Mutyasira (2018) avec 300, respectivement. En s'appuyant sur des considérations théoriques et statistiques et en tenant compte des caractéristiques d'échantillonnage de ces études précédentes, le chercheur opte pour une taille d'échantillon de 380 pour cette étude.

La stratégie d'échantillonnage choisie pour cette étude est l'échantillonnage aléatoire stratifié. L'illustration 3-6 présente une ventilation des échantillons à prélever dans chaque division de la population, proportionnellement à la superficie ensemencée.

Exposer 3-6: Nombre d'échantillons par division

Divisions de culture dans le système H	Étendue de l'ensemencement	Nombre estimé d'échantillons
Galnewa	9082	60
Meegalewa	5220	34

Divisions de culture dans le système H	Étendue de l'ensemencement	Nombre estimé d'échantillons
Galkiriyagama	5367	35
Madatugama	7307	48
Eppawela	8122	53
Tabuttegama	7129	47
Nochchiyagama	8257	54
Thalawa	7437	49
Total Système Mahaweli (H)	57921	380

3.17 Techniques de collecte de données

Les étapes de la collecte et de l'examen des données jouent un rôle crucial dans l'application des techniques SEM. Dans le contexte des méthodes statistiques modernes telles que la SEM, l'étape du modèle de mesure se concentre sur l'identification et l'élimination de la composante d'erreur des données au cours de l'analyse. Par conséquent, les méthodes SEM nécessitent des données quantitatives exemptes d'erreurs, généralement collectées en tant que données primaires dans la recherche universitaire contemporaine (Hair et al., 2017). Cette étude repose entièrement sur des données primaires collectées directement auprès de la population cible. Les sources de données primaires, telles que décrites par Cohen et al. (2007), sont celles qui proviennent du problème étudié. Les données préliminaires sont considérées comme plus valables, fournissant des perspectives plus éclairantes et plus véridiques que les données secondaires (Leedy et Ormrod, 2005).

Le processus de collecte des données impliquera des informateurs clés sélectionnés qui sont impliqués de manière significative dans la culture du riz, des membres actifs d'organisations d'agriculteurs, ou des agents agricoles de terrain directement associés aux activités de culture du riz dans les divisions spécifiées. Ces informateurs seront chargés de gérer le processus de collecte des données. Des séances de réflexion approfondies avec les informateurs clés permettront de clarifier la sélection aléatoire des personnes interrogées dans chaque division. Les entretiens en face à face sont considérés comme la méthode la plus efficace et la plus fiable pour la collecte de données, une méthode qui s'est avérée fructueuse dans l'enquête pilote mentionnée ci-dessus.

3.17.1 Éviter les biais d'échantillonnage

Mishra (2017) souligne que la stratification a joué un rôle central dans la minimisation du biais d'échantillonnage dans son étude évaluant l'adoption de pratiques agricoles durables parmi les agriculteurs du Kentucky et leur perception de la durabilité de l'exploitation. Dans ce contexte, les agents agricoles de terrain de chaque division agricole tiennent à jour des listes de riziculteurs éligibles aux subventions gouvernementales, y compris pour des produits tels que les engrais. Ces listes constituent des sources précieuses pour la sélection aléatoire des personnes interrogées et l'identification de leurs lieux de résidence. Il convient de noter que les bureaux des agents agricoles sont généralement situés dans la même communauté d'agriculteurs, et que les agriculteurs se rendent souvent dans ces bureaux pour obtenir diverses formes de soutien. Cette configuration améliore l'accessibilité des agriculteurs et facilite un processus d'échantillonnage plus complet et plus représentatif.

3.18 Résumé de la méthodologie de recherche

Sur la base d'une documentation complète, le paradigme de la recherche quantitative s'est avéré être la méthodologie de recherche la plus appropriée pour cette étude. Un examen approfondi de la littérature, associé à des observations tirées d'une enquête pilote, a conduit à l'élaboration d'un questionnaire comprenant 119 questions pour la collecte de données primaires en vue de l'analyse du modèle conceptuel. Les résultats de l'enquête pilote confirment la pertinence de l'application des techniques de modélisation des équations structurelles par les moindres carrés partiels (PLS-SEM), ainsi que le respect de leurs règles et conditions établies, pour atteindre les objectifs du modèle.

La rationalisation de la sélection de la population pour l'échantillonnage et la détermination de la taille de l'échantillon s'appuient sur de solides recommandations de la littérature. La méthode d'échantillonnage choisie et l'approche de la collecte des données s'alignent sur les suggestions faites dans la littérature sur des études similaires. La population à échantillonner a été soigneusement sélectionnée, compte tenu de l'importance économique et socioculturelle de l'un des principaux secteurs rizicoles de l'île.

Au cours de l'enquête pilote, l'application des technologies PLS-SEM à l'aide du logiciel SmartPLS a été jugée suffisante pour analyser les prédictions du modèle, conçu pour mesurer les indicateurs formatifs et réflexifs. La combinaison des technologies PLS-SEM et SmartPLS offre des options polyvalentes pour l'analyse de ce modèle d'équation structurelle (SEM) mixte, qui englobe des relations composites et des relations à facteurs communs entre les construits.

4 Chapitre 04 - Analyse des données et conclusions

4.1 Introduction à l'analyse des données et des résultats

Cette conception de la recherche a nécessité la collecte de données primaires à l'aide d'un instrument de recherche, en particulier un questionnaire de recherche conçu en suivant les étapes décrites dans les chapitres précédents. Les répondants ciblés par l'enquête sont les riziculteurs résidant dans l'une des régions de riziculture prédominantes mentionnées dans l'Illustration 3-3 ci-dessus. Pour mener à bien l'étude, trois informateurs clés, dûment informés des objectifs de l'enquête, ont été déployés. Ces informateurs clés ont été chargés d'administrer la collecte de données dans des lieux désignés au cours des mois d'octobre et de novembre 2022.

Les équipes d'enquêteurs ont adopté une approche en face à face, rencontrant au hasard les riziculteurs soit à leur porte, soit dans leurs champs. Elles ont enregistré les réponses en temps réel pour chaque question du questionnaire d'enquête. La phase de collecte des données s'est achevée après l'obtention de 400 échantillons de chaque région du système H de Mahaweli, comme indiqué dans l'illustration 3-3 ci-dessus. Les informateurs ont utilisé une procédure d'échantillonnage aléatoire systématique pour la collecte des données. La sélection des agriculteurs pour l'enquête a été facilitée par la consultation des listes de distribution d'engrais et par l'exploitation des contacts avec les responsables des organisations d'agriculteurs dans chaque région.

Les agents agricoles du gouvernement affectés à chaque division tiennent à jour des listes d'agriculteurs éligibles aux engrais et aux autres subventions et aides gouvernementales dans le domaine de l'agriculture. De même, les responsables des organisations d'agriculteurs ont conservé les listes des membres de leurs associations respectives, ce qui a contribué à l'identification aléatoire des personnes interrogées dans le cadre de l'enquête. Des réunions hebdomadaires ont été organisées pour discuter de l'avancement de la collecte des données et procéder aux ajustements nécessaires pour garantir la réalisation de l'enquête dans les délais impartis. L'enquête a été planifiée pour une durée de deux mois, commençant au début de la saison "Maha", qui est la principale saison de culture du riz de l'année.

La structure du modèle conceptuel de cette étude reflète les modèles standard de "mesure" et de "structure", conformément aux principes de la théorie de la modélisation par équations structurelles (SEM). Par conséquent, l'analyse des données a été effectuée en deux phases distinctes, reflétant les étapes employées lors de l'enquête pilote. La première phase a consisté à analyser les variables externes (indicateurs) du modèle de mesure afin d'évaluer leur validité et leur pertinence. Ensuite, les variables jugées valides dans le modèle de mesure ont fait l'objet d'une analyse dans la deuxième phase, qui a porté sur l'examen du modèle structurel. Cette dernière phase englobe les variables internes (construits latents) et l'évaluation des effets des coefficients de cheminement du modèle.

Tout au long du processus d'analyse, l'étude a respecté les recommandations de la littérature concernant l'analyse SEM, tant au niveau de la mesure que du modèle structurel. Les conclusions tirées de cette analyse ont été guidées par ces suggestions fondées sur la littérature, garantissant une interprétation solide et bien fondée du modèle conceptuel de l'étude.

4.2 Analyse du modèle de mesure

L'analyse du modèle de mesure implique l'évaluation de la qualité, de la fiabilité et de la validité des variables externes avant de les intégrer dans l'analyse du modèle structurel. Comme indiqué dans le chapitre précédent, le modèle de recherche de cette étude comprend six concepts formatifs, mesurés de manière composite à l'aide d'un ensemble d'indicateurs pour chacun d'entre eux. En outre, deux concepts ont été examinés à l'aide d'un ensemble d'indicateurs de réflexion. Le processus d'analyse des indicateurs formatifs et réflexifs varie entre les deux types. Par conséquent, l'évaluation des mesures formatives et réflexives a été menée de manière séquentielle, en suivant les recommandations trouvées dans la littérature pour chaque type respectif.

4.2.1 Analyse des variables formatives

Comme indiqué dans la section précédente, cette étude utilise la méthode PLS-SEM comme principale méthode d'analyse des données. La méthode PLS-SEM recommande une application séquentielle des étapes suivantes pour évaluer les modèles d'indicateurs formatifs, tels que celui utilisé ici. Le modèle a été analysé avec 386 échantillons, sélectionnés à la suite du processus initial de nettoyage des données à partir des 400 échantillons initiaux recueillis dans l'enquête. L'analyse a été réalisée en suivant les étapes suivantes.

Étape 1 : Évaluer la **validité convergente** du modèle de mesure formative

Étape 2 : Évaluer le modèle de mesure "formatif" pour détecter les **problèmes de colinéarité**

Étape 3 : Évaluer l'**importance et la pertinence** des indicateurs formatifs

(Hair et al. (2017)

Validité convergente :

La littérature présente une méthode d'évaluation de la validité convergente (CV) des indicateurs de mesure formative. Cette approche consiste à examiner minutieusement le CV des construits formatifs en évaluant la corrélation de la mesure formative avec d'autres mesures réflexives du même construit. Chaque construit est traité comme un sous-modèle distinct, désigné comme "construit-formatif" et "construit-réflexif", comme le montre la figure 4-1 ci-dessous. Dans ce cadre linéaire, les indicateurs formatifs contribuent collectivement au construit latent formatif et, dans l'idéal, la variance expliquée (valeur R^2) du construit latent composite devrait être exactement égale à 1 (Bollen, 2011 ; Bollen et Bauldry, 2011).

La littérature suggère que la force du coefficient de cheminement reliant les deux concepts (formatif et réflexif) devrait être d'au moins 0,80 ou d'un minimum de 0,70 pour établir une validité convergente satisfaisante. En d'autres termes, la valeur indicative de R^2 du concept doit être de 0,64 ou d'au moins 0,50 pour démontrer la "validité convergente". En suivant ces critères et lignes directrices, l'analyse des six concepts latents formatifs du modèle révèle qu'ils sont conformes aux normes acceptables.

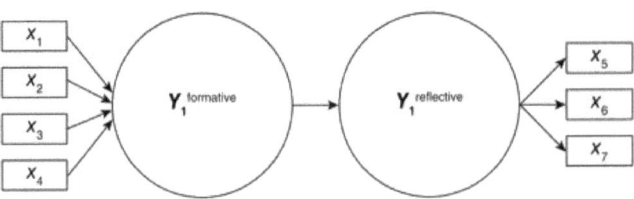

Figure 4-1 Modèle de mesure de la validité convergente des indicateurs formatifs
Source : (Hair et al. (2017)

Colinéarité des indicateurs :

Dans le PLS-SEM, l'évaluation des colinéarités entre les indicateurs formatifs est effectuée par le biais du facteur d'inflation de la variance (VIF), qui est la réciproque de la tolérance. La tolérance représente la variance de l'indicateur formatif qui n'est pas expliquée par d'autres indicateurs dans la même construction. Selon le cadre PLS-SEM, une valeur de tolérance de 0,20 ou moins et une valeur VIF de 5 ou plus suggèrent un problème potentiel de colinéarité (Hair et al., 2011). L'analyse de la colinéarité de tous les indicateurs formatifs, en particulier les valeurs VIF, indique que les indicateurs et les concepts se situent dans les seuils acceptables mentionnés ci-dessus.

Importance et pertinence :

L'importance et la signification de la contribution des indicateurs aux concepts sont évaluées par le biais des poids externes et de la charge externe dans le PLS-SEM. Ces mesures indiquent la pertinence relative et l'importance absolue de chaque indicateur dans la formation du construit. La technique de bootstrapping est utilisée dans le PLS-SEM pour évaluer l'importance de ces contributions. La littérature fournit les règles suivantes pour déterminer la pertinence et l'importance des indicateurs dans ce contexte.

- Lorsque le poids d'un indicateur est significatif, il existe un soutien empirique au maintien de l'indicateur.
- Lorsque le poids d'un indicateur n'est pas significatif, mais que la charge de l'item correspondant est relativement élevée (c'est-à-dire ≥0,50) ou statistiquement significative, les chercheurs doivent généralement conserver ces indicateurs.

- Si le "poids extérieur" n'est pas significatif et que la "charge extérieure" est relativement faible (c'est-à-dire <0,5), les chercheurs devraient fortement envisager de supprimer l'indicateur formatif du modèle.

En appliquant ces règles aux modèles formatifs-réflexifs de chaque construit, les résultats révèlent que les indicateurs répondent de manière satisfaisante aux critères spécifiés. Les tableaux et diagrammes présentés ci-dessous illustrent en détail les résultats pour chaque concept latent. La section suivante propose une analyse approfondie de chaque construit formatif, en expliquant les indicateurs et les sous-dimensions qui contribuent à leur explication.

Immobilisations

Dans ce modèle, les concepts de capital humain, de capital social, de capital financier, de capital physique et de capital naturel servent à expliquer les variables du potentiel de l'agriculture durable. Notamment, ces capitaux sont conceptualisés comme des variables groupées, formant essentiellement des sous-dimensions. La mesure est réalisée au moyen d'indicateurs à échelle de Likert incorporés dans le questionnaire d'enquête. L'analyse formative a été systématiquement menée sur chaque capital, en utilisant les indicateurs correspondants et les sous-dimensions distinctes. Les sections suivantes de ce chapitre fournissent un compte rendu détaillé de ce processus analytique.

Le capital humain

Le capital humain est défini au moyen de cinq variables regroupées : Attitudes, Santé et bien-être, Connaissances et expérience, Planification et organisation, et

Croyances et valeurs. La mesure de ces variables s'appuie sur des questions d'enquête. Le diagramme (figure 4-2) et le tableau (tableau 4-1) fournis démontrent visuellement et systématiquement que les indicateurs et les variables groupées respectent les règles stipulées de la méthode PLS-SEM. Ces résultats confirment l'acceptabilité de ces variables pour passer à l'étape suivante de l'analyse, qui implique l'évaluation du modèle structurel.

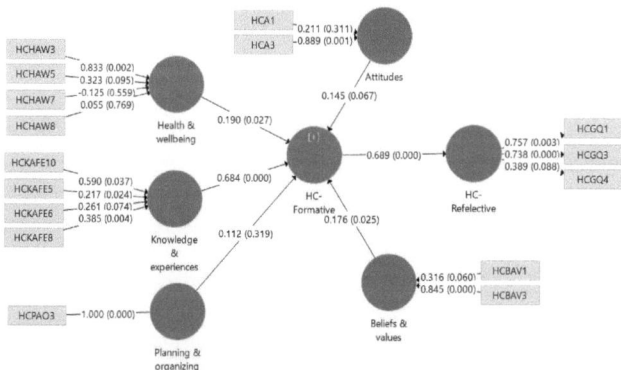

Figure 4-2: Coefficient de cheminement, signification et pertinence des variables du capital humain

Tableau 4-1 VIF des variables relatives au capital humain

Variables internes	VIF
Attitudes	1.468
Convictions et valeurs	1.402
Santé et bien-être	1.281
Connaissances et expériences	1.733
Planification et organisation	1.629
Variables externes	**VIF**
HCPAO3	1
HCKAFE8	1.478
HCKAFE6	1.509
HCKAFE5	1.121
HCHAW8	1.245
HCHAW7	1.167
HCHAW5	1.178

HCHAW3	1.205
HCBAV3	1.138
HCBAV1	1.138
HCA3	1.244
HCA1	1.244
HCKAFE10	1.106

Les calculs ont donné un coefficient de cheminement de 0,7 entre les concepts de formation et de réflexion, accompagné d'une valeur R^2 d'environ 0,5. Ces valeurs se situent dans la fourchette acceptable suggérée par la littérature existante. En outre, les valeurs du facteur d'inflation de la variance (VIF) se situent également dans des limites acceptables. En outre, les pondérations extérieures de chaque indicateur sont significatives, ce qui indique leur importance pour les étapes suivantes de l'analyse.

Le capital social

Le capital social est conceptualisé à travers cinq sous-dimensions théoriques : Pouvoir et influence, Liens et attachement, Confiance et réciprocité, et Normes et valeurs. Le diagramme (figure 4-3) et le tableau qui l'accompagne (tableau 4-2) présentent tous deux une illustration complète, confirmant que les indicateurs et les variables regroupées sont conformes aux règles et aux exigences de la méthode PLS-SEM. Cette conformité signifie que ces variables conviennent pour les étapes suivantes de l'analyse.

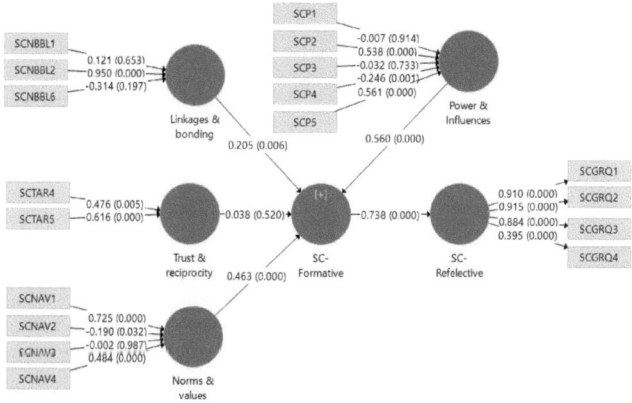

Figure 4-3 Coefficient de cheminement, significativité et pertinence des variables du capital social

Tableau 4-2 VIF des variables du capital social

Variables internes	VIF
Liens et liaisons	1.077
Normes et valeurs	1.662
Pouvoirs et influences	1.858
Confiance et réciprocité	1.269
Variables externes	**VIF**
SCNAV1	1.203
SCNAV2	1.265
SCNAV3	1.419
SCNAV4	1.211
SCNBBL1	1.362
SCP1	1.239
SCP2	2.816
SCP3	2.591
SCP4	1.016
SCP5	2.088
SCTAR4	2.351
SCTAR5	1.998
SCNBBL2	1.372
SCNBBL6	1.051

Capital financier

Comme les autres variables relatives aux actifs financiers, le capital financier est caractérisé par un ensemble de variables regroupées, à savoir l'épargne et les flux de trésorerie, les crédits financiers et la rentabilité. Le diagramme ci-joint (figure 4-4) représente visuellement cette structure, en soulignant l'interrelation de ces variables au sein du concept de capital financier.

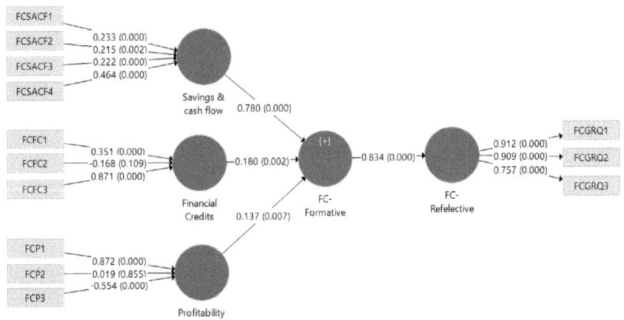

Figure 4-4 Coefficient de sentier, signification et pertinence des variables du capital financier

Tableau 4-3 VIF des variables du capital financier

Variable interne	VIF
Crédits financiers	1.99
Rentabilité	1.512
Économies et flux de trésorerie	2.169
Variables externes	**VIF**
FCFC1	2.711
FCFC2	2.49
FCFC3	1.344
FCP3	1.334
FCSACF1	2.2
FCSACF2	2.659
FCSACF3	2.777
FCSACF4	2.582
FCP1	1.134
FCP2	1.487

Capital physique

Le capital physique a été évalué à l'aide de variables groupées : L'accès à l'information, la disponibilité et l'accessibilité financière des machines, et l'infrastructure et la disponibilité de la main-d'œuvre. La représentation visuelle fournie dans le diagramme (figure 4-5) et le tableau correspondant (tableau 4-4) illustrent clairement la pertinence des indicateurs et des variables pour l'étape suivante de l'analyse.

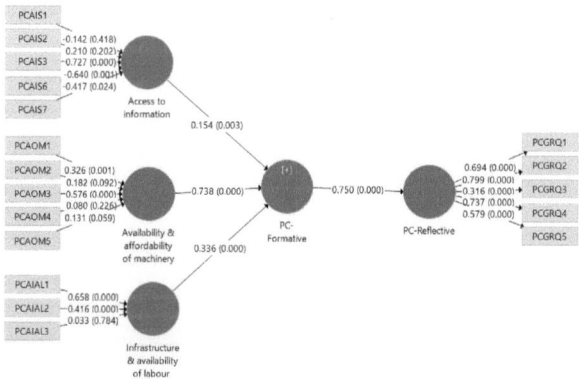

Figure 4-5 Coefficient de sentier, signification et pertinence des variables du capital physique

Tableau 4-4 VIF des variables du capital physique

Variable interne	VIF	VIF
Accès à l'information	1.141	
Disponibilité et accessibilité financière des machines	1.273	
Infrastructure et disponibilité de la main-d'œuvre	1.286	
Variable extérieure	VIF	
PCAIAL1	2.114	
PCAIAL2	1.77	
PCAIAL3	1.705	
PCAIS1	2.152	
PCAIS2	2.01	
PCAIS6	2.35	
PCAIS7	1.992	
PCAOM1	1.933	
PCAOM2	2.543	

Variable interne	VIF	VIF
PCAOM3	1.78	
PCAOM4	1.426	
PCAOM5	1.381	
PCAIS3	1.294	

Le capital naturel

L'évaluation du capital naturel a impliqué l'examen de quatre variables groupées : la fertilité du sol, la présence de substances carboniques, l'infrastructure et la suffisance de l'eau, et la protection contre les catastrophes naturelles et les menaces animales. La figure 4-6 et le tableau 4-5 illustrent les indicateurs et les variables groupées qui caractérisent efficacement le concept de capital naturel.

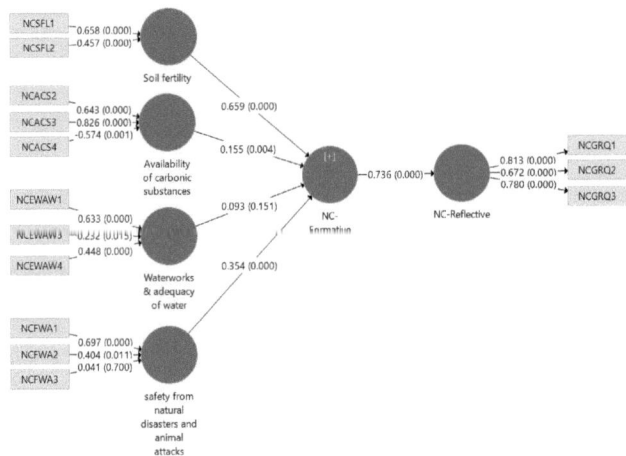

Figure 4-6 Coefficient de sentier, significativité et pertinence des variables du capital naturel

Tableau 4-5 VIF des variables du capital naturel

Variable interne	VIF
Disponibilité des substances carboniques	1.347
Sécurité contre les catastrophes naturelles et les attaques d'animaux sécurité contre les catastrophes naturelles et les attaques d'animaux	1.413
Fertilité des sols	1.5
Réseaux d'adduction d'eau et suffisance de l'eau	1.627

Variable interne	VIF
Variables externes	VIF
NCACS2	2.17
NCACS3	2.658
NCACS4	2.33
NCEWAW4	1.16
NCFWA1	1.556
NCFWA2	1.582
NCFWA3	1.035
NCSFL1	1.542
NCSFL2	1.542
NCEWAW3	1.206
NCEWAW1	1.21

Efficacité perçue des incitations gouvernementales

Les variables regroupées au sein de ce concept ont été discernées à l'aide d'une analyse documentaire complète, englobant les publications de l'État, les procès-verbaux des réunions du gouvernement, les notifications de la Gazette du gouvernement, les circulaires, les directives, ainsi que divers articles savants et pertinents disponibles en ligne. Le diagramme ci-dessous (figure 4-7) illustre les variables groupées utilisées pour expliquer la variable principale (PEoGI). Les indicateurs et les variables présentent une validité acceptable pour les étapes suivantes de l'analyse.

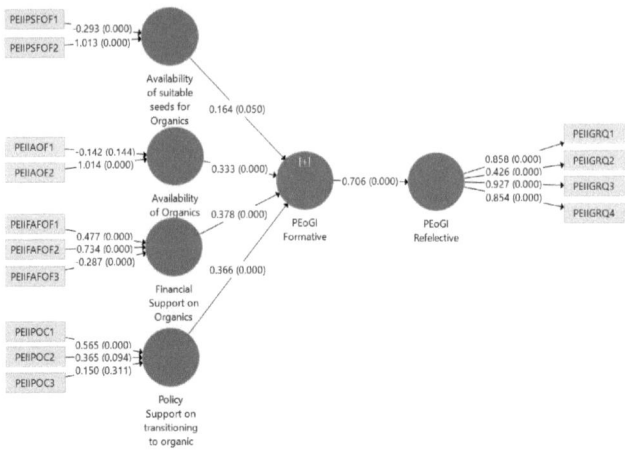

Figure 4-7 Coefficient de cheminement, importance et pertinence des variables PEoGI

Tableau 4-6 VIFs de PEoGI Variables

Variables internes	VIF
Disponibilité des produits organiques	1.344
Disponibilité de semences adaptées à l'agriculture biologique	1.709
Soutien financier à l'agriculture biologique	1.96
Soutien à la politique de transition vers l'agriculture biologique	1.98
Variables externes	VIF
PEIIAOF1	1.028
PEIIAOF2	1.028
PEIIFAFOF1	1.761
PEIIPOC1	2.54
PEIIPOC2	4.095
PEIIPOC3	3.084
PEIIPSFOF1	1.356
PEIIPSFOF2	1.123
PEIIPSFOF4	1.468
PEIIFAFOF2	1.608

Résultats de l'analyse formative des indicateurs

L'analyse du modèle de mesure, comme indiqué précédemment, a permis d'identifier 71 indicateurs formatifs productifs (variables) sur les 80 interrogés initialement dans l'enquête. Comme indiqué dans les sections suivantes de ce chapitre, ces indicateurs ont été retenus dans l'analyse finale et utilisés pour évaluer les concepts latents et les coefficients de cheminement dans le modèle structurel.

4.2.2 Analyse des variables réflexives

Le modèle de mesure comprend huit variables réflexives (indicateurs) élucidant deux concepts latents liés à la volonté des agriculteurs d'adopter l'agriculture biologique (AB) et de passer à l'agriculture de conservation (AC). Les critères d'analyse des données réflexives dans la modélisation des équations structurelles par les moindres carrés partiels (PLS-SEM) diffèrent de ceux appliqués dans l'analyse formative. Dans le domaine du PLS-SEM, les chercheurs adhèrent à des règles et à des paramètres statistiques spécifiques lorsqu'ils effectuent une analyse des mesures réflexives, comme le montre le tableau ci-dessous.

- Cohérence interne (alpha de Cronbach, fiabilité composite)
- Validité convergente (fiabilité de l'indicateur, variance moyenne extraite)
- Fiabilité de l'indicateur
- Validité discriminante

La fiabilité de la cohérence interne est évaluée au moyen du paramètre de fiabilité composite, la littérature suggérant un seuil supérieur à 0,70 pour la recherche exploratoire, tandis que les valeurs comprises entre 0,60 et 0,70 sont jugées acceptables. La fiabilité composite est comprise entre 0 et 1, les valeurs les plus élevées indiquant une fiabilité accrue, ce qui correspond généralement aux valeurs du coefficient alpha de Cronbach.

Pour la fiabilité de l'indicateur, la charge externe de l'indicateur est examinée et les valeurs supérieures à 0,70 sont considérées comme fiables. Toutefois, les valeurs de charge externe comprises entre 0,40 et 0,70 ne peuvent être supprimées que si ces exclusions améliorent à la fois la fiabilité composite et la "variance moyenne expliquée" (VMA).

La validité convergente est évaluée à l'aide de l'AVE, une valeur supérieure à 0,50 étant généralement approuvée conformément aux recommandations PLS-SEM. La validité discriminante est évaluée par le ratio "hétérotrait-monotrait" (HTMT), qui ne doit pas être égal à 1 pour toutes les combinaisons de concepts. Le critère de Fornell-Larcker suggère que les saturations externes d'un indicateur sur un construit doivent dépasser toutes ses saturations croisées avec d'autres construits. En outre, la racine carrée de l'AVE pour chaque concept doit dépasser sa corrélation la plus élevée avec n'importe quel autre concept.

Le modèle comprend deux concepts latents réfléchis, utilisés pour examiner les niveaux de préparation des agriculteurs à l'adoption de l'agriculture biologique (AB) et à l'adoption de l'agriculture de conservation (AC), comme l'illustre le diagramme ci-dessous (figure 4-8).

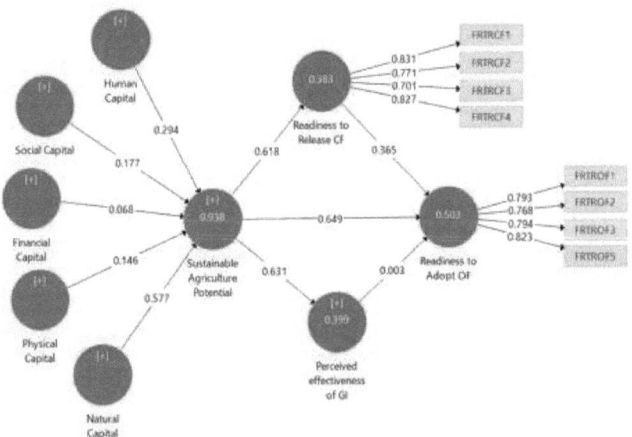

Figure 4-8 Coefficients de cheminement et charge extérieure des indicateurs réfléchissants

Les résultats de l'application des règles susmentionnées pour l'évaluation de la validité convergente, de la fiabilité des indicateurs et de la validité discriminante des deux variables définies par les indicateurs réflexifs sont présentés dans les tableaux 4-7, 4-8 et 4-9. Les charges externes associées à chaque indicateur réflexif, ainsi que d'autres estimations dérivées de l'algorithme PLS-SEM, confirment la fiabilité et la validité des indicateurs pour les étapes suivantes de l'analyse.

Tableau 4-7 Analyse de la cohérence interne et de la fiabilité composite

Indicateur	Alpha de Cronbach	fiabilité composite (rho_A)	Fiabilité composite	Variance moyenne extraite (AVE)
FRAOF	0.806	0.810	0.864	0.615
FRRCF	0.791	0.811	0.873	0.631

Tableau 4-8 Validité discriminante Analyse "Hétérotrait-Monotrait"

Construire	Préparation de l'agriculteur à l'adoption de l'OF
Préparation de l'agriculteur à l'adoption de l'OF	
Préparation de l'agriculteur à la libération CF	0.772

Tableau 4-9 Analyse Fornell-Larcker

Construire	Efficacité perçue de l'IG	Préparation à l'adoption OF	Préparation à la libération CF
Efficacité perçue de l'IG			
Préparation à l'adoption OF	0.399	0.795	
Préparation à la libération CF	0.357	0.627	0.784
Potentiel de l'agriculture durable	0.631	0.649	0.618

L'analyse du modèle de mesure, qui englobe les évaluations des variables formatives et réflexives, est terminée. Les résultats indiquent que sur un total de

110 indicateurs, 71 indicateurs formatifs et 8 indicateurs réflexifs sont jugés appropriés pour une analyse plus approfondie dans le modèle structurel.

4.2.3 Analyse descriptive des variables sélectionnées

Selon Hair et al. (2016), l'absence de normalité dans les distributions des variables peut entraîner des distorsions dans les résultats de l'analyse multivariée. Bien que ce problème soit moins prononcé dans la méthode PLS-SEM, il est recommandé aux chercheurs d'examiner attentivement les résultats de la méthode PLS-SEM en cas d'écarts par rapport aux distributions normales. Les données sont considérées comme non normales lorsque les valeurs absolues de l'asymétrie et de l'aplatissement dépassent 1. L'analyse descriptive des 79 variables sélectionnées pour l'étape suivante est présentée dans le tableau ci-dessous. Le tableau 4-10 révèle qu'il n'y a aucun cas où les valeurs de l'asymétrie et de l'aplatissement dépassent 1 dans l'analyse. Il est important de noter que le nombre important de valeurs manquantes pour l'indicateur SCP1 n'est pas une erreur ; au contraire, il représente fidèlement les réponses.

Tableau 4-10 Analyse descriptive des variables sélectionnées pour l'analyse du modèle structurel

No n.	Nom de la variable	Valeurs manquantes	Moyenne	Médiane	Min. observée	Max. observée	Écart-type	Excès de kurtosis	Asymétrie
1	HCHAW3	5	3.861	4	1	5	0.884	0.048	-0.64
2	HCHAW5	2	3.799	4	1	5	0.668	1.611	-0.899
3	HCHAW7	1	1.992	2	1	5	1.005	0.391	0.955
4	HCHAW8	0	2.705	3	1	5	1.109	-0.885	0.1
5	HCKAFE10	2	4.185	4	1	5	0.649	2.349	-0.833
6	HCKAFE5	1	3.732	4	1	5	0.867	1.645	-1.181
7	HCKAFE6	0	3.365	3	1	5	0.878	-0.171	-0.414
8	HCKAFE8	0	3.756	4	2	5	0.646	0.778	-0.644
9	HCPAO3	0	4.184	4	2	5	0.598	2.308	-0.676
10	HCA1	2	3.919	4	1	5	0.655	2.476	-0.867
11	HCA3	4	4.11	4	1	5	0.733	3.868	-1.335
12	HCBAV1	1	3.6	4	1	5	0.835	0.765	-0.938
13	HCBAV3	1	3.953	4	1	5	0.606	4.073	-1.106

14	SCNBBL1	2	3.497	4	0	5	0.878	1.312	-1.313
15	SCNBBL2	1	3.021	3	1	5	0.975	-0.738	-0.38
16	SCNBBL6	1	2.618	2	1	5	1.043	-0.853	0.235
17	SCTAR4	1	2.462	2	1	5	0.969	-0.711	0.339
18	SCTAR5	2	2.065	2	1	5	0.877	0.735	0.873
19	SCNAV1	0	2.951	3	1	5	0.992	-0.989	-0.268
20	SCNAV2	0	3.894	4	1	5	0.669	2.459	-0.97
21	SCNAV3	3	3.653	4	1	5	0.713	1.757	-1.243
22	SCNAV4	3	2.561	2	1	5	1.216	-1.138	0.241
23	SCP1	232	2.377	2	1	4	1.026	-1.082	0.21
24	SCP2	1	2	2	1	5	0.967	0.118	0.882
25	SCP3	2	1.924	2	1	5	0.903	0.555	0.939
26	SCP4	1	2.977	3	1	5	1.007	0.794	0.244
27	SCP5	0	1.99	2	1	5	0.899	0.441	0.901
28	FCSACF1	3	3.621	4	1	5	0.92	0.064	-0.775
29	FCSACF2	0	3.244	3	1	5	0.973	-0.755	-0.419
30	FCSACF3	0	3.352	4	1	5	0.936	-0.665	-0.318
31	FCSACF4	1	3.242	3	1	5	0.932	-0.642	-0.402
32	FCFC3	1	3.449	4	1	5	0.977	-0.206	-0.831
33	FCFC1	0	2.826	3	1	5	1.06	-0.918	0.141
34	FCFC2	0	2.746	3	1	5	1.004	-0.699	0.218
35	FCP1	0	2.868	3	1	5	0.882	-0.822	-0.057
36	FCP2	0	2.51	2	1	5	0.825	-0.154	0.621
37	FCP3	1	2.288	2	1	5	1.058	-0.149	0.764
38	PCAOM1	0	3.334	4	1	5	0.899	-0.749	-0.495
39	PCAOM2	0	3.212	3	1	5	0.92	-1.03	-0.334
40	PCAOM3	2	3.401	4	1	5	0.896	-0.611	-0.704
41	PCAOM4	0	2.609	2	1	5	0.902	-0.441	0.406
42	PCAOM5	1	2.444	2	1	5	1.01	-0.994	0.206
43	PCAIS1	0	2.907	3	1	5	0.998	-1.002	-0.33
44	PCAIS2	0	3.189	3	1	5	0.935	-0.233	-0.729
45	PCAIS6	0	2.679	2	1	4	1.018	-1.263	0.055
46	PCAIS7	1	2.504	2	1	5	0.994	-0.919	0.324
47	PCAIS3	4	3.319	4	1	5	1.012	-0.059	-0.764
48	PCAIAL1	0	3.769	4	1	5	0.849	1.436	-1.144
49	PCAIAL2	0	3.79	4	1	5	0.705	2.129	-1.235
50	PCAIAL3	1	3.67	4	1	5	0.801	1.534	-1.19
51	NCSFL1	0	3.549	4	1	5	0.81	1.418	-1.259
52	NCSFL2	0	3.492	4	1	5	0.882	1.012	-1.249
53	NCACS3	1	3.153	3	1	5	1.191	-0.913	-0.289
54	NCACS4	0	3.402	4	1	5	1.037	0.19	-1.087
55	NCACS2	0	3.236	4	1	5	1.065	-0.71	-0.559
56	NCEWAW1	0	3.521	4	1	5	0.861	1.419	-1.225
57	NCEWAW3	0	3.093	3	1	5	0.871	-0.489	-0.489
58	NCEWAW4	3	3.125	4	1	5	1.055	-1.083	-0.427

59	NCFWA1	0	3.427	4	1	5	0.888	0.038	-0.993
60	NCFWA2	0	3.567	4	1	5	0.871	0.673	-1.212
61	NCFWA3	0	2.596	2	1	5	1.027	-1.075	0.209
62	PEIIAOF1	0	3.477	4	1	5	0.861	0.374	-1.137
63	PEIIAOF2	0	2.194	2	1	5	1.046	-1.059	0.341
64	PEIIFAFOF1	0	2.13	2	1	5	0.869	-0.011	0.626
65	PEIIFAFOF2	0	2.142	2	1	5	0.926	-0.41	0.538
66	PEIIPOC1	0	1.922	2	1	5	0.938	-0.081	0.836
67	PEIIPOC2	4	1.924	2	1	5	0.905	-0.253	0.704
68	PEIIPOC3	0	2.158	2	1	5	1.131	-0.739	0.658
69	PEIIPSFOF1	5	2.622	2	1	5	1.115	-1.206	0.113
70	PEIIPSFOF2	1	1.813	2	1	5	0.797	0.959	0.967
71	PEIIPSFOF4	1	2.886	3	1	5	1.026	-0.906	-0.465
72	FRTRCF1	0	3.422	4	1	5	0.971	0.419	-1.082
73	FRTRCF2	0	2.754	3	1	5	1.002	-1.078	0.028
74	FRTRCF3	0	3.681	4	1	5	0.863	1.359	-1.177
75	FRTRCF4	0	2.961	3	1	5	0.993	-0.874	-0.241
76	FRTROF1	0	3.479	4	1	5	1.003	0.287	-0.886
77	FRTROF2	0	2.738	3	1	5	0.964	-0.857	0.056
78	FRTROF3	0	3.376	4	1	5	1.031	0.053	-0.972
79	FRTROF5	2	3.326	4	1	5	0.979	0.362	-1.108

Cette analyse a permis de conclure à la validité des indicateurs identifiés pour l'étape suivante de l'analyse. La section suivante de ce chapitre décrit les étapes suivies et les résultats de l'évaluation du modèle structurel.

4.3 Analyse du modèle structurel

Le modèle conceptuel conçu pour cette étude implique l'examen de structures d'ordre supérieur comportant deux couches de concepts. Ces modèles sont appelés modèles à composantes hiérarchiques (HCM) dans le cadre de la modélisation des équations structurelles par moindres carrés partiels (PLS-SEM), telle qu'elle a été introduite par Lohmöller en 1989. Dans ce modèle, le construit de second ordre, SAP (Sustainable Agricultural Practices), est composé de cinq construits formatifs représentant cinq actifs distincts. Chacun de ces concepts formatifs capture des attributs spécifiques associés aux pratiques agricoles durables. Au premier niveau ou premier ordre, ces éléments d'actifs constituent collectivement l'élément plus abstrait de deuxième niveau représentant les pratiques agricoles durables des agriculteurs.

Cette approche hiérarchique est utilisée pour refléter précisément la structure du modèle conceptuel dans le modèle analytique. Elle permet d'évaluer les contributions individuelles des cinq immobilisations au concept global de SAP. Des approches hiérarchiques similaires ont été employées par des chercheurs précédents dans l'analyse de modèles complexes, comme le montrent les études de Jarvis et al. (2003), Wetzels et al. (2009), et Ringle et al. (2012).

Les modèles à composantes hiérarchiques se composent de deux éléments clés : la composante d'ordre supérieur (HOC), qui représente l'entité la plus abstraite, et les composantes d'ordre inférieur (LOC), qui représentent les sous-dimensions ou les composantes de l'entité d'ordre supérieur. Dans cette étude particulière, le HOC est identifié comme étant le SAP des agriculteurs, tandis que les LOCs englobent les cinq immobilisations, à savoir le capital humain, social, financier, physique et naturel.

Le modèle à composantes hiérarchiques (MCH) utilisé dans cette étude adopte une nature formative-formative, dans laquelle la composante d'ordre supérieur (HOC) et les composantes d'ordre inférieur (LOC) sont mesurées à l'aide d'indicateurs formatifs. Lorsqu'ils traitent de tels modèles, les chercheurs utilisent généralement l'approche des indicateurs répétés, telle qu'elle est décrite dans la littérature, où tous les indicateurs des NP sont affectés à la COH (Hair et al., 2016). Dans cette approche, les indicateurs formatifs représentant les cinq immobilisations sont utilisés de manière répétitive pour mesurer les pratiques agricoles durables (PAS) dans le cadre du modèle.

Si l'approche des indicateurs répétés est une pratique courante, la littérature souligne également les problèmes potentiels liés à la modélisation des modèles à composantes hiérarchiques (MCH) formatifs-formatifs et réflexifs-formatifs à l'aide de cette approche. Il est essentiel de prendre en compte et de traiter ces problèmes potentiels afin de garantir la robustesse et la validité des résultats analytiques.

Dans de tels scénarios, la variance des construits d'ordre supérieur (HOC) est expliquée par les construits d'ordre inférieur (LOC), ce qui se traduit par une valeur R^2 proche de un. Par conséquent, tout coefficient de cheminement supplémentaire au-delà de ceux associés aux LOC peut devenir excessivement petit et statistiquement insignifiant (Ringle et al., 2012). Pour résoudre ce problème, il est recommandé aux chercheurs d'utiliser une analyse de modèle à composantes hiérarchiques (MCH) en deux étapes, en combinant l'approche des indicateurs répétés et les scores de variables latentes. Dans un premier temps, l'approche des indicateurs répétés est utilisée pour obtenir des scores de "variables latentes" pour les LOC. Dans l'étape suivante, les scores des NP servent de variables manifestes dans le modèle de mesure de la COH.

La méthodologie en deux étapes s'est avérée adaptée à l'analyse de ce modèle et a donc été adoptée. Dans un premier temps, le modèle a été examiné à l'aide d'une approche par indicateurs répétés. Les indicateurs utilisés pour évaluer les cinq immobilisations ont également été utilisés pour mesurer le PAS. La figure 4-9 ci-dessous illustre les résultats de l'étape initiale de l'analyse du modèle. Afin d'éviter tout biais potentiel dans les relations entre les concepts d'ordre inférieur (LOC) et d'ordre supérieur (SAP), le même ensemble d'indicateurs a été utilisé pour les deux dans le cadre de ce modèle. Ce choix a été fait pour éviter toute distribution inégale des indicateurs, car l'inégalité pourrait introduire un biais dans leurs relations (Becker et al., 2012). Pour une plus grande clarté dans la visualisation des LOC et HOC, les indicateurs formatifs des constructions latentes sont dissimulés dans le diagramme ci-dessous.

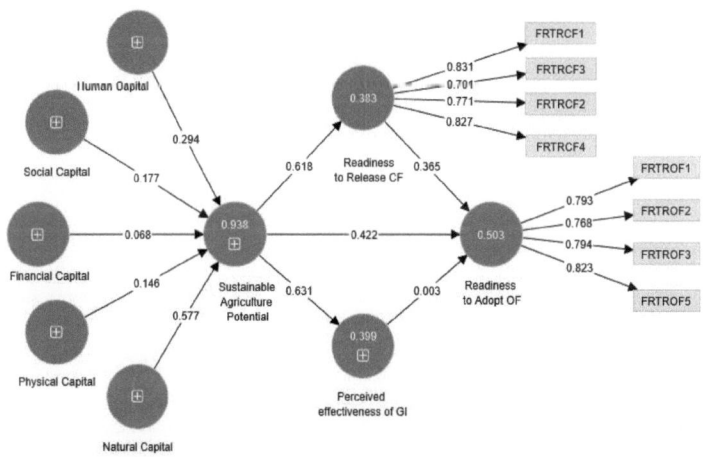

Figure 4-9 Analyse du modèle Étape 1

Par la suite, les scores des construits d'ordre inférieur (LOC), représentant les scores des cinq actifs immobilisés, ont été obtenus à partir de la sortie générée par "SmartPLS". Ces scores dérivés des cinq immobilisations ont ensuite été utilisés comme variables manifestes pour l'analyse du construit de second ordre (SAP) au cours de la deuxième étape. Cette approche est conforme aux recommandations de la littérature, en particulier celles de Hair et al. (2016). Les résultats de l'analyse de la deuxième étape sont illustrés dans la Figure-4-10 ci-dessous.

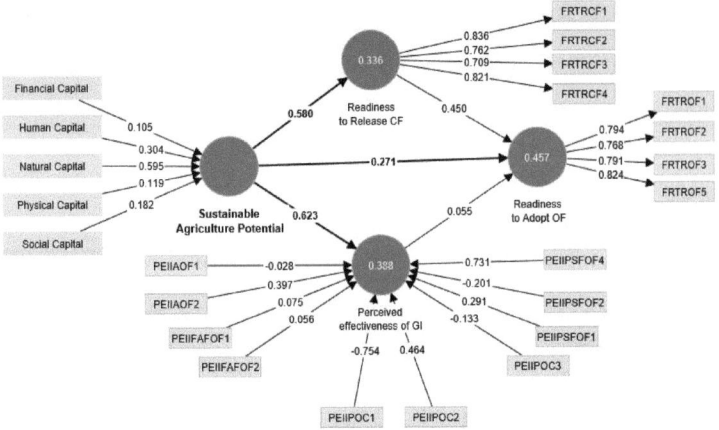

Figure 4-10 Phase 2 de l'analyse du modèle

Les valeurs des coefficients de chemin produites dans le modèle de la deuxième étape sont moins susceptibles d'être mal interprétées que celles de la première étape, qui pourraient être mal interprétées en raison de l'utilisation répétée des indicateurs. Pour améliorer la validité et l'évaluation de la signification du modèle structurel, les recommandations décrites dans la littérature par Hair et al. (2017) présentées ci-dessous sont mises en œuvre dans la phase suivante de l'analyse.

- Étape 1 Évaluer le modèle structurel pour détecter les problèmes de colinéarité
- Étape 2 Évaluer l'importance et la pertinence des relations du modèle structurel
- Étape 3 Évaluer le niveau de R^2
- Étape 4 Évaluer l'ampleur de l'effet f^2
- Étape 5 Évaluer la pertinence prédictive de Q^2
- Étape 6 Évaluer l'ampleur de l'effet q^2

4.3.1 Test de l'indice de colinéarité

La colinéarité entre les éléments de ce modèle a été évaluée en se référant aux valeurs des "facteurs d'inflation de la variance" (VIF). Selon la littérature, il est recommandé que les valeurs de tolérance (VIF) pour chaque prédicteur soient supérieures à 0,20 et inférieures à 5 pour éviter les problèmes de colinéarité. Si les valeurs se situent en dehors de cette fourchette, la littérature suggère des solutions potentielles telles que l'élimination des construits, la consolidation des prédicteurs en un seul construit ou la création de construits d'ordre supérieur. Les résultats de ce modèle indiquent que les indicateurs maintiennent des niveaux satisfaisants de valeurs VIF. Les tableaux 4-10 et 4-11 illustrent les résultats des tests de VIF pour chaque variable et les construits du modèle.

Tableau 4-11 Résultats du test VIF - Modèle externe

Variable/Construction	VIF
FRTRCF1	1.676
FRTRCF2	2.013
FRTRCF3	1.434
FRTRCF4	2.098
FRTROF1	1.835
FRTROF2	1.625
FRTROF3	1.861
FRTROF5	1.754
Capital financier	1.365
Le capital humain	1.405
Le capital naturel	1.617
Capital physique	1.279
Le capital social	1.435
PEIIAOF1	1.145
PEIIAOF2	1.438
PEIIFAFOF1	1.853
PEIIFAFOF2	2.084
PEIIPOC1	3.062
PEIIPOC2	4.357
PEIIPOC3	3.233
PEIIPSFOF1	1.450
PEIIPSFOF2	1.927
PEIIPSFOF4	1.734

Tableau 4-12 Résultats du test VIF - Modèle interne

Construire	Perception de l'efficacité de l'IG	Préparation à l'adoption de l'OF	Préparation à la libération CF	Potentiel de l'agriculture durable
Perception de l'efficacité de l'IG		1.634		
Préparation à l'adoption de l'OF				
Préparation à la libération CF		1.507		
Potentiel de l'agriculture durable	1.000	2.163	1.000	

4.3.2 Test de signification et de pertinence Coefficients de sentier

Les relations de cheminement dans le modèle structurel reflètent précisément les hypothèses formulées dans cette étude. Pour évaluer la signification des coefficients de cheminement, ainsi que leurs valeurs t et p respectives, la méthode de bootstrap recommandée dans la modélisation des équations structurelles par les moindres carrés partiels (PLS-SEM) a été utilisée. Conformément aux lignes directrices de Hair et al. (2017), les fourchettes acceptables pour les valeurs t dans un test bilatéral sont supérieures à 1,65 (niveau de signification = 10 %), 1,96 (niveau de signification = 5 %) et 2,57 (niveau de signification = 1 %), respectivement. De même, les valeurs p doivent être inférieures à 0,10 (niveau de signification = 10 %), 0,05 (niveau de signification = 5 %) ou 0,01 (niveau de signification = 1 %). Dans des applications comme la présente étude, les chercheurs adoptent généralement un niveau de signification de 5 %. Les résultats du test du coefficient de cheminement, réalisé à l'aide de la technique de bootstrapping, sont illustrés dans la figure 4-11 et le tableau 4-12 ci-dessous.

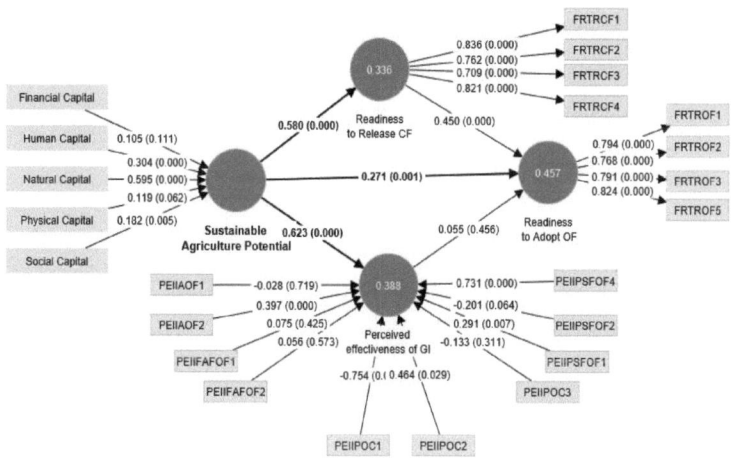

Figure 4-11 Coefficients de cheminement du modèle et valeurs de R ^{2}

Note : Les valeurs "p" des coefficients de cheminement sont indiquées entre parenthèses.

Tableau 4-13 Signification et pertinence du modèle Coefficients de cheminement

Moyenne, écart-type, valeurs T, valeurs p	Échantillon original (O)	Moyenne de l'échantillon (M)	Écart-type (STDEV)	Statistiques T (|O/STDEV|)	Valeurs P
Perception de l'efficacité de l'IG -> disposition à adopter l'OF	0.055	0.065	0.074	0.746	0.456
Préparation à la libération de la FC -> Préparation à l'adoption de l'OF	0.450	0.447	0.065	6.939	0.000
Potentiel d'_agriculture durable -> Perception de l'_efficacité de l'IG	0.623	0.618	0.143	4.340	0.000
Potentiel d'_agriculture durable -> Préparation_ à l'adoption de l'OF	0.271	0.269	0.085	3.183	0.001
Potentiel d'_agriculture durable -> Préparation à la libération du FC	0.580	0.585	0.037	15.600	0.000

4.3.3 Test Coefficient de détermination (valeur R^2)

Le coefficient R^2 quantifie l'efficacité prédictive du modèle et est calculé comme le carré de la corrélation entre les valeurs réelles et prédites d'une construction endogène spécifique. Il reflète l'impact cumulatif des variables latentes exogènes sur la variable latente endogène. Les valeurs de R^2 sont comprises entre 0 et 1, les valeurs les plus élevées signifiant une plus grande précision prédictive. En général, des valeurs R^2 de 0,75, 0,50 ou 0,25 sont considérées comme substantielles, modérées et faibles, respectivement. Toutefois, l'interprétation appropriée de la valeur R^2 dépend de la nature et du contexte de l'étude, qui seront abordés dans le chapitre suivant.

Tableau 4-14 R^2 Valeurs des construits

Construire	R-carré	R-carré ajusté
Perception de l'efficacité de l'IG	0.388	0.386
Préparation à l'adoption de l'OF	0.457	0.452
Préparation à la libération CF	0.336	0.334

4.3.4 Test de la taille de l'effet f^2

L'évaluation de l'ampleur de l'effet f^2 consiste à examiner l'altération de la valeur R^2 d'une construction endogène lorsqu'une construction exogène spécifique est exclue. Cette analyse permet de déterminer l'impact substantiel de la construction exogène sur les constructions endogènes. La valeur f^2 de l'ampleur de l'effet quantifie la contribution d'une construction exogène à la valeur R^2 d'une variable latente endogène. Les valeurs de l'ampleur de l'effet f^2 de 0,02, 0,15 et 0,35 signifient respectivement un impact faible, moyen ou significatif d'un construit exogène sur un construit endogène. Dans le tableau 4-14, les tailles d'effet sont présentées pour ce modèle, illustrant les diverses contributions de chaque construction aux valeurs R^2 respectives, allant de grandes à petites.

Tableau 4-15 Tailles d'effet des concepts

Construire	Perception de l'efficacité de l'IG	Préparation à l'adoption de l'OF	Préparation à la libération CF	Potentiel de l'agriculture durable
Perception de l'efficacité de l'IG		0.003		

Préparation à l'adoption de l'OF			
Préparation à la libération CF		0.248	
Potentiel de l'agriculture durable	0.633	0.062	0.506

4.3.5 Test de pertinence prédictive

La méthode du blindfolding dans le PLS-SEM sert de technique de validation croisée pour évaluer le modèle en fonction des mesures de redondance concernant chaque construit endogène. Outre l'évaluation des valeurs R^2 en tant qu'indicateur de la précision prédictive, la littérature recommande d'examiner la valeur Q^2 de Stone-Geisser (Geisser, 1974 ; Stone, 1974). Cette mesure reflète le pouvoir prédictif hors échantillon ou la pertinence prédictive du modèle. Les valeurs Q^2 ont été calculées à l'aide de la procédure "PLSpredict" du logiciel "SmartPLS4". Toute valeur de Q^2 supérieure à 0 signifie que les construits exogènes possèdent une pertinence prédictive pour le construit endogène spécifié. Le tableau 4-15 ci-dessous illustre les valeurs satisfaisantes de Q^2 obtenues pour ce modèle.

Tableau 4-16 Valeurs Q^2 du modèle

Construire	Q²predict	RMSE	MAE
Perception de l'efficacité de l'IG	0.338	0.818	0.615
Préparation à l'adoption de l'OF	0.307	0.838	0.642
Préparation à la libération CF	0.322	0.828	0.644

4.3.6 Test de la taille de l'effet q2

La valeur q^2 permet d'évaluer la contribution d'un construit exogène à la valeur Q^2 d'une variable latente endogène. Servant de mesure relative de la pertinence prédictive, les valeurs q^2 de 0,02, 0,15 et 0,35 signifient qu'un construit exogène a un niveau de pertinence prédictive faible, moyen ou substantiel pour un construit endogène spécifique. Les résultats présentés dans le tableau 4-15 indiquent que la pertinence prédictive des construits de ce modèle s'étend de petite à grande, se situant dans la fourchette acceptable.

4.3.7 Mesures d'adéquation du modèle

Dans le contexte des modèles PLS-SEM, la valeur SRMR (Standardized Root Mean Square Residual), couramment employée pour évaluer l'adéquation dans le CB-SEM, n'est pas considérée comme applicable selon les discussions existantes dans la littérature PLS-SEM. Ce modèle combine à la fois des facteurs composites et des facteurs communs. Néanmoins, la littérature PLS-SEM actuelle ne fournit pas d'orientation théorique sur la manière dont les chercheurs devraient différencier l'adéquation du modèle entre les construits représentés par des facteurs communs et composites au sein du même modèle. L'utilisation mixte de ces facteurs et la nécessité de rendre compte de l'adéquation du modèle dans de tels scénarios ne sont pas bien étayées.

Dans ce contexte, les mesures d'ajustement du modèle telles que SRMR, RMStheta et le test d'ajustement exact sont considérées comme ayant une valeur limitée. Leur application est déconseillée, car les chercheurs pourraient être tentés de compromettre le pouvoir prédictif pour obtenir un "ajustement" apparemment meilleur. Hair et al. (2016) déconseillent l'utilisation de ces statistiques dans l'analyse de modèles PLS-SEM similaires à celui présenté dans cette étude. Bien que certains chercheurs précédents suggèrent qu'une valeur SRMR inférieure à 0,08 indique un bon ajustement, la valeur SRMR obtenue dans ce modèle est de 0,095.

4.3.8 Test des effets modérateurs des facteurs démographiques

L'étude examine en outre si les relations entre le modèle et la variable dépendante (RAOF) présentent des variations en fonction de l'âge, de l'éducation, du sexe des agriculteurs et d'autres facteurs sociodémographiques recueillis au cours de l'enquête. Les coefficients de cheminement pour des groupes distincts, tels que les jeunes par rapport aux plus âgés ou les femmes par rapport aux hommes, peuvent présenter des différences significatives lorsqu'ils sont calculés sur la base des segments de l'échantillon au sein de chaque groupe. Toutefois, il est impératif de valider et d'évaluer la signification statistique de ces différences avant de tirer des conclusions.

Pour y remédier, l'analyse multigroupe permet de calculer les différences dans les coefficients de cheminement et d'évaluer leur signification statistique par le biais des valeurs P. Cette approche permet une exploration nuancée de la manière dont les relations du modèle peuvent varier entre les différents segments démographiques, ce qui apporte des informations précieuses aux résultats globaux de l'étude.

Les chercheurs ont présenté diverses approches de l'analyse multigroupe, comme le soulignent Sarstedt et al. (2011). Lors de la comparaison de deux groupes de données, il est essentiel de faire la distinction entre l'approche paramétrique et plusieurs alternatives non paramétriques. Des recherches antérieures indiquent que l'approche paramétrique peut être relativement libérale et sujette à des erreurs de type I (faux positifs) (Sarstedt, Henseler et Ringle, 2011). D'un point de vue conceptuel, l'approche paramétrique présente également des limites car elle repose sur des hypothèses de distribution, qui ne s'appliquent pas à l'approche PLS-SEM en raison de sa nature non paramétrique.

En réponse à ces défis, les chercheurs ont proposé des alternatives non paramétriques pour l'analyse multigroupe (Sarstedt et al., 2011), l'un des exemples étant le test de permutation. Dans cette méthode, les observations entre les groupes sont échangées de manière aléatoire (c'est-à-dire permutées) et le modèle est réestimé pour chaque permutation (Chin et Dibbern, 2010 ; Dibbern et Chin, 2005). Cette alternative non paramétrique offre un moyen robuste d'évaluer la signification des différences entre les coefficients de cheminement dans des groupes de données distincts.

Le calcul des différences entre les coefficients de cheminement spécifiques à un groupe par permutation permet de tester si ces différences s'étendent à l'ensemble de la population. Toutefois, des recherches antérieures suggèrent que si le test de permutation donne des résultats similaires à ceux de l'approche paramétrique, il tend à être moins libéral dans la détermination de la signification de ces différences. En outre, son application nécessite que les groupes soient de taille similaire. Pour remédier à ces limitations, Henseler et al. (2009) ont introduit une autre approche d'analyse multigroupe non paramétrique qui exploite les résultats du bootstrapping par le biais de techniques PLS.

L'approche PLS-MGA compare chaque estimation bootstrap d'un groupe avec toutes les autres estimations du même paramètre dans l'autre groupe. En comptabilisant les occurrences où l'estimation bootstrap du premier groupe dépasse celle du second groupe, l'approche dérive une valeur de probabilité pour les tests unilatéraux et bilatéraux, ce qui facilite les tests d'hypothèse. Étant donné la nature non paramétrique de l'analyse et les tailles disparates des groupes en termes de nombre d'échantillons, la technique PLS-MGA s'est avérée la plus appropriée pour évaluer les différences dans les coefficients de chemin du modèle entre les groupes.

L'échantillon de données collectées pour cette étude comprend des segments avec des tailles d'échantillon substantielles, ce qui permet de prendre en compte plusieurs groupes. Le tableau 4-16 décrit les sous-groupes significatifs dans lesquels les échantillons ont été segmentés.

Analyse descriptive des facteurs démographiques

Tableau 4-17 Analyse descriptive des facteurs démographiques

Groupe	Répartition de l'échantillon entre les groupes
Religion	
Bouddhistes	366 (95%)
Musulman	20 (5%)
L'âge	
Âge <=45 ans	141(36%)
Âge >45 ans	242 (64%)
Genre	
Homme	330 (85%)
Femme	56 (15%)
L'éducation	
<Niveau ordinaire	154 (40%)
Niveau ordinaire ou > Niveau ordinaire	232 (60%)
Approvisionnement en main-d'œuvre	
Mixte (personnel et externalisé)	190 (49%)
Autonome	118 (30%)
Entièrement externalisé	74 (21%)
Appartenance à une organisation paysanne (OP)	
Membre de FO	343 (89%)
Non membre de FO	43(11%)
Liens sociaux	
Liens avec d'autres agriculteurs	256 (66%)
Liens avec d'autres acteurs (agents de terrain, chercheurs, acheteurs, vendeurs)	130 (44%)
Utilisation d'intrants agricoles	
Mixte (Plus de produits chimiques)	232 (60%)
Autre (biologique uniquement, chimique uniquement, plus biologique)	154 (40%)
Utilisation de méthodes agricoles	
Mixte (méthodes plus modernes)	217 (56%)
Mixte (moderne et traditionnel)	169 (44%)
Taille des parcelles agricoles	
Étendue - 2,5 acres	124 (32%)
Étendue autre Acres	262 (68%)
Maintien de la paille dans le champ	
Conserver	364 (94%)
Ne pas retenir	22 (6%)
Les menaces d'attaques d'animaux	
Face	330 (85%)
Pas de confrontation	56 (15%)

Effets de la religion des agriculteurs sur l'adaptation des produits biologiques

Dans cet échantillon de données, il n'y a pas de segmentation notable des réponses en fonction de la religion ; 366 cas sur 386 (95%) correspondent à des réponses d'agriculteurs bouddhistes, les autres répondants s'identifiant comme musulmans. Cette observation est spécifique à la population d'échantillonnage choisie pour cette étude dans le système H de Mahaweli.

Effets de l'âge des agriculteurs sur l'adaptation des produits biologiques

Le tableau 4-17 présente une comparaison entre deux groupes d'âge dans l'analyse des données : les agriculteurs âgés de plus de 45 ans, qui constituent 62 % de l'échantillon, et ceux qui ont moins de 45 ans. Les coefficients de cheminement du modèle ne révèlent pas de différences significatives entre ces deux groupes. Toutefois, il convient de noter que les jeunes agriculteurs, qui indiquent qu'ils sont prêts à libérer la FC et qu'ils sont enclins à adopter des pratiques biologiques, affichent des taux inférieurs à ceux de leurs homologues plus âgés. Cette observation est statistiquement significative, avec une valeur p de 0,17 dans cet ensemble de données.

Tableau 4-18 Coefficient de cheminement, différences d'effets totaux, en fonction de l'âge des agriculteurs

Coefficients de cheminement	Différence (âge <=45) - (âge >45)	Valeur p unilatérale (âge <=45 vs âge >45)	Valeur p bilatérale (âge <=45 vs âge >45)
Perception de l'efficacité de l'IG -> disposition à adopter l'OF	0.082	0.292	0.584
Préparation à la libération de la FC -> Préparation à l'adoption de l'OF	-0.186	0.915	0.170
Potentiel d'_agriculture durable -> Perception de l'_efficacité de l'IG	-0.071	0.855	0.289
Potentiel d'_agriculture durable -> Préparation_ à l'adoption de l'OF	0.070	0.336	0.673
Potentiel d'_agriculture durable -> Préparation à la libération du FC	-0.027	0.637	0.726

Effets du sexe des agriculteurs sur l'adaptation des produits biologiques

En ce qui concerne la composition par sexe de cet ensemble de données, les hommes représentent 85 % et les femmes 15 %. Le résultat notable concernant le sexe des agriculteurs est que les agricultrices se montrent plus disposées à passer aux pratiques biologiques que leurs homologues masculins. Cette observation est statistiquement significative, avec une valeur p de 0,07, proche du seuil accepté de 0,05 dans cette étude. En outre, il est intéressant de noter que les agricultrices, qui se disent prêtes à libérer les FC, sont moins enclines à passer aux pratiques biologiques que leurs homologues masculins. De plus, les agriculteurs masculins perçoivent le soutien du gouvernement comme plus bénéfique que leurs homologues féminins, atteignant un niveau de signification de 0,07. Le tableau 4-18 ci-dessous présente plus en détail ces résultats.

Tableau 4-19 Coefficients de cheminement, différences d'effets totaux, en fonction du sexe des agriculteurs

Coefficients de cheminement	Différence (sexe=M - groupe=F)	1-tailed (Gender=M vs Group=F) p value	2-tailed (Gender=M vs Group=F) p value
Perception de l'efficacité de l'IG -> disposition à adopter l'OF	0.099	0.371	0.743
Préparation à la libération de la FC -> Préparation à l'adoption de l'OF	0.329	0.024	0.048
Potentiel d'_agriculture durable -> Perception de l'_efficacité de l'IG	1.433	0.032	0.064
Potentiel d'_agriculture durable -> Préparation_ à l'adoption de l'OF	-0.166	0.966	0.068
Potentiel d'_agriculture durable -> Préparation à la libération du FC	-0.012	0.573	0.854

Effets de la formation des agriculteurs à l'adaptation des produits biologiques

Dans cette unité d'échantillonnage, 41% des agriculteurs ont achevé leurs études jusqu'au niveau ordinaire (O/L) dans le système national d'éducation, 40% n'ont pas achevé l'O/L, et les individus restants ont atteint des niveaux d'éducation plus élevés. Les deux groupes comparables concernant l'éducation des agriculteurs dans cet échantillon sont ceux qui n'ont pas atteint le niveau d'éducation O/L et ceux qui l'ont atteint. La comparaison est détaillée dans le tableau 4-19.

Les agriculteurs dont le niveau d'éducation est inférieur à O/L affichent un taux plus favorable de transformation de leurs pratiques agricoles durables (PAS) en préparation à l'adoption de l'agriculture biologique (RAOF), ce qui constitue un résultat significatif dans le cadre de cette étude. En outre, il convient de noter que les agriculteurs moins instruits résistent à l'utilisation d'engrais chimiques par rapport aux agriculteurs instruits (c'est-à-dire que le taux de conversion de la résistance à l'utilisation d'engrais chimiques à la RAOF est faible). Cette observation est statistiquement significative avec une valeur p de 0,15.

Tableau 4-20 Coefficient de cheminement, différences d'effets totaux, en fonction du niveau d'éducation des agriculteurs

Coefficients de cheminement	Différence (<O/L - OL ou >OL)	Valeur p unilatérale (<O/L vs OL ou >OL)	Valeur p bilatérale (<O/L vs OL ou >OL)
Perception de l'efficacité de l'IG -> disposition à adopter l'OF	0.145	0.172	0.344
Préparation à la libération de la FC -> Préparation à l'adoption de l'OF	-0.197	0.923	0.153
Potentiel d'_agriculture durable -> Perception de l'_efficacité de l'IG	-0.001	0.41	0.821
Potentiel d'_agriculture durable -> Préparation_ à l'adoption de l'OF	0.194	0.019	0.038
Potentiel d'_agriculture durable -> Préparation à la libération du FC	0.082	0.158	0.315

Effets des moyens utilisés par les agriculteurs pour s'approvisionner en main-d'œuvre afin d'adapter les produits biologiques

Les moyens par lesquels les agriculteurs se procurent leur main-d'œuvre, qu'il s'agisse de l'auto-sourcing, du soutien familial, de l'externalisation ou d'une approche mixte, revêtent une grande importance dans l'étude. Parmi l'échantillon, 5 % des agriculteurs s'approvisionnent eux-mêmes en main-d'œuvre, 24 % s'approvisionnent eux-mêmes avec l'aide de leur famille, 19 % externalisent entièrement leur travail et 49 % adoptent une approche mixte.

Cette segmentation fait apparaître deux groupes comparables : les agriculteurs qui s'approvisionnent en main-d'œuvre par le biais d'une approche mixte et ceux qui s'approvisionnent eux-mêmes. Le tableau 4-20 ci-dessous compare les coefficients de cheminement de ces deux groupes, particulièrement en ce qui a trait à la conversion du taux d'aide gouvernementale en taux de préparation à l'adoption de l'agriculture biologique (RAOF). Notamment, les agriculteurs qui se procurent de la main-d'œuvre par le biais de l'approche hybride affichent un taux de conversion de l'aide gouvernementale en RAOF plus élevé que les autres. Ce résultat est statistiquement significatif avec une valeur p de 0,06, proche du seuil de probabilité accepté de 0,05 dans cette étude.

Tableau 4-21 Coefficient de cheminement, différences d'effets totaux en fonction du mode d'approvisionnement en main-d'œuvre

Coefficients de cheminement	Différence (travail mixte - travail indépendant)	1-tailed (Labor-mixed vs Labor-self) p-value	2-tailed (Labor-mixed vs Labor-self) p-value
Perception de l'efficacité de l'IG -> disposition à adopter l'OF	0.291	0.031	0.063
Préparation à la libération de la FC -> Préparation à l'adoption de l'OF	-0.151	0.843	0.314
Potentiel d'_agriculture durable -> Perception de l'_efficacité de l'IG	-0.028	0.718	0.564

Potentiel d'_agriculture durable -> Préparation_ à l'adoption de l'OF	-0.049	0.683	0.633
Potentiel d'_agriculture durable -> Préparation à la libération du FC	-0.092	0.85	0.300

Effets de l'appartenance des agriculteurs à des organisations agricoles sur l'adaptation des produits biologiques

Sur l'ensemble de l'échantillon, trois cent quarante-trois répondants, soit 88%, sont membres d'organisations d'agriculteurs, et il n'y a pas de segmentation notable entre les groupes pour ce facteur. Cette constatation souligne le niveau élevé d'activité et de participation des agriculteurs de ces régions de culture au sein des organisations d'agriculteurs.

Effets des affaires des agriculteurs avec d'autres pour l'adaptation des produits biologiques

Les agriculteurs discutent de leurs activités agricoles et recherchent des conseils auprès de diverses parties prenantes, notamment les fonctionnaires, les chercheurs agricoles, les acheteurs de paddy, les vendeurs d'intrants agricoles et les autres agriculteurs. Dans cette enquête, 66 % des agriculteurs s'associent à des collègues agriculteurs pour répondre à ces besoins, tandis que seulement 16 % d'entre eux ont des interactions avec des fonctionnaires. Un pourcentage plus faible, 7%, interagit avec les chercheurs agricoles et 7% avec les vendeurs d'intrants agricoles. L'interaction avec les acheteurs de paddy pour ce type de besoins est négligeable.

Le tableau 4-21 illustre les différences dans les coefficients de cheminement du modèle entre les deux groupes principaux : les agriculteurs qui s'associent avec des collègues agriculteurs et les autres. Les agriculteurs associés à d'autres agriculteurs utilisent plus souvent leurs pratiques agricoles durables (PAS) pour tirer parti des aides publiques, qu'ils jugent plus efficaces que d'autres. Cette observation est statistiquement significative. Cependant, il n'y a pas de différences significatives dans les autres coefficients de cheminement du modèle entre ces deux groupes.

Tableau 4-22 Coefficient de cheminement, Différences d'effets totaux basées sur les liens sociaux

Coefficients de cheminement	Différence (lien - collègues agriculteurs - lien - autres)	1-tailed (Linkage - Fellow Farmers vs Linkage-others) p-value	2-tailed (Linkage - Fellow Farmers vs Linkage-others) p-value
Perception de l'efficacité de l'IG -> disposition à adopter l'OF	0.1	0.274	0.548
Préparation à la libération de la FC -> Préparation à l'adoption de l'OF	0.016	0.46	0.919
Potentiel d'_agriculture durable -> Perception de l'_efficacité de l'IG	1.378	0	0.001
Potentiel d'_agriculture durable -> Préparation_ à l'adoption de l'OF	0.064	0.271	0.542
Potentiel d'_agriculture durable -> Préparation à la libération du FC	0.015	0.44	0.88

Effets du type d'intrants agricoles utilisés pour adapter les matières organiques

L'étude s'est intéressée à la nature des intrants agricoles utilisés par les agriculteurs et à leur impact sur l'adaptation à l'agriculture biologique. D'après les réponses, la majorité des agriculteurs ont déclaré utiliser à la fois des intrants biologiques et chimiques, avec une nette tendance à l'utilisation de produits chimiques. Aucun agriculteur n'a adopté de pratiques agricoles exclusivement biologiques. Plus précisément, 21 % des agriculteurs ont indiqué qu'ils utilisaient beaucoup de produits chimiques, tandis que 17 % ont indiqué qu'ils utilisaient des produits mixtes, avec un penchant plus marqué pour les intrants biologiques. Environ 60 %

des agriculteurs utilisent à la fois des substances biologiques et chimiques, mais plus particulièrement des produits chimiques.

L'observation est que les agriculteurs qui privilégient les intrants chimiques présentent un faible taux de conversion des pratiques agricoles durables (PAS) en préparation à l'adoption de l'agriculture biologique (RAOF). Cette constatation est statistiquement significative.

Tableau 4-23 Coefficient de cheminement, différences d'effets en fonction des intrants agricoles utilisés

Coefficients de cheminement	Différence (intrants - mélangés (plus de produits chimiques) - intrants - autres)	1-tailed (Intrants - mixtes (plus de produits chimiques) vs Intrants - autres) p-value	Valeur p bilatérale (intrants - mixtes (plus de produits chimiques) vs intrants - autres)
Perception de l'efficacité de l'IG -> disposition à adopter l'OF	0.148	0.212	0.423
Préparation à la libération de la FC -> Préparation à l'adoption de l'OF	-0.191	0.86	0.279
Potentiel d'_agriculture durable -> Perception de l'_efficacité de l'IG	0.103	0.201	0.402
Potentiel d'_agriculture durable -> Préparation_ à l'adoption de l'OF	-0.185	0.974	0.053
Potentiel d'_agriculture durable -> Préparation à la libération du FC	-0.122	0.944	0.112

Effets du type de méthodes agricoles sur l'adaptation des produits organiques

L'étude a exploré l'impact des différentes méthodes agricoles sur l'adaptation des pratiques biologiques dans le contexte de la riziculture sri-lankaise, qui est passée de pratiques agricoles traditionnelles à des pratiques agricoles modernes impliquant davantage de produits chimiques et de machines.

Les réponses ont révélé que 56 % des agriculteurs qui utilisaient des méthodes mixtes étaient plus enclins à adopter des pratiques agricoles modernes, tandis que 20 % des agriculteurs qui utilisaient des méthodes mixtes penchaient pour les méthodes traditionnelles. Trois pour cent des agriculteurs continuent à suivre les méthodes traditionnelles, et aucun n'a complètement abandonné les méthodes conventionnelles pour passer à l'agriculture moderne.

Les agriculteurs qui adoptent des méthodes plus modernes affichent un taux plus faible de modification de leurs pratiques agricoles durables (PAS) en aptitude à l'adoption de l'agriculture biologique (RAOF) et en résistance à la libération d'engrais chimiques (RRCF), comme l'illustre le tableau 4-23. Ces résultats sont statistiquement significatifs, avec des valeurs p de 0,06 et 0,07, respectivement.

Tableau 4-24 Coefficient de cheminement, différences d'effets totaux, en fonction de la méthode d'élevage utilisée

Coefficients de cheminement	Différence (Méthode-(Mixte - plus moderne) - Méthodes-autres)	1-tailed (Méthode-(Mixte-plus moderne) vs Méthodes-autres) p value	2-tailed (Méthode-(Mixte -plus moderne) vs Méthodes-autres) p value
Perception de l'efficacité de l'IG -> disposition à adopter l'OF	0.173	0.126	0.252
Préparation à la libération de la FC -> Préparation à l'adoption de l'OF	0.136	0.152	0.304
Potentiel d'_agriculture durable -> Perception de l'_efficacité de l'IG	0.112	0.057	0.113
Potentiel d'_agriculture durable -> Préparation_ à l'adoption de l'OF	-0.163	0.966	0.068

Coefficients de cheminement	Différence (Méthode-(Mixte - plus moderne) - Méthodes-autres)	1-tailed (Méthode-(Mixte-plus moderne) vs Méthodes-autres) p value	2-tailed (Méthode-(Mixte -plus moderne) vs Méthodes-autres) p value
Potentiel d'_agriculture durable -> Préparation à la libération du FC	-0.135	0.969	0.062

Effets de la taille des parcelles agricoles sur l'adaptation de l'agriculture biologique

L'étude explore également l'influence potentielle de la taille des parcelles agricoles sur les pratiques agricoles durables (PAS) et la transformation des PAS en préparation à l'adoption de l'agriculture biologique (RAOF). La taille des parcelles de riziculture varie d'une saison à l'autre, la région ayant deux saisons de riziculture dominantes, à savoir "Maha" et "Yala".

Pendant la saison "Maha", la taille moyenne des rizières est d'environ 2,6 acres, et pour la saison "Yala", elle est d'environ 2 acres. Les chiffres relatifs à la saison "Maha" sont utilisés dans l'analyse multigroupe pour étudier les différences dans les coefficients de cheminement du modèle entre les divers groupes. Quarante-six pour cent (46 %) des agriculteurs cultivent 2 ou 2,5 acres de riz pendant cette saison, tandis qu'environ 20 % cultivent des parcelles de plus de 2,5 acres. Neuf pour cent (9 %) cultivent du riz sur des parcelles d'un acre et 5 % sur des parcelles de 0,5 acre.

Le tableau 4-24 présente les résultats de l'analyse de groupe, qui indiquent que les agriculteurs qui continuent à cultiver des rizières de 2,5 acres affichent un taux de conversion des SAP en RAOF plus élevé que les autres. Ce résultat est statistiquement significatif avec une valeur p de 0,08.

Tableau 4-25 Coefficient de cheminement, différences d'effets totaux, en fonction de la taille de la parcelle agricole

Coefficients de cheminement	Différence (étendue - 2,5 acres - étendue autres acres)	1-tailed (Extent - 2.5 Acre vs Extent other Acres) p-value	2-tailed (Extent - 2.5 Acre vs Extent other Acres) p-value
Perception de l'efficacité de l'IG -> disposition à adopter l'OF	0.194	0.131	0.263
Préparation à la libération de la FC -> Préparation à l'adoption de l'OF	-0.038	0.617	0.766
Potentiel d'_agriculture durable -> Perception de l'_efficacité de l'IG	0.029	0.183	0.366
Potentiel d'_agriculture durable -> Préparation_ à l'adoption de l'OF	0.149	0.041	0.081
Potentiel d'_agriculture durable -> Préparation à la libération du FC	-0.037	0.674	0.651

Effets de la rétention de la paille au champ sur les matières organiques d'adaptation

Quatre-vingt-quatorze pour cent (94%) des agriculteurs choisissent de conserver les pailles dans leurs parcelles agricoles, et il n'y a pas de segmentation significative des échantillons dans cette catégorie pour une comparaison plus poussée. La prévalence des machines de récolte modernes est la principale raison d'un pourcentage aussi élevé de rétention des pailles, car ces machines laissent les pailles dans le champ pendant la récolte. Toutefois, cette pratique contraste avec la méthode traditionnelle d'utilisation des résidus de la culture du riz comme éléments nutritifs du sol, où les agriculteurs avaient l'habitude d'empiler les pailles en vrac autour des aires de battage pendant un certain temps avant de les répandre dans le champ pour la saison suivante.

Effet des menaces animales sur Adapt Organics

D'après les réponses, quatre-vingt-cinq pour cent (85%) des agriculteurs déclarent avoir subi diverses attaques d'animaux, les éléphants, les paons et les rats étant les animaux les plus courants qui menacent la riziculture. Cependant, il n'y a pas de segmentation claire des groupes identifiés dans cette catégorie. Les résultats de l'analyse multigroupe concluent ce chapitre avec cette observation.

4.4 Tests d'hypothèses

Le modèle conceptuel de l'étude comprend un ensemble d'hypothèses, dont cinq représentent les coefficients de cheminement du modèle et deux reflètent les effets médiateurs indirects entre les variables FRRCF et PEoGI. En outre, la huitième hypothèse explore les effets modérateurs potentiels de certains facteurs démographiques.

1. H1 : Il existe une relation positive entre le **potentiel d'AS** des agriculteurs et leur **capacité d'adaptation** à l'OF.
2. H2 : Il existe une relation positive entre le **potentiel d'AS** des agriculteurs et leur **disposition à libérer les** FC.
3. H3 : Il existe une relation positive entre le **potentiel d'AS** des agriculteurs et leur **perception de l'efficacité** des incitations gouvernementales.
4. H4 : Il existe une relation positive entre la capacité des agriculteurs à **libérer la** FC et leur **capacité d'adaptation à l'**OF.
5. H5 : Il existe une relation positive entre la **perception qu'ont les** agriculteurs de l'**efficacité** des incitations gouvernementales et leur **volonté de s'adapter à l'OF**.
6. H6 : La **disposition des agriculteurs à libérer les** FC **influence** *positivement* la relation entre le **potentiel d'AS** des agriculteurs et leur **disposition à adapter l'**OF.

7. H7 : L'**efficacité perçue par les agriculteurs** des incitations gouvernementales influence *positivement* la relation entre le **potentiel d'AS** des agriculteurs et leur **capacité d'adaptation à l'**OF.
8. Certains facteurs démographiques modèrent la relation entre le **potentiel de l'AS** et sa **capacité à s'adapter** à l'OF.

Les diagrammes, figures 4-12 et 4-13, illustrent les coefficients de cheminement et les effets totaux du modèle après la mise en œuvre de l'algorithme PLS-SEM par l'application logicielle SmartPLS4. Les coefficients de chemin dans le modèle correspondent aux cinq premières hypothèses de l'étude. En outre, la disparité entre la valeur du coefficient de cheminement et l'effet total dans la relation entre le SAP et le RAOF représente les 6e et 7e hypothèses, indiquant les effets médiateurs prédits des construits RRCF et PEoGI sur la relation entre le SAP et le RAOF.

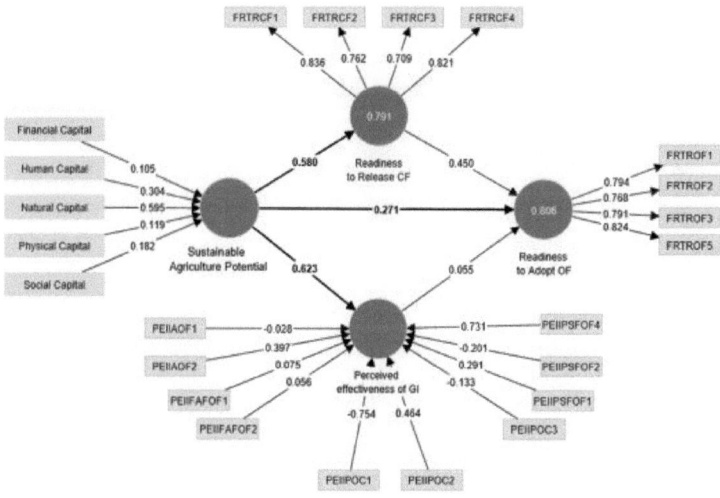

Figure 4-12 Modèle avec coefficients de cheminement

Tableau 4-26 Test d'hypothèse - coefficient de cheminement s

Hypothèse	Échantillon original (O)	Moyenne de l'échantillon (M)	Écart-type (STDEV)	Statistiques T (|O/STDEV|)	Valeurs P
Perception de l'efficacité de l'IG -> disposition à adopter l'OF	0.055	0.066	0.074	0.749	0.454
Préparation à la libération de la FC -> Préparation à l'adoption de l'OF	0.450	0.446	0.065	6.890	0.000
Potentiel d'_agriculture durable -> Perception de l'_efficacité de l'IG	0.623	0.613	0.163	3.815	0.000
Potentiel d'_agriculture durable -> Préparation_ à l'adoption de l'OF	0.271	0.269	0.083	3.257	0.001
Potentiel d'_agriculture durable -> Préparation à la libération du FC	0.580	0.584	0.037	15.605	0.000

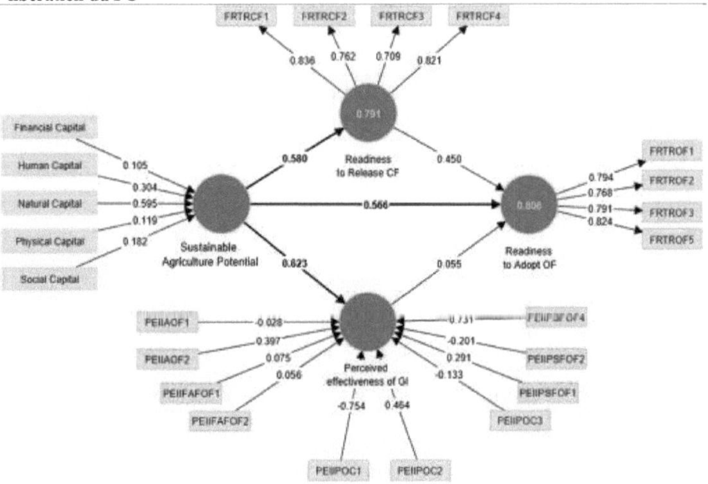

Figure 4-13 Modèle avec effets totaux du chemin

Tableau 4-27 Tests d'hypothèses - Effets totaux

Hypothèse	Échantillon original (O)	Moyenne de l'échantillon (M)	Écart-type (STDEV)	Statistiques T (|O/STDEV|)	Valeurs P
Perception de l'efficacité de l'IG -> disposition à adopter l'OF	0.055	0.066	0.074	0.749	0.454
Préparation à la libération de la FC ->	0.45	0.446	0.065	6.89	0

Hypothèse	Échantillon original (O)	Moyenne de l'échantillon (M)	Écart-type (STDEV)	Statistiques T (|O/STDEV|)	Valeurs P
Préparation à l'adoption de l'OF					
Potentiel d'_agriculture durable -> Perception de l'_efficacité de l'IG	0.623	0.613	0.163	3.815	0
Potentiel d'_agriculture durable -> Préparation_ à l'adoption de l'OF	0.566	0.57	0.046	12.199	0
Potentiel d'_agriculture durable -> Préparation à la libération du FC	0.58	0.584	0.037	15.605	0

Le tableau 4-26 présente quatre hypothèses prédites sur les cinq premières, qui sont toutes statistiquement significatives avec une probabilité de 0,05. Cependant, la cinquième hypothèse, qui concerne la perception par les agriculteurs de l'efficacité des interventions du gouvernement, est faible et n'est pas statistiquement significative avec une valeur de 0,454.

Le tableau 4-27 ci-dessous présente les effets indirects, englobant les 6ème et 7ème hypothèses du modèle. La 6e hypothèse est confirmée, ce qui indique un résultat statistiquement significatif. En revanche, la 7e hypothèse est faible et n'est pas statistiquement significative. Il convient de noter que la 7ème hypothèse du modèle est associée à la 5ème hypothèse, qui est également faible, ce qui contribue à ces résultats.

Tableau 4-28 Tests d'hypothèses - Effets indirects

Hypothèse	Échantillon original (O)	Moyenne de l'échantillon (M)	Écart-type (STDEV)	Statistiques T (|O/STDEV|)	Valeurs P
Potentiel d'_agriculture durable -> Prête à libérer le FC -> Prête à adopter l'OF	0.261	0.259	0.038	6.852	0.000
Potentiel d'_agriculture durable -> Efficacité	0.034	0.042	0.046	0.743	0.458

perçue de l'IG -> Disposition à adopter l'OF

La huitième hypothèse de cette étude portait sur les effets modérateurs des facteurs démographiques. Les résultats, présentés au tableau 4-28, indiquent que cinq facteurs démographiques modèrent de façon significative la relation entre les pratiques agricoles durables (PAS) des agriculteurs et leur disposition à adopter l'agriculture biologique (APOB). Les résultats sont statistiquement significatifs avec une valeur de probabilité de 95 % ou moins.

Tableau 4-29 Tests d'hypothèses - Effets modérateurs des facteurs démographiques

Coefficients de cheminement	Différence	unilatéral	2-tailed
	(Sexe=M - Groupe=F)	(Sexe=M vs Groupe=F) p value	(Sexe=M vs Groupe=F) p value
Potentiel d'_agriculture durable -> Préparation_ à l'adoption de l'OF	-0.166	0.966	0.068
	(<O/L - OL ou >OL)	(<O/L vs OL ou >OL) p value	(<O/L vs OL ou >OL) p value
Potentiel d'_agriculture durable -> Préparation_ à l'adoption de l'OF	0.194	0.019	0.038
	(Intrants - Mélanges (plus de produits chimiques) - Intrants - Autres)	(Intrants - mixtes (plus de produits chimiques) vs intrants - autres) p-value	(Intrants - mixtes (plus de produits chimiques) vs intrants - autres) p-value
Potentiel d'_agriculture durable -> Préparation_ à l'adoption de l'OF	-0.185	0.974	0.053
	(Méthode- (Mixte - plus moderne) - Méthodes- autres)	(Méthode - (mixte - plus moderne) vs Méthodes - autres) p valeur	(Méthode - (mixte - plus moderne) vs Méthodes - autres) p valeur
Potentiel d'_agriculture durable -> Préparation_ à l'adoption de l'OF	-0.163	0.966	0.068
	(étendue - 2,5 acres - étendue autres acres)	(étendue - 2,5 acres vs étendue - acres supplémentaires) p-value	(étendue - 2,5 acres vs étendue autres acres) p-value

Potentiel d'_agriculture durable -> Préparation_ à l'adoption de l'OF	0.149	0.041	0.081

En résumé, l'analyse a conduit à l'acceptation de six hypothèses sur les huit définies dans l'étude. La relation positive prédite entre l'efficacité perçue par les agriculteurs des mesures d'incitation du gouvernement et leur volonté d'adopter l'agriculture biologique (5ème hypothèse) n'existe pas. Cette inexistence entraîne également le rejet de la 7e hypothèse, qui est liée à la 5e hypothèse, comme indiqué ci-dessus.

4.5 Performances et importance des concepts latents

L'analyse de la carte d'importance et de performance (IPMA), une technique disponible dans le modèle d'équation structurelle des moindres carrés partiels (PLS-SEM), a été employée pour évaluer la force de la contribution individuelle des concepts latents à leurs variables prédécesseurs. Cette approche a été utilisée pour déterminer les contributions individuelles des immobilisations aux pratiques agricoles durables (PAS), les contributions de chaque variable de mesure à l'efficacité perçue des interventions gouvernementales par les agriculteurs (PEoGI) et la contribution de chaque variable de mesure aux cinq immobilisations.

La méthode IPMA étend les résultats PLS-SEM standard en offrant une perspective bidimensionnelle qui compare les valeurs moyennes des scores des variables latentes et les effets des variables. Cette approche met en contraste les effets totaux des construits du modèle structurel sur un construit cible spécifique avec les scores moyens des variables latentes des prédécesseurs de ce construit. Les effets totaux signifient l'importance des construits prédécesseurs dans la formation du construit cible, tandis que les scores moyens des variables latentes représentent leur performance.

L'objectif de l'utilisation de l'IPMA dans cette analyse est d'identifier les immobilisations ayant une importance relativement élevée pour les concepts cibles (celles ayant un effet total important) et une performance relativement faible (scores moyens faibles des variables latentes). Cette identification peut mettre en évidence les concepts qui représentent des domaines potentiels d'amélioration, méritant plus d'attention que d'autres. Les références pour cette approche comprennent Fornell et al. (1996), Höck, Ringle et Sarstedt (2010), Kristensen, Martensen et Grønholdt (2000), et Slack (1994).

Dans l'analyse IPMA, il est essentiel que les effets totaux et les scores des variables latentes soient mesurés sur une échelle standardisée. En outre, si les variables sont mesurées sur des échelles différentes, il est recommandé de les rééchelonner (Höck et al., 2010 ; Kristensen et al., 2000). Toutefois, dans cette étude, il n'est pas nécessaire de modifier l'échelle car toutes les variables sont mesurées sur une échelle uniforme de (1-5). Les figures suivantes illustrent l'IPMA des concepts du modèle structurel et leurs relations.

4.5.1 Effets des variables sur la volonté des agriculteurs d'adopter des engrais organiques

Les diagrammes, intitulés Figure 4-14, décrivent les performances et l'importance des trois construits latents sur la variable prédécesseur de l'état de préparation des agriculteurs à l'adoption de l'agriculture biologique (RAOF). L'analyse représente visuellement la force des concepts et leurs effets totaux.

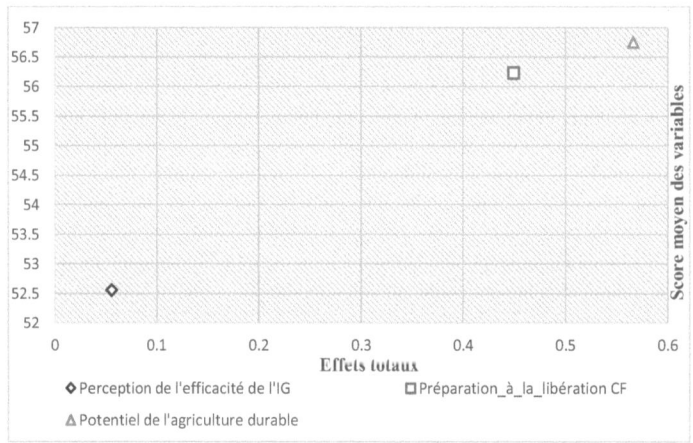

Figure 4-14 Analyse IPMA des concepts relatifs à la volonté des agriculteurs d'adopter des engrais organiques

4.5.2 Effets des immobilisations sur le potentiel d'agriculture durable des agriculteurs

Dans cette étude, le potentiel des agriculteurs en matière d'agriculture durable est mesuré de manière globale à l'aide de cinq concepts latents : Les actifs humains, sociaux, financiers, physiques et naturels. La figure 4-15 illustre visuellement l'importance et la performance des contributions des actifs en capital pour façonner le potentiel d'agriculture durable des agriculteurs. L'analyse révèle que le capital naturel est l'actif le plus important pour influencer le potentiel d'agriculture durable (PAD) des agriculteurs, ce qui, à son tour, influence une approche agricole plus centrée sur l'agriculture biologique. Le capital social est le plus performant (score variable) parmi les actifs. Toutefois, son impact sur le PAD est plus faible que celui du capital humain et du capital naturel. Bien que les agriculteurs disposent d'un capital financier relativement important, son impact sur le PAS et sur l'aptitude à l'adoption de l'agriculture biologique (RAOF) est le plus faible. Le capital physique affiche les performances les plus faibles, avec des effets relativement faibles sur le façonnage du PAS.

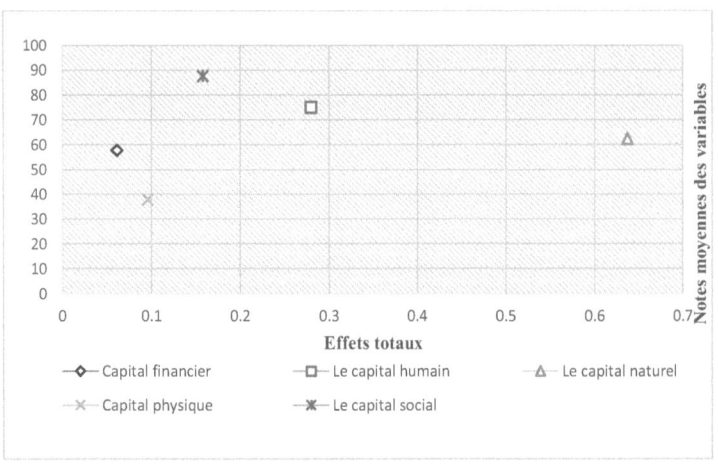

Figure 4-15 Carte d'importance et de performance des immobilisations

4.5.3 Effets des incitations gouvernementales sur l'adoption des produits biologiques

Il existe une corrélation positive entre les points forts des pratiques agricoles durables (PAS) des agriculteurs et leur perception de l'efficacité de l'aide gouvernementale qu'ils reçoivent pour l'agriculture. Une variation d'une unité dans les PAS se traduirait par une variation de 62 % dans leur perception de l'aide gouvernementale, ce qui suggère qu'ils peuvent effectivement tirer parti de cette aide. Cependant, la conversion de ce soutien en adaptation de l'utilisation d'engrais organiques ne se produit pas. Les résultats indiquent que si les agriculteurs continuent à considérer comme positif le soutien du gouvernement aux engrais chimiques (CF), les efforts pour promouvoir l'agriculture biologique (OF) restent infructueux.

La perception des agriculteurs quant à l'efficacité de l'aide gouvernementale a été mesurée à l'aide des indicateurs présentés dans le tableau 4-29, et la figure 4-16 illustre l'importance et les performances des indicateurs mesurés.

Tableau 4-30 Indicateurs utilisés pour mesurer la perception qu'ont les agriculteurs des interventions du gouvernement

Variable	Indicateur
PEIIAOF1	Les engrais organiques sont disponibles sur le marché
PEIIAOF2	J'ai confiance dans l'utilisation des engrais organiques disponibles sur le marché pour ma culture du riz.
PEIIFAFOF1	Le soutien financier apporté par le gouvernement pour l'achat d'engrais organiques est suffisant.
PEIIFAFOF2	Je pense que l'aide financière sera maintenue pour les saisons à venir.
PEIIPSFOF1	Les semences fournies par le gouvernement sont considérées comme adaptées à l'agriculture biologique.
PEIIPSFOF2	Les prix des semences sont raisonnables
PEIIPSFOF4	Nous pouvons trouver des semences dans les points de vente les plus proches
PEIIPOC1	L'annonce par le gouvernement d'un système de compensation pour les éventuelles pertes de récolte dues à l'utilisation d'engrais organiques est encourageante.
PEIIPOC2	Nous pouvons raisonnablement faire confiance à ces promesses du gouvernement
PEIIPOC3	J'ai vu de telles aides compensatoires nous être accordées par le passé en cas de pertes de récoltes

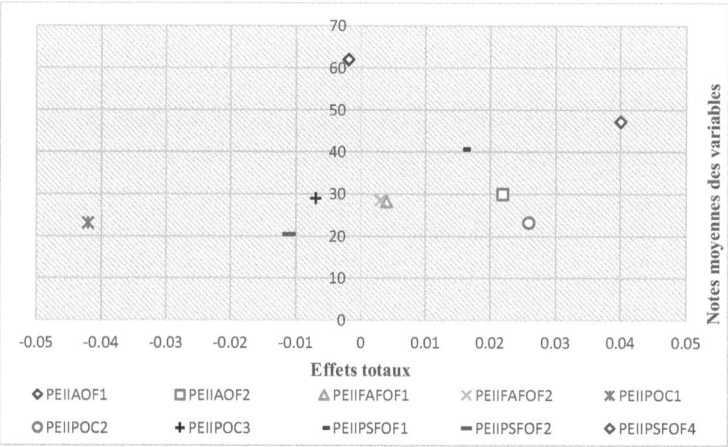

Figure 4-16 Analyse de l'importance et de la performance des indicateurs d'incitations gouvernementales

La réponse globale à la perception qu'ont les agriculteurs des incitations gouvernementales est très défavorable. La disponibilité des engrais organiques est une préoccupation importante pour les agriculteurs. Toutefois, certains agriculteurs ont exprimé des avis positifs sur la pertinence des engrais organiques disponibles sur le marché et pouvant être utilisés sur leurs parcelles. Le soutien politique du gouvernement et les croyances des agriculteurs dans l'aide gouvernementale ont des effets négatifs sur leur volonté d'adopter une agriculture plus axée sur le biologique. Certains agriculteurs considèrent que l'aide financière fournie par le gouvernement est efficace et espèrent qu'elle sera maintenue à l'avenir. La disponibilité de variétés de semences mieux adaptées à l'agriculture biologique suscite quelques perceptions positives, mais les agriculteurs expriment des sentiments négatifs quant au prix de ces semences.

Comme le montre la figure 4-16, la disponibilité des semences dans les points de vente proches apparaît comme l'indicateur le plus efficace en termes de performance et d'importance. Bien que la disponibilité d'engrais organiques sur le marché affiche la meilleure performance, son importance est négative. La confiance des agriculteurs dans le soutien financier à venir du gouvernement et les décisions politiques en leur faveur affichent également des performances et une importance positives. Il convient de noter que l'annonce par le gouvernement d'un régime de compensation pour les faibles rendements éventuels dus à l'adaptation biologique est considérée comme la moins importante dans cette transition, ce qui indique la méfiance actuelle des agriculteurs à l'égard des promesses du gouvernement. L'indicateur reflétant les expériences passées des agriculteurs en matière d'aides publiques compensatoires n'est pas très visible, affichant une importance négative et une performance relativement faible. Les prix des semences affichent des performances mineures et leur importance est également relativement faible.

4.5.4 Effets des indicateurs de capital humain

Les points forts du capital humain accumulé par les agriculteurs sont mesurés à l'aide de 14 indicateurs, détaillés dans le tableau 4-30 ci-dessous. La figure 4-17 illustre l'importance individuelle et les performances de chaque indicateur dans la formation du capital humain.

Tableau 4-31 Indicateurs utilisés pour mesurer le capital humain

Capital humain -Indicateurs composites formatifs	
Variable	***Santé et bien-être***
HCHAW3	Il est rare que nos problèmes de santé aient un impact sur nos activités de riziculture.
HCHAW5	Je suis satisfait de mes relations avec mes amis
HCHAW7	Je ne suis pas du tout inquiet de tout ce qui se passe ces jours-ci
HCHAW8	Je suis optimiste pour les 12 prochains mois
	Connaissances et expériences agricoles
HCKAFE10	Je connais la méthode la plus efficace pour lutter contre les mauvaises herbes.
HCKAFE5	Je connais l'importance de l'utilisation du compost organique
HCKAFE6	Je connais les conséquences irrémédiables de la négligence de l'irrigation à temps.
HCKAFE8	Je connais les méthodes biologiques pour lutter efficacement contre les parasites
	Planification et organisation
HCPAO3	Je fais l'agriculture au bon moment
	Attitudes
HCA1	Nous devons protéger les ressources naturelles pour la prochaine génération, même si cela entraîne des pertes à court terme pour notre résultat.
HCA3	L'utilisation intensive de produits chimiques dans l'agriculture affecte la santé des personnes et des animaux
	Convictions et valeurs

HCBAV1	Je pense que la réduction de l'utilisation des produits chimiques est une nécessité opportune
HCBAV3	Le rendement obtenu grâce à la réduction des produits chimiques est plus sain
HCBAV6	Mes enfants poursuivront nos traditions agricoles.

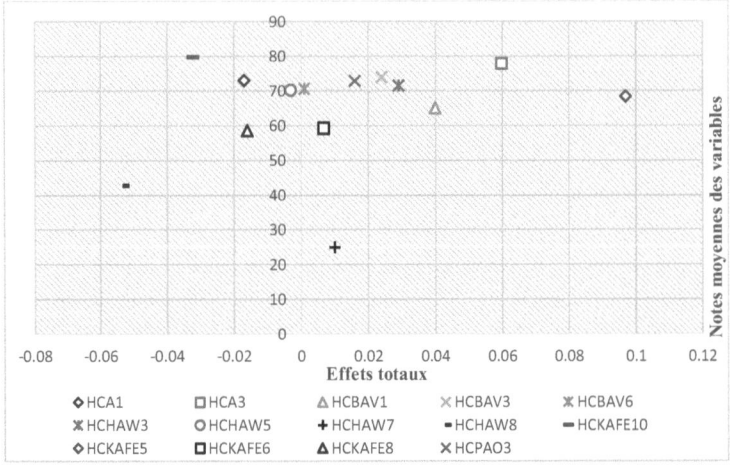

Figure 4-17 Analyse de l'importance et des performances des indicateurs du capital humain

Le diagramme ci-dessus illustre les scores latents moyens (performances) et l'efficacité (importance) de chaque indicateur sur le RAOF. L'état de santé relativement bon des agriculteurs contribue positivement à leur volonté d'adopter les engrais organiques. Leurs bonnes relations avec leurs amis se traduisent par des performances positives, mais cette force est inefficace. La plupart des agriculteurs se disent préoccupés par ce qui se passe autour d'eux et ces préoccupations, bien qu'elles n'aient pas encore d'effet négatif sur le RAOF, sont dignes d'intérêt. L'optimisme des agriculteurs à l'égard de l'avenir est préoccupant, et ces incertitudes futures affectent négativement le RAOF. La plupart des agriculteurs savent comment lutter efficacement contre les mauvaises herbes. Cependant, ces connaissances ont un impact négatif sur le RAOF, peut-être en raison de la désuétude de ces pratiques après la transition du contrôle traditionnel des mauvaises herbes aux méthodes centrées sur les produits chimiques adoptées au fil des ans.

La compréhension de l'importance de l'utilisation du compost est forte, et ce facteur a une incidence positive sur le RAOF. En outre, l'expertise des agriculteurs en matière d'irrigation opportune des parcelles agricoles est comparativement forte et contribue dans une certaine mesure à leur préparation à l'agriculture biologique. Peu d'agriculteurs connaissent les méthodes biologiques de lutte contre les ravageurs, et cet indicateur contribue négativement au RAOF. Ce résultat suggère que les méthodes traditionnelles de lutte contre les ravageurs ne donnent pas de résultats positifs dans l'environnement agricole actuel, qui a changé au fil des ans. La plupart des agriculteurs effectuent leurs cultures au bon moment, et cette compétence présente une relation positive avec leur volonté de s'adapter à l'agriculture biologique. L'attitude des agriculteurs à l'égard des problèmes de santé sociale liés à l'utilisation intensive de produits chimiques dans l'agriculture est relativement forte et essentielle pour renforcer la RAOF. En revanche, les agriculteurs accordent moins d'importance à la préservation de l'environnement pour l'avenir, ce qui a une influence négative sur l'adoption de l'engrais biologique. La plupart d'entre eux pensent que leurs enfants perpétueront les traditions agricoles, mais ils sont moins enclins à s'adapter aux engrais organiques.

4.5.5 Effets des indicateurs de capital social

Les indicateurs suivants, détaillés dans le tableau 4-31, sont utilisés pour mesurer la force du capital social associé aux moyens de subsistance des agriculteurs et sa contribution au RAOF des agriculteurs. La figure 4-18 illustre l'importance et la performance de chaque indicateur dans la formation du capital social.

Tableau 4-32 Indicateurs utilisés pour mesurer le capital social

Capital social -Indicateurs formatifs composés	
Variable	***Réseaux et connexité, a) liens - individus similaires au sein d'un réseau, b) liens entre les défenseurs de l'environnement, c) liens - décideurs politiques.***
SCNBBL1	L'organisation paysanne m'apporte une aide significative pour mes activités agricoles
SCNBBL2	Je reçois un soutien important de la part des associations communautaires dont je suis membre
SCNBBL6	Je reçois un soutien important de la part des chercheurs en agriculture pour mes activités agricoles
	Confiance et réciprocité
SCTAR1	Je fais confiance aux conseils et au soutien de mes collègues agriculteurs en ce qui concerne les pratiques susmentionnées.
SCTAR4	Je fais confiance aux conseils et à l'aide fournis par les banques et autres institutions financières concernant les pratiques susmentionnées.
SCTAR5	Je fais confiance aux conseils et à l'aide fournis par les compagnies d'assurance concernant les pratiques susmentionnées.
SCTAR6	Je fais confiance aux conseils et à l'aide reçus des vendeurs de produits agrochimiques pour les activités susmentionnées.
	Normes et valeurs
SCNAV1	Certains collègues agriculteurs me poussent à adopter des pratiques agricoles plus respectueuses de la nature.
SCNAV2	Je suis toujours heureux de produire des récoltes avec des normes plus élevées.
SCNAV3	J'obtiendrai une meilleure reconnaissance sociale si j'adopte des méthodes agricoles plus respectueuses de l'environnement.
SCNAV4	Je recevrai un meilleur prix/demande si je produis du riz en utilisant des matières organiques et moins de produits chimiques.
	Puissance
SCP1	L'adaptation des pratiques susmentionnées est une condition de ma charge foncière.
SCP2	Les acheteurs de paddy accordent de meilleurs prix aux agriculteurs qui adoptent ces pratiques.

SCP3	Les vendeurs d'intrants agricoles accordent des remises et des facilités de crédit aux agriculteurs qui adoptent les pratiques susmentionnées.
SCP4	J'ai le sentiment que les fonctionnaires soutiennent davantage les agriculteurs qui adoptent les pratiques susmentionnées.
SCP5	Je constate que les agriculteurs aisés de notre société nous soutiennent dans l'adaptation des pratiques susmentionnées.

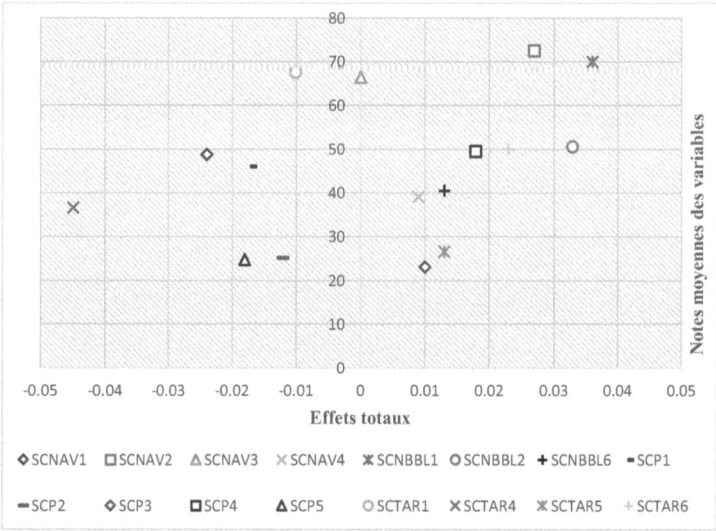

Figure 4-18 Analyse de l'importance et de la performance des indicateurs du capital social

Les réseaux sociaux et la connectivité apparaissent comme les indicateurs les plus significatifs du capital social influençant la volonté des agriculteurs de s'adapter à l'agriculture biologique (OF). Le soutien des organisations d'agriculteurs est le facteur qui influe le plus sur la volonté de s'adapter à l'agriculture biologique (RAOF). Les affiliations à d'autres sociétés communautaires et le soutien reçu dans le cadre de ces engagements, ainsi que le soutien des chercheurs en agriculture, ont un impact positif sur l'adaptation à l'agriculture biologique. Les résultats indiquent que la confiance des agriculteurs dans leurs collègues est solide, mais qu'elle a une incidence négative sur la préparation à l'agriculture biologique. La confiance dans les conseils et le soutien des vendeurs d'intrants agricoles est bonne et contribue à l'adaptation biologique. La confiance des agriculteurs dans le soutien et les conseils des banques et des institutions financières est faible et affecte négativement le RAOF. À l'inverse, la confiance dans les compagnies d'assurance pour de tels besoins a un impact positif, bien que faible. Notamment, bien que la confiance des agriculteurs dans leurs collègues soit relativement forte parmi d'autres indicateurs, son effet sur le RAOF est négatif. La perception que les agriculteurs obtiennent un meilleur prix s'ils produisent un produit biologique contribue positivement au RAOF. La satisfaction des agriculteurs à produire des rendements élevés contribue positivement au RAOF, et leur perception qu'ils obtiendraient une meilleure reconnaissance sociale s'ils s'adaptaient davantage à l'agriculture biologique a également un impact positif sur le RAOF. Bien que les collègues agriculteurs puissent influencer les autres à adopter une approche plus centrée sur l'agriculture biologique dans une certaine mesure, ces influences n'ont pas d'effets positifs sur le RAOF. L'attention encourageante des responsables gouvernementaux à l'égard des agriculteurs qui préfèrent l'agriculture biologique n'est pas réelle sur le terrain ; cependant, ces influences dominantes ont un effet positif sur le RAOF. Certains vendeurs d'intrants agricoles jouent un rôle influent en encourageant les agriculteurs à s'adapter à l'agriculture biologique, ce qui a un impact positif sur le RAOF. Le pouvoir d'influence des propriétaires terriens, des acheteurs de paddy et des agriculteurs riches a un impact négatif sur le RAOF dans la situation actuelle.

4.5.6 Effets des indicateurs du capital financier

Les indicateurs suivants, présentés dans le tableau 4-32, sont utilisés pour évaluer la solidité du capital financier des agriculteurs accumulé au fil des ans dans cet écosystème rizicole. La figure 4-19 illustre l'importance et la performance de chaque indicateur, en cartographiant leur contribution au capital financier et à la volonté d'adopter l'agriculture biologique (AB).

Tableau 4-33 Indicateurs utilisés pour mesurer le capital financier

Capital financier - Indicateurs formatifs composites	
Variable	***Économies et flux de trésorerie***
FCSACF1	Assurer la sécurité alimentaire du ménage n'est pas un défi pour moi
FCSACF2	Répondre aux besoins financiers de ma famille n'est pas un défi pour moi
FCSACF3	Je fais un bon surplus à chaque saison
FCSACF4	Réinvestir dans la riziculture n'est pas un défi pour moi
	Crédits financiers
FCFC3	Je peux facilement emprunter de l'argent à des fournisseurs locaux à un taux d'intérêt raisonnable.
FCFC1	L'obtention d'un prêt auprès d'une banque publique n'est pas un défi pour moi.
FCFC2	Obtenir un prêt auprès d'une banque privée n'est pas un défi pour moi.
	Envois de fonds
FCR1	Je reçois des revenus substantiels de mes autres activités
FCR3	Bien que la riziculture soit mon activité principale, je travaille à temps partiel et je gagne bien ma vie.
FCR4	En plus de la riziculture, je pratique d'autres activités agricoles, ce qui me procure un revenu considérable
FCR5	Je reçois des revenus réguliers de mon épargne à la banque
	Rentabilité
FCP1	Je reçois un prix équitable pour ma récolte et le revenu est généralement rentable.
FCP2	Le prix de vente augmente parallèlement à l'augmentation du coût des intrants agricoles.

FCP3	Le bénéfice que je génère continue d'augmenter avec la hausse des prix des autres produits ménagers.

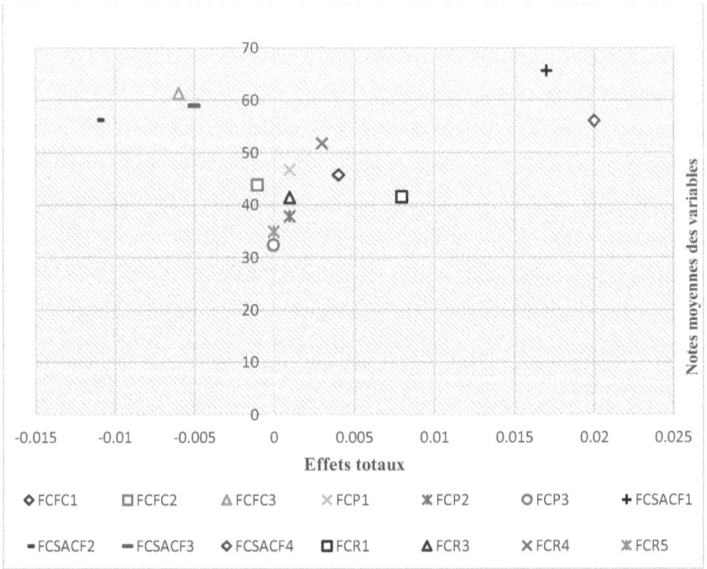

Figure 4-19 Analyse de l'importance et de la performance des indicateurs du capital finanoior

L'analyse du capital financier révèle que la capacité des agriculteurs à réinvestir dans la riziculture est l'indicateur le plus significatif de leur préparation aux produits biologiques. Les agriculteurs font preuve d'une grande capacité à répondre aux besoins de sécurité alimentaire de leur ménage, ce qui influe positivement sur leur préparation à l'agriculture biologique. Cependant, la capacité à répondre aux autres besoins financiers du ménage a un impact négatif sur la préparation à l'agriculture biologique. En moyenne, les agriculteurs réalisent un bon excédent de production, mais cet atout n'a pas d'incidence positive sur leur préparation à l'agriculture biologique.

La capacité des agriculteurs à obtenir un prêt bancaire auprès d'une banque d'État est plus élevée que celle des banques du secteur privé. L'accès aux crédits financiers institutionnels (autres que les banques) n'est pas très développé dans les communautés d'agriculteurs, mais ces indicateurs n'ont qu'une faible incidence positive sur la préparation à l'agriculture biologique. La disponibilité de facilités de prêt ou d'emprunt au sein des communautés affiche de bons résultats, mais a un impact négatif sur l'adaptation à l'agriculture biologique. Les moyens d'envoi de fonds dans ces communautés agricoles sont faibles, mais les agriculteurs dont les envois de fonds sont plus importants ont un impact positif sur leur préparation à l'adaptation à l'agriculture biologique. Le moyen le plus puissant de transfert de fonds est le revenu supplémentaire des agriculteurs provenant d'autres activités agricoles parallèles à la riziculture. Aucun des indicateurs permettant d'évaluer la rentabilité de la production des agriculteurs n'est jugé solide ; toutefois, ces indicateurs n'ont pas d'incidence négative sur la préparation à l'agriculture biologique.

Les agriculteurs qui exercent d'autres activités parallèlement à la riziculture sont plus disposés que les autres à adopter les produits biologiques.

4.5.7 Effets des indicateurs du capital physique

Les forces du capital physique des agriculteurs sont évaluées au moyen des indicateurs présentés dans le tableau 4-33. La performance et l'impact de chaque indicateur sur le RAOF sont illustrés dans la figure 4-20.

Tableau 4-34 Indicateurs utilisés pour mesurer le capital physique

Disponibilité des machines	
Variable	(*Exemples de machines (pulvérisateur, pompe à eau, tracteur à deux roues, tracteur à quatre roues, planteuse, moissonneuse, etc.)*

PCAOM1	Je possède les types de machines et d'équipements agricoles nécessaires à mon exploitation.	
PCAOM2	L'entretien de ce type de machines n'est pas un problème pour moi	
PCAOM3	Je peux me permettre de louer les types de machines susmentionnés chaque fois que cela est nécessaire, sans aucun problème.	
PCAOM4	Les frais que je paie pour la location de certains types de machines sont abordables.	
PCAOM5	Les frais que je paie pour la location de machines sont raisonnables.	
	Accès aux services d'information et de conseil et aux informations sur le marché	
PCAIS1	J'écoute des émissions de radio sur la riziculture et elles sont utiles.	
PCAIS2	Je regarde des émissions télévisées sur la riziculture et elles sont utiles	
PCAIS6	Je lis des articles de journaux relatifs à la riziculture, et ils sont utiles	
PCAIS7	Je lis régulièrement les brochures et les dépliants distribués sur la riziculture, et ils sont utiles	
PCAIS3	Je trouve des vidéos utiles sur l'agriculture sur Internet et sur les médias sociaux.	
	Accès aux infrastructures et disponibilité de la main-d'œuvre	
PCAIAL1	Il est facile d'accéder aux acheteurs de paddy	
PCAIAL2	Il est facile d'accéder aux fournisseurs et vendeurs de produits agricoles	
PCAIAL3	Il est facile de trouver la main-d'œuvre nécessaire aux activités de riziculture	

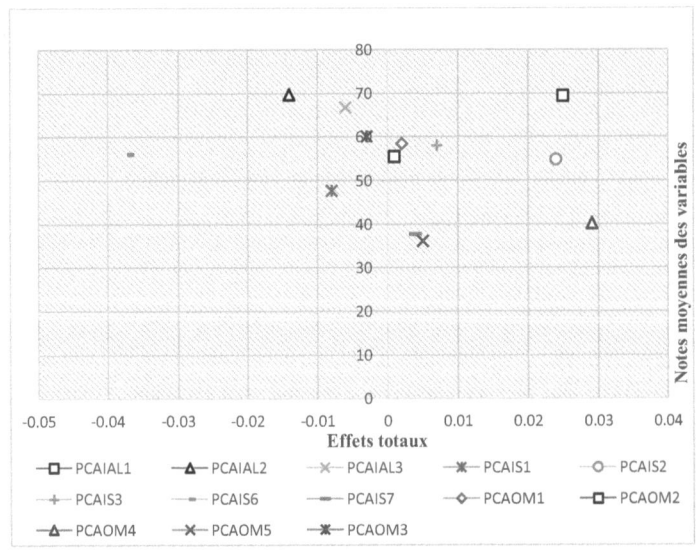

Figure 4-20 Analyse de l'importance et des performances des indicateurs du capital physique

La performance des indicateurs d'accessibilité financière pour la location de machines agricoles est relativement faible. Cependant, l'impact de ce facteur d'accessibilité a l'effet le plus significatif sur la volonté d'adopter des pratiques biologiques. L'enquête sur la possession par les agriculteurs des machines nécessaires et leur capacité à les entretenir indique de bonnes performances. De même, l'indicateur mesurant la perception par les agriculteurs de l'équité des frais de location des machines affiche des résultats positifs. Toutefois, l'impact de ces deux indicateurs sur le RAOF est comparativement faible.

La télévision s'avère être le média le plus efficace pour recevoir des informations et des connaissances liées à l'agriculture, suivie par les téléphones portables. Il est surprenant de constater que la radio, en tant que canal d'information, a un impact négatif. Les journaux sont considérés comme les médias les moins efficaces, leurs informations ayant un impact négatif sur la RAOF. Les brochures et les dépliants diffusés au sein des communautés ont un impact raisonnablement positif par rapport aux autres méthodes de communication imprimées.

La facilité d'accès aux vendeurs d'intrants agricoles a une incidence négative sur le RAOF. En revanche, l'accès aux acheteurs de paddy présente des caractéristiques opposées, exerçant une influence plus importante sur la volonté des agriculteurs d'adopter des pratiques biologiques. La facilité avec laquelle les agriculteurs peuvent trouver de la main-d'œuvre pour l'agriculture n'a pas d'incidence sur la transition vers les pratiques biologiques.

4.5.8 Effets des indicateurs du capital naturel

L'évaluation des atouts du capital naturel des agriculteurs contribuant au PAS est décrite dans le tableau 4-34, qui met en évidence les indicateurs utilisés à cette fin. L'importance relative et les performances de ces indicateurs sont décrites dans la figure 4-21.

Tableau 4-35 Indicateurs utilisés pour mesurer le capital physique

Variable	La fertilité du sol
NCSFL1	Je pense que la fertilité du sol de mon exploitation est bonne
NCSFL2	Je pense que je peux améliorer le sol de ma parcelle agricole pour l'utilisation d'engrais organiques.
	Disponibilité de substances carboniques pour améliorer la fertilité des sols
NCACS3	Je peux préparer le compost nécessaire à mon exploitation agricole
NCACS4	Je peux trouver une bonne quantité d'engrais verts à proximité de mon exploitation.
NCACS2	Je peux trouver des quantités raisonnables de fumier de volaille ou de bouse de vache à proximité de mon exploitation.
	Efficacité des réseaux d'eau et adéquation de l'eau
NCEWAW1	Le réseau d'adduction d'eau de ma ferme est bien entretenu
NCEWAW2	Je suis satisfait des intervalles de lâcher d'eau pour l'agriculture
NCEWAW3	Je peux aussi compter sur l'eau de pluie, dans une mesure raisonnable.
NCEWAW4	Je peux pomper de l'eau sur ma parcelle si nécessaire
	Fréquence des extrêmes et des attaques d'animaux
NCFWA1	Je ne subis pas de graves dommages aux cultures en raison de la sécheresse
NCFWA2	Je ne subis pas de graves dommages aux cultures en raison des inondations

| NCFWA3 | Je ne subis pas de graves dommages aux cultures en raison d'attaques d'animaux. |

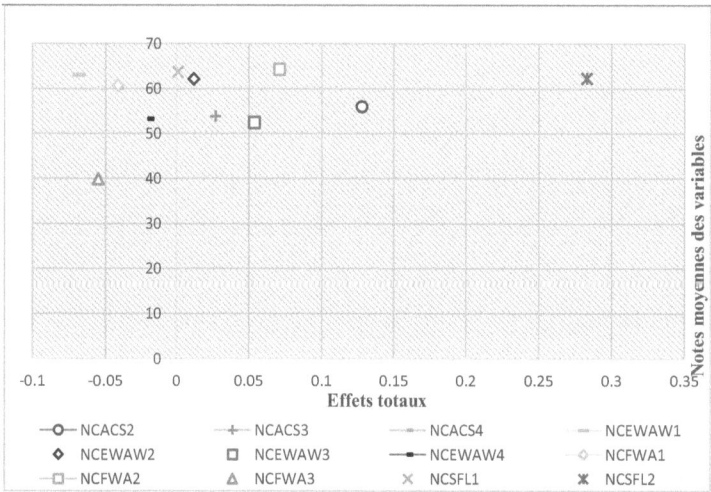

Figure 4-21 Analyse de l'importance et des performances des indicateurs du capital naturel

Un nombre considérable d'agriculteurs pensent que leurs parcelles agricoles possèdent une fertilité du sol abondante. Il est surprenant de constater que la contribution des perceptions de ces agriculteurs à la préparation à la transition vers l'agriculture biologique est insignifiante. À l'inverse, les agriculteurs qui se disent confiants dans leur capacité à améliorer leurs parcelles agricoles en vue d'une culture plus respectueuse de l'agriculture biologique affichent des performances et une efficacité élevées en ce qui concerne la préparation à l'agriculture biologique (RAOF).

Certains agriculteurs sont capables de trouver des substances organiques telles que le fumier de volaille ou la bouse de vache dans leurs localités. Ces agriculteurs affichent des performances relativement élevées en matière de transition vers une agriculture plus centrée sur l'agriculture biologique. Cependant, la capacité des agriculteurs à trouver et à utiliser de l'engrais vert dans leur région semble moins convaincante pour l'adoption de pratiques biologiques.

Les agriculteurs qui dépendent de l'eau de pluie présentent un potentiel de RAOF relativement élevé par rapport aux autres. De manière inattendue, les agriculteurs qui sont satisfaits des installations hydrauliques et qui trouvent qu'il est abordable de pomper de l'eau affichent un impact négatif sur le RAOF. De même, les agriculteurs satisfaits du calendrier saisonnier des lâchers d'eau des réservoirs pour les cultures n'affichent pas de tendance positive pour le RAOF.

Les agriculteurs restent largement épargnés par les sécheresses ou les inondations, ces facteurs n'influençant pas de manière significative les forces de la RAOF. Bien que la plupart des agriculteurs soient confrontés à des attaques d'animaux (éléphants, paons, rats), ce facteur n'a pas d'impact notable sur l'efficacité de la RAOF.

4.6 Analyse de fréquence des concepts de préparation des agriculteurs

Pour examiner plus avant les hypothèses proposées dans le modèle, l'étude se penche sur les distributions de fréquence des indicateurs expliquant les deux concepts de préparation, à savoir le RAOF et le RRCF. Ces concepts représentent la volonté absolue des agriculteurs d'adopter l'agriculture biologique. Les mesures ultimes de l'état de préparation dans cette étude sont conceptualisées à travers quatre dimensions : technique, économique, physique et psychosociale. Les indicateurs de chaque dimension sont évalués sur une échelle de Likert en cinq points.

L'exploration des distributions de fréquences pour les facteurs de préparation individuels implique l'analyse des occurrences des valeurs de l'échelle. Cet examen vise à dévoiler les caractéristiques, les forces et les faiblesses de chaque facteur de préparation, en donnant un aperçu de la préparation générale des agriculteurs à l'adoption de pratiques biologiques.

4.6.1 Les agriculteurs sont prêts à utiliser des engrais chimiques

L'état de préparation des agriculteurs à la dissémination des CF (engrais chimiques) a été évalué à l'aide des indicateurs présentés dans le tableau 4-35. Ces indicateurs ont été conçus pour refléter les quatre facteurs de préparation mentionnés précédemment. La répartition des réponses pour chaque indicateur est représentée visuellement dans la figure 4-22 ci-dessous.

Tableau 4-36 Indicateurs de l'empressement des agriculteurs à libérer les produits chimiques

Les agriculteurs sont prêts à libérer les engrais chimiques - indicateurs	Variable
La réduction de l'utilisation d'engrais chimiques est une nécessité urgente	FRTRCF1
Même si cela peut avoir un impact sur mon rendement, je suis prêt à minimiser l'utilisation d'engrais chimiques.	FRTRCF2
L'utilisation intensive d'engrais chimiques n'est pas la voie à suivre pour l'avenir de la riziculture.	FRTRCF3
Je suis prêt à essayer des substances organiques comme alternative aux engrais chimiques.	FRTRCF4

Facteurs de préparation	Fréquence des réponses									
	SDA[4]	%	DA[5]	%	N[6]	%	A[7]	%	SA[8]	%
Phycologique (FRTRCF1)	25	6%	44	11%	76	20%	225	58%	16	4%
Économique (FRTRCF2)	35	9%	144	37%	92	24%	111	29%	4	1%
Technique (FRTRCF3)	10	3%	36	9%	57	15%	247	64%	36	9%
Physique (FRTRCF4)	28	7%	106	27%	113	29%	131	34%	8	2%
Communs	7	2%	15	4%	16	4%	68	18%	3	1%

---

[4] SDA - Pas du tout d'accord,
[5] DA=Désaccord
[6] N=Neutre
[7] A=Agree
[8] SA=Très d'accord

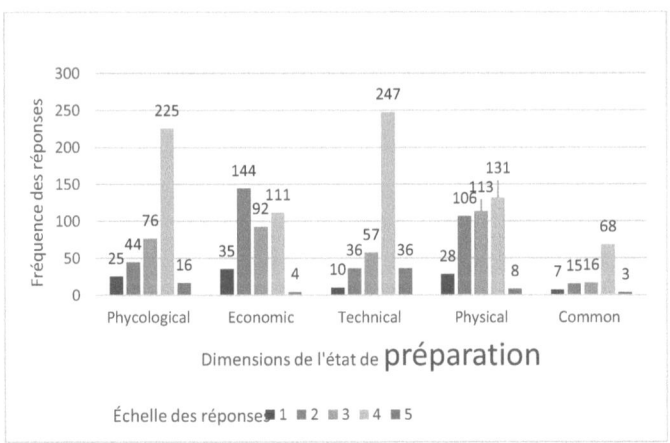

Figure 4-22 - Fréquences des facteurs de préparation - Préparation à la dissémination d'engrais chimiques

L'analyse descriptive des indicateurs RRCF révèle que 73 % des agriculteurs sont techniquement prêts à lâcher des engrais chimiques, 64 % d'entre eux étant d'accord (A) et 9 % étant tout à fait d'accord (SA). Sur le plan psychologique, 62 % des agriculteurs sont prêts, dont 58 % sont d'accord (A) et 4 % sont tout à fait d'accord (SA). Cependant, la préparation physique est plus limitée, avec seulement 36% de préparation (A=34%, SA=2%). L'état de préparation économique pose un défi de taille, puisqu'il n'est que de 30 %.

Le chercheur suggère que les agriculteurs qui sont prêts pour les quatre facteurs de préparation sont non seulement disposés à libérer la FC, mais également prêts à le faire, ce qui indique qu'ils progressent dans la phase de libération du cycle de résilience adaptative. À l'inverse, les agriculteurs qui ne sont pas d'accord sur tous les facteurs de préparation ont peu de chances de passer à la phase de libération du cycle d'adaptation. D'après l'analyse descriptive, seuls 19 % des agriculteurs (A=18 %, SA=1 %) sont tout à fait prêts à libérer la FC pour l'ensemble des facteurs de préparation. En revanche, à peine 6 % (SDA=3 %, DA=2 %) rejettent la transition de la FC, n'étant pas d'accord avec tous les facteurs de préparation : technique, physique, psychologique et économique.

Ces résultats montrent que 94 % des agriculteurs sont prêts pour au moins un ou plusieurs facteurs de préparation. La préparation économique et physique apparaît comme le principal obstacle qui empêche les agriculteurs de se préparer pleinement à l'utilisation des produits chimiques.

4.6.2 Préparation des agriculteurs à l'adaptation des engrais organiques

Comme pour le concept susmentionné, l'état de préparation des agriculteurs à l'adoption des engrais organiques a été évalué à l'aide des quatre mêmes facteurs d'état de préparation technique. Le tableau 4-36 présente les indicateurs utilisés dans l'enquête et la figure 4-23 illustre la distribution de fréquence des réponses pour chaque indicateur, ainsi que le facteur commun à toutes les réponses.

Tableau 4-37 Indicateurs de l'état de préparation des agriculteurs à l'adoption de la production biologique

Disposition des agriculteurs à réorganiser les parcelles agricoles à l'aide d'engrais organiques -Indicateurs	Variable
L'utilisation de substances organiques dans la riziculture n'est pas une nouveauté pour moi	FRTROF 1
Nous pouvons produire des résultats plus rentables en utilisant des engrais organiques.	FRTROF 2
Je peux produire des engrais organiques pour répondre à mes besoins au niveau national.	FRTROF 3
L'utilisation d'engrais organiques est l'avenir durable de la riziculture	FRTROF 4

Indicateurs de préparation	Fréquence des réponses								
	SDA	%	DA	%	N	%	A	%	SA	%
Technique (FRTROF1)	23	6%	42	11%	83	22%	203	53%	35	9%
Économique (FRTROF2)	33	9%	139	36%	115	30%	94	24%	5	1%
Physique (FRTROF3)	31	8%	48	12%	71	18%	217	56%	19	5%
Phycologique	33	9%	35	9%	98	25%	210	54%	8	2%

(FRTROF4)								
Communs	13	3%	6	2%	21	5%	68	18%	4	1%

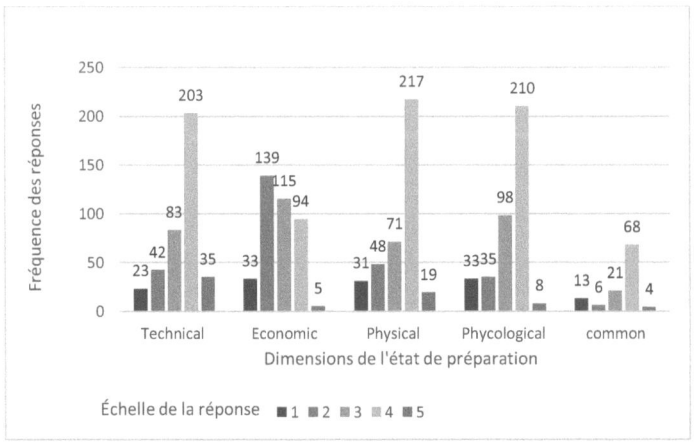

Figure 4-23 Fréquences des facteurs de préparation - Préparation à l'adoption de produits biologiques

L'analyse de fréquence des indicateurs élucidant la disposition des agriculteurs à adopter les engrais organiques révèle que 62% (A=53%, SA=9%) sont techniquement préparés à cette transition. En outre, 56% (A=54%, SA=2%) se disent psychologiquement prêts à réorganiser leurs parcelles agricoles à l'aide d'engrais organiques. L'analyse indique en outre que 61% (A=56%, SA=5%) sont physiquement prêts à cette adaptation. Cependant, la préparation économique s'avère être un facteur limitant, avec seulement 25% (A=24%, SA=1%) montrant une préparation dans cette dimension.

Les agriculteurs qui sont prêts pour les quatre facteurs de préparation et qui sont prêts à passer sans heurt à la phase de réorganisation ne représentent que 19 % (A=18 %, SA=1 %) de la population échantillonnée. Notamment, seulement 5 % (SDA=3 %, DA=2 %) des répondants ne sont pas d'accord avec tous les facteurs de préparation, tandis que 5 % des agriculteurs de cet échantillon demeurent neutres quant à leur préparation à la transition vers les engrais biologiques.

4.7 Autres résultats qualitatifs

Outre leurs réponses au questionnaire structuré, les agriculteurs ont fait part de leurs points de vue et de leurs suggestions par écrit et oralement. De nombreux agriculteurs se disent convaincus de la faisabilité d'une transition vers une agriculture plus biologique dans la région. Toutefois, ils préconisent une approche progressive, recommandant une réduction graduelle de l'utilisation des produits chimiques, par exemple en commençant par une réduction de 25 % et en augmentant progressivement le pourcentage au fil du temps.

Si les agriculteurs reconnaissent l'importance des digues structurées autour des champs agricoles pour une meilleure gestion de l'eau, ils s'inquiètent de la forte intensité de main-d'œuvre et du coût de l'entretien de ces digues solides. Cette préoccupation est répandue dans toute la région. Les agriculteurs se plaignent du manque de temps pour gérer les nutriments du sol, en particulier par l'utilisation d'engrais verts, un processus qui dépend de la rétention continue de l'eau dans les parcelles agricoles. Les agriculteurs expriment également leur frustration face aux difficultés rencontrées dans la lutte naturelle contre les mauvaises herbes en raison de la disponibilité insuffisante de l'eau au cours des semaines cruciales qui suivent les semailles.

La confusion autour des variétés de semences est évidente chez les agriculteurs, qui sont nombreux à choisir des types de semences sans en avoir une idée claire. Les inquiétudes concernant le coût et la qualité des semences sont exprimées, reflétant les sentiments exprimés dans les réponses concernant l'efficacité du soutien gouvernemental. Les agriculteurs accusent les institutions de fournir des engrais organiques de mauvaise qualité et de faire de fausses promesses concernant les systèmes de compensation pour les réductions potentielles de rendement dues aux efforts d'adaptation à l'agriculture biologique. Les agriculteurs plaident fortement en faveur de leur inclusion dans les processus de prise de décision.

En ce qui concerne les machines de récolte récemment introduites, connues sous le nom de "Boothaya", les agriculteurs les perçoivent comme une solution rentable bien qu'elles entraînent des pertes de récolte substantielles. L'ampleur réelle des pertes de récolte et les économies réalisées sur les coûts de main-d'œuvre restent incertaines. Les agriculteurs reconnaissent que l'utilisation de cette machine dégrade la qualité des graines de paddy en court-circuitant le cycle de séchage naturel.

Si les éléphants, les paons et les rats constituent des menaces pour les riziculteurs de la région, ces derniers ne considèrent pas ces menaces comme insurmontables. Certains s'inquiètent de l'augmentation significative de la population de paons, qu'ils considèrent comme une menace potentielle pour la riziculture dans la région.

4.8 Résumé de l'analyse des données et des conclusions

L'analyse des données réalisée dans le cadre de l'étude a confirmé la conformité du modèle de mesure et du modèle structurel avec les exigences PLS-SEM suggérées dans la littérature existante. Le modèle conceptuel, qui proposait huit hypothèses, en a jugé six acceptables, tandis que deux ont été jugées faibles et liées à la perception qu'ont les agriculteurs de l'aide gouvernementale. Des discussions détaillées sur les résultats associés à ces hypothèses sont présentées dans le chapitre suivant de la thèse.

L'analyse des performances et de l'importance montre que le capital naturel est l'actif le plus influent pour préparer les agriculteurs à l'agriculture biologique. Si le capital social et le capital humain affichent des performances plus élevées, leur impact sur la préparation des agriculteurs à l'adaptation à l'agriculture biologique est comparativement plus faible que celui du capital naturel, ce qui constitue une découverte cruciale. Le capital financier affiche des performances modérément élevées, mais exerce une faible influence sur l'adaptation à l'agriculture biologique. Le capital physique est faible à la fois en termes de performance et d'importance.

L'analyse de la fréquence des facteurs de préparation indique que seuls 19 % environ des agriculteurs sont tout à fait prêts à passer à l'agriculture biologique, la préparation économique et physique constituant des contraintes importantes. Un petit pourcentage, environ 5 % de la population, s'oppose catégoriquement à une adaptation plus poussée à l'agriculture biologique sur tous les aspects de la préparation. Il est intéressant de noter que les agriculteurs qui n'ont pas suivi de cursus scolaire O/L sont plus enclins que les autres à convertir leurs pratiques agricoles durables (PAS) à l'agriculture biologique. En outre, les agricultrices se montrent mieux préparées à la transition vers des pratiques biologiques que leurs homologues masculins. Le penchant pour les intrants chimiques et les méthodes modernes s'avère être un facteur de résistance à l'adoption de pratiques biologiques, comme on s'y attendait. Il est intéressant de noter que les agriculteurs qui exploitent régulièrement les parcelles de 2,5 acres qui leur ont été attribuées dans le cadre du projet Mahaweli affichent une tendance positive à l'adoption de l'agriculture biologique par rapport aux autres.

5 Chapitre 5 - Discussion et implications

5.1 Introduction à la discussion et aux implications

Ce chapitre présente les résultats de l'analyse des données, tels que détaillés ci-dessus. Les discussions et les implications sont organisées en fonction des hypothèses prédites par le modèle conceptuel. Le modèle prédit quatre fractions principales d'agriculteurs qui se comporteraient différemment au cours de cette perturbation irradiée dans l'écho-système de la riziculture. On s'attend à ce qu'ils présentent différents niveaux de résilience pour naviguer dans les phases du cycle de résilience adaptative du système écho, qui est actuellement en transition. Les effets modérateurs de certains facteurs démographiques sur la relation entre le PAS des agriculteurs et leur volonté d'adopter davantage de produits biologiques sont également examinés. La dernière partie du chapitre examine les forces et les faiblesses des concepts latents évalués dans le modèle conceptuel et leur influence sur les relations avec les concepts précédents. Le chapitre aborde également certains résultats qualitatifs concernant les réponses des indicateurs de chaque concept latent, en soulignant les performances et l'importance de ces derniers. Les diverses réponses qualitatives données par les agriculteurs, en plus des questions structurées de l'enquête, sont prises en compte dans cette discussion.

5.2 Résistance des agriculteurs à l'abandon des engrais chimiques

L'étude prévoyait que les agriculteurs qui se sentent à l'aise dans la phase de conservation du cycle d'adaptation résisteraient à l'utilisation d'engrais chimiques. Le modèle conceptuel représente l'inverse du lien des agriculteurs avec les FC et de leur résistance. En d'autres termes, le modèle étudie leur volonté de libérer les engrais chimiques et de passer à la phase de libération du cycle de résilience adaptative. Le modèle prédit que le SAP composite des agriculteurs, accumulé au fil des ans, les préparerait plus que d'autres à libérer les FC et à naviguer dans le cycle de résilience adaptative au cours de cette transition. La prédiction se vérifie, et une variation unitaire du SAP a une influence de 58 % sur la volonté des agriculteurs de libérer des engrais chimiques dans le contexte actuel. Cette constatation signifie que 42 % des agriculteurs résisteraient à la libération de produits chimiques, bien qu'ils aient une bonne connaissance du PAS. Parmi ceux qui sont prêts à utiliser des produits chimiques, 13 % ne sont pas tout à fait prêts à adopter l'agriculture biologique. Cette observation (13 %) indique que certains agriculteurs sont conscients de la nécessité de réduire les produits chimiques, bien que les engrais organiques ne soient pas une alternative prouvée pour eux.

Le lien étroit qui unit les agriculteurs aux FC depuis des décennies est un obstacle à la réduction des produits chimiques dans l'agriculture. Les gouvernements sri-lankais ont accordé des importations massives d'engrais chimiques et ont fourni des programmes de subventions aux agriculteurs depuis la fin des années 1950 dans le cadre de divers programmes, comme mentionné dans le chapitre d'introduction de cette thèse. Aujourd'hui, les agriculteurs dépendent d'une riziculture centrée sur les produits chimiques et fortement subventionnée. Les résultats de l'enquête prouvent cette réalité, puisque seulement 20 % d'entre eux sont prêts à passer à une agriculture plus biologique. Les atouts physiques et financiers des agriculteurs sont moins productifs pour les préparer à réduire l'utilisation de produits chimiques. Cependant, les programmes de subvention des gouvernements se sont progressivement concentrés sur la fourniture gratuite d'engrais chimiques ou de subventions monétaires équivalentes aux riziculteurs (Département du recensement et des statistiques 2012 -2020). Ces programmes de subventions permettront aux agriculteurs d'accéder plus facilement aux produits chimiques.

Les résultats de cette étude montrent également que la plupart des agriculteurs sont conscients des effets environnementaux et sociaux néfastes de l'utilisation intensive de produits chimiques dans la riziculture. Dans cette région rizicole, 73 % des agriculteurs comprennent que l'agriculture centrée sur les FC n'est pas la voie à suivre, et 63 % sont conscients des effets néfastes de l'utilisation intensive de produits chimiques dans l'agriculture. Cependant, environ 80 % des agriculteurs sont encore étroitement liés aux produits chimiques, avec une compréhension moindre de la rentabilité réelle ou parce qu'il n'y a pas d'autre alternative viable. Rodrigo et al. (2015) montrent que l'utilisation accrue d'engrais a permis d'augmenter la production de riz. Toutefois, le prix des engrais n'a pas nécessairement d'incidence sur l'augmentation ou la diminution de la production, et le régime de subvention des engrais le contrôle fermement. Par conséquent, il est légitime de penser que les liens entre les agriculteurs et les FC sont liés aux programmes de subvention des engrais chimiques mis en place par le gouvernement. L'analyse et les conclusions de Weerahewa (2021) concernant les actions politiques du gouvernement en matière d'importations et de subventions d'engrais chimiques vont dans le même sens.

5.3 Les liens entre les agriculteurs et les engrais organiques

Le modèle conceptuel prédit que les agriculteurs qui possèdent d'importantes immobilisations et qui entretiennent des liens avec les engrais biologiques adopteront sans difficulté une agriculture plus axée sur l'agriculture biologique. La prédiction se vérifie et une augmentation d'une unité du SAP entraîne une augmentation de 27 % de la volonté des agriculteurs de passer sans heurts à des pratiques biologiques. Les connaissances des agriculteurs en matière d'agriculture biologique et leurs attitudes à l'égard de l'adoption de pratiques plus axées sur l'agriculture biologique sont modérées (60 %). Cependant, le faible taux de préparation (19 %) à l'adaptation transparente à l'agriculture biologique nous indique la maturité inadéquate du capital naturel de ce mode de subsistance agricole et le manque de résilience des agriculteurs dans la prise de risque face à la baisse perçue des gains économiques. L'influence dominante du capital naturel sur l'adaptation à l'agriculture biologique, abordée en détail plus loin dans ce chapitre, est associée à cette discussion. L'optimisation de la capacité des agriculteurs à gérer les risques les rend inévitablement plus aptes à l'agriculture biologique. Bien que les régimes d'assurance soient peu nombreux sur le terrain, l'étude révèle qu'ils ont un impact important sur la volonté des agriculteurs de se lancer dans l'agriculture biologique. La nécessité de mettre en place des programmes complets d'assurance des récoltes et leur efficacité pour renforcer la capacité des agriculteurs à faire face aux changements sont également discutées et suggérées dans des études antérieures (Thorbecke et Svejnar, 1987 ; Weerahewa, 2006).

Le capital humain et le capital social ont moins d'influence sur la préparation des agriculteurs à une agriculture plus biologique, tout comme le capital financier, qui est modérément fort. Le capital naturel s'impose comme l'atout le plus efficace pour amener les agriculteurs à se tourner davantage vers l'agriculture biologique ; sa variation positive peut avoir un impact significatif sur eux. La faiblesse du capital physique est un domaine à améliorer plus largement. L'amélioration du capital des agriculteurs de SAP nécessite des stratégies pour plus d'inclusions dans la chaîne de valeur dans ce secteur de la riziculture. La Banque mondiale (2009a, 2009b) a souligné la nécessité d'intégrer de nombreuses sources différentes d'innovation agricole et d'acteurs tout au long de la chaîne de valeur, y compris les chercheurs, les agriculteurs, les OSC[9], et le secteur privé.

5.4 Impact des facteurs démographiques

L'avenir de la riziculture dépend des jeunes agriculteurs, et leur préparation détermine la direction de la transition. Il n'y a pas de constat explicite de l'influence de l'âge sur la relation entre le PAS des agriculteurs et leur volonté d'adapter l'OF. Cependant, l'étude révèle que certains jeunes agriculteurs, bien que disposés à abandonner les produits chimiques, se montrent réticents à passer à l'agriculture biologique. Cette constatation implique que certains jeunes agriculteurs abandonnent probablement l'agriculture au profit d'autres secteurs en raison de la pression exercée par la pénurie d'engrais chimiques et du manque de confiance dans une agriculture plus axée sur l'agriculture biologique. Il est probable qu'ils ressentent une pression accrue en raison de l'instabilité politique et de la crise économique actuelles. En outre, ils sont probablement préoccupés par les difficultés que pourrait rencontrer leur famille à l'avenir pour assurer sa subsistance. Un tel sevrage imprévu peut créer divers problèmes socio-économiques dans le secteur.

Dans cette région, les agricultrices sont plus enclines à la culture biologique que les hommes, indépendamment de leurs points forts en matière de SAP. Dans le passé, jusqu'à la fin des années 90, les femmes ont largement contribué à la riziculture. Elles constituaient une force de travail pour la culture du riz lorsque le repiquage dominait à l'époque en tant que meilleure méthode d'ensemencement. Progressivement, les méthodes d'ensemencement direct sont devenues dominantes et ont considérablement déconnecté les femmes de la riziculture. Les instituts de recherche et les autorités devraient réintroduire les variétés de semences qui ont

---

[9] OSC - Organisations de la société civile

bien fonctionné dans le passé en ce qui concerne les méthodes de repiquage et trouver un équilibre entre les méthodes de repiquage et de semis direct. Cette approche peut attirer davantage de femmes vers la riziculture, créant ainsi des opportunités d'emplois domestiques. Les emplois domestiques sont moins sujets à d'autres problèmes socioculturels. Dans une étude sur l'adoption de pratiques agricoles durables parmi les agriculteurs du Kentucky, Mishra (2017) a trouvé des caractéristiques similaires dans le fait que les femmes sont plus disposées à adopter des produits biologiques que les hommes.

Le niveau d'éducation des agriculteurs est un facteur qui détermine leur volonté d'adopter le bio de manière inversée. Les agriculteurs qui n'ont pas atteint le niveau O/L du système national d'éducation se montrent plus disposés à adopter la culture biologique que ceux qui ont fait des études plus poussées. Saltiel et al. (1994) et Clay et al. (1998) ont constaté que le niveau de scolarité n'est pas significatif dans l'adaptation à l'agriculture biologique et qu'il a même une corrélation négative avec l'adoption de l'agriculture biologique (Gould et al., 1989 ; Okoye, 1998). Le chercheur propose une étude approfondie de ces caractéristiques des agriculteurs instruits.

Comme prévu, les agriculteurs qui adoptent des méthodes plus modernes manifestent moins d'intérêt que les autres pour l'agriculture biologique, tout comme les agriculteurs qui ont tendance à utiliser davantage d'intrants chimiques. Il convient de mentionner que les agriculteurs qui disposent d'un capital financier élevé sont plus enclins à adopter des méthodes modernes et à utiliser davantage de produits chimiques comme principaux intrants agricoles. Cette constatation est liée à la faible influence du capital financier et physique sur l'adoption de l'agriculture biologique. Les agriculteurs qui cultivent régulièrement des parcelles de riz de 2,5 acres sont les premiers " riziculteurs de Mahaweli " et sont plus prêts que les autres à passer à la culture biologique. Cette constatation implique que ces agriculteurs ont une affection particulière pour leurs parcelles et que leur capital naturel est plus riche que celui des autres.

5.5 Efficacité perçue de l'aide gouvernementale

Les agriculteurs perçoivent l'aide gouvernementale comme modérément efficace. Le soutien du gouvernement n'influence pas encore l'adaptation à l'agriculture biologique, et les perceptions peuvent encore être liées au soutien des engrais chimiques qu'ils ont reçu au cours des dernières décennies. Les programmes de soutien lancés par le gouvernement et les promesses de pratiques centrées sur l'agriculture biologique n'ont pas réussi jusqu'à présent à motiver les agriculteurs à passer à une agriculture centrée sur l'agriculture biologique. La relation qui existe entre le PAS des agriculteurs et leur perception de l'aide gouvernementale peut être considérée comme une interdépendance mutuelle. Les résultats montrent que les agriculteurs dont le PAS est sain perçoivent les incitations offertes par le gouvernement comme une opportunité et les mettent à profit. Cette capitalisation des incitations renforcera davantage leur PAS. Cependant, l'évolution d'une relation mutuelle vers une agriculture plus centrée sur le biologique ne peut se faire du jour au lendemain. Le chercheur se souvient du tournant décisif qu'a connu la riziculture de ce pays à la fin des années 1950 et au début des années 1960. Cette époque est largement connue comme la révolution verte et le début de l'introduction des produits chimiques dans la culture (Herath, 1981). Ce changement ne s'est pas produit du jour au lendemain. Les agriculteurs ont adopté les produits chimiques progressivement après une forte résistance initiale. La transition en cours prendra également du temps, comme ce fut le cas dans les années 1960. Toutefois, il ne s'agira pas d'un simple passage du chimique au biologique, mais d'une combinaison durable de l'organique et du chimique.

Comme l'ont souligné Herath (1981) et Weerahewa (2021), l'autosuffisance en riz a été le principe moteur fondamental des politiques du gouvernement sri-lankais et continuera à l'être. Cependant, l'ajustement substantiel de l'échelle et de l'orientation de l'assistance au secteur du riz pendant cette transition est essentiel pour la réussite. La productivité et l'avantage concurrentiel de la production de riz biologique dans le cadre des principes de l'agriculture durable nécessitent de plus en plus de recherche et de développement. Le soutien du gouvernement devrait aller au-delà de l'aide financière instantanée accordée aux agriculteurs. Les subventions instantanées aux riziculteurs les obligeraient à rester dans leur zone de confort en matière d'utilisation de produits chimiques. La situation est l'occasion d'évaluer la productivité et la rentabilité de la production de paddy à base de produits chimiques. Les coûts des intrants ne sont pas suffisamment connus et ressentis par les agriculteurs, car les subventions gouvernementales couvrent largement les intrants.

5.6 Potentiel des agriculteurs en matière d'agriculture durable et d'adaptation à l'agriculture biologique

Le PAS des agriculteurs est un facteur déterminant de leur volonté d'adopter une agriculture plus centrée sur l'agriculture biologique. La force du PAS à l'égard de l'adaptation à l'agriculture biologique expliquée dans cette étude est d'environ 57 % si 100 % est la condition parfaite. Les statistiques résultant de l'analyse indiquent qu'il y a de la place pour le développement. Le taux de conversion de ces points forts du PAS à l'agriculture biologique est d'environ 60 %, ce qui reflète la gravité des problèmes actuels des agriculteurs qui s'orientent vers une agriculture plus centrée sur l'agriculture biologique. Il ressort clairement de ces recherches que le manque de préparation économique limite la capacité des agriculteurs à libérer la FC et à adopter l'AF. Ce n'est pas seulement la faiblesse du capital financier des agriculteurs qui est à l'origine de cet obstacle, mais plutôt la question de la productivité et de la rentabilité des résultats. Le chercheur est d'accord avec Wang et al (2021), qui pensent que la productivité peut être augmentée en utilisant une technologie respectueuse de l'environnement, ce qui est également viable pour la rentabilité de l'exploitation. Toutefois, il est difficile d'identifier la meilleure voie à suivre dans le contexte local. Ashley (1999) conseille de maintenir la productivité à long terme des ressources naturelles, sans compromettre les moyens de subsistance ou les options de subsistance. Le chercheur est également d'accord pour dire que la suggestion ci-dessus est la meilleure voie à suivre.

5.6.1 Connaissances et pratiques en matière de gestion de la fertilité des sols

Parmi les cinq actifs, le capital naturel des agriculteurs est celui qui contribue le plus à leur préparation à une agriculture plus biologique. La fertilité du sol de la parcelle agricole et la richesse de la structure du sol en vue d'améliorations ultérieures sont des facteurs dominants qui influencent les motivations des agriculteurs à passer à une agriculture plus centrée sur l'agriculture biologique. L'importance de la gestion de la fertilité des sols a été examinée dans plusieurs études antérieures. Nederlof et Dangbégnon (2007) ont souligné la nécessité d'une approche intégrée de la gestion de la fertilité des sols pour une agriculture plus durable. Ils suggèrent d'améliorer la situation par l'apport de fumier organique, d'engrais et de cultures de couverture. Kankwatsa et al. (2019), dans leur recherche, ont constaté que les analyses en laboratoire des échantillons composites de sol ont révélé que les propriétés physiques et chimiques du sol ont été caractérisées en fonction des schémas de culture précédents, des pratiques de gestion du sol et des caractéristiques du sol. Cependant, la preuve des tests de laboratoire sur les échantillons de sol dans cette région n'est pas trouvée sur le terrain au cours de cette étude.

Le chercheur souligne que l'analyse du sol est une exigence fondamentale avant de décider de passer à une agriculture plus axée sur l'agriculture biologique. L'absence d'une telle étape comme condition préalable dans le plan d'action initial de conversion de l'agriculture à l'agriculture biologique est une grave négligence de la part des décideurs politiques. La réalisation de tests scientifiques en laboratoire sur les parcelles de riziculture et la classification des champs en fonction de leur aptitude aux pratiques biologiques contribueront à la révision de ces plans. Le chercheur associe cette suggestion à l'opinion des agriculteurs sur la voie à suivre pour développer l'agriculture biologique. Les agriculteurs sont unanimes à penser qu'il est impossible de passer d'un seul coup à une agriculture 100 % biologique. Cependant, ils ne nient pas la possibilité de réduire les engrais chimiques dans le cadre d'une approche progressive. Les agriculteurs proposent différentes stratégies pour réduire l'utilisation des produits chimiques en les remplaçant progressivement par des produits biologiques, en commençant par 10 %, 25 %, 50 %, etc. et en les ramenant graduellement à zéro. Le chercheur estime que ces suggestions devraient être étayées par des tests scientifiques approfondis et des prescriptions techniques plus précises à l'intention des agriculteurs. Les agriculteurs seront alors en mesure de décider de ratios adaptés et pratiques pour leurs parcelles, en évitant de surestimer ou de sous-estimer les forces de la structure du sol de leurs parcelles agricoles. Wijesinghe (2021) suggère également de procéder à des analyses de sol localisées et de fournir des engrais à un prix subventionné en fonction de l'état du sol. Un tel programme bien conçu abordera également la question de l'utilisation excessive d'engrais chimiques qui a été discutée dans le chapitre d'introduction de cette thèse. Cette exigence ouvre un segment de services spécialisés d'analyse du sol et de conseil dans la chaîne de valeur de la riziculture.

5.6.2 Connaissances et pratiques en matière de préparation du terrain et de gestion de l'eau

L'IPMA des indicateurs du capital naturel montre que les agriculteurs ont des connaissances et des pratiques insuffisantes en matière de gestion de la fertilité des sols. En outre, les résultats de la recherche montrent des lacunes et des irrégularités dans l'infrastructure de l'eau et la gestion de l'irrigation. Cette recherche a démontré que la pression exercée par la production de gros volumes, les rejets d'eau non réglementés des réservoirs et les motifs de profit à court terme motivés par l'utilisation intensive de produits chimiques ont contraint les agriculteurs à abandonner les pratiques durables susmentionnées. Ces dernières années, les agriculteurs ont fini par négliger la préservation de leurs parcelles agricoles et les pratiques de gestion de la fertilité des sols. D'après les résultats de l'enquête, la fertilité du sol de la plupart des parcelles de riz de cette région est faible, ce qui pourrait être dû principalement à la négligence des pratiques appropriées de gestion des sols, de préparation des terres et d'irrigation.

Les pratiques actuelles de gestion de l'eau n'ont pas permis aux agriculteurs de mieux se préparer à la transition vers l'agriculture biologique. Environ 40 % des agriculteurs se déclarent insatisfaits des installations hydrauliques, ce qui met en évidence l'inefficacité des lâchers d'eau programmés pour l'agriculture dans le cadre de ces systèmes d'irrigation. Certains agriculteurs sont satisfaits du système actuel de distribution d'eau. Cependant, ils ne contribuent pas spécifiquement à l'adoption de pratiques biologiques. Les agriculteurs utilisent exclusivement des produits chimiques pour lutter contre les mauvaises herbes.

Historiquement, les riziculteurs indigènes de ce pays utilisaient une approche systématique, incorporant des techniques scientifiques dans la préparation des terres et la gestion de la fertilité des sols. Malheureusement, ces pratiques agricoles profondes disparaissent progressivement dans cette région. Le chercheur observe des similitudes étroites entre les pratiques traditionnelles de culture du riz au Sri Lanka et les recommandations contemporaines énoncées dans les récentes études de recherche sur l'agriculture durable. Il est donc utile de consacrer la section suivante de ce chapitre à l'évocation des pratiques auxquelles adhèrent les riziculteurs expérimentés de ce pays.

Avant de planter, ils identifiaient méticuleusement le moment optimal pour la préparation de la terre en tenant compte de la pluviométrie régionale et en suivant le calendrier lunaire pour sélectionner les moments propices. (Nekath, Karna, Hora et Yoga). Les agriculteurs commençaient généralement leurs activités de préparation des terres avec l'arrivée des pluies de mousson, qui débutaient généralement en septembre (Ak rain[10] "wessa"), après la longue saison sèche. Dans un premier temps, les agriculteurs coupaient les buissons et nettoyaient le champ, en conservant les débris dans la rizière. Ces débris se décomposent progressivement, enrichissant le sol en nutriments. Le premier labour était effectué pendant la pluie d'Ak, suivi d'une période d'attente de deux semaines avant le second labour par les agriculteurs. Cet intervalle devait laisser suffisamment de temps aux graines de mauvaises herbes pour germer dans la rizière. Les agriculteurs

---

[10] L'ak rain (AK wessa) est une pluie fine Fin septembre à début octobre

insistaient pour maintenir une période d'attente de deux semaines pendant la moitié descendante du calendrier lunaire, puis ils commençaient la préparation du champ à partir du jour suivant de la nouvelle lune. Lors du deuxième labour, les agriculteurs s'attendaient à éliminer toutes les mauvaises herbes qui avaient poussé et attendaient donc une semaine pour le dernier labour, qui consiste à niveler le champ agricole pour une irrigation efficace (Poru heeya[11]). Entre le deuxième et le troisième labour, les agriculteurs épandent sur la rizière du fumier de bovins, de la paille recyclée et de l'engrais vert, comme l'albizia, les feuilles de karanda, le wathupaluwel, le walsuriya, le gansuria, etc. Les agriculteurs connaissaient les plantes importantes disponibles localement qui pouvaient être utilisées pour améliorer la fertilité des sols dans les rizières. En outre, les agriculteurs étaient bien conscients de l'importance des techniques de cultures intercalaires et de systèmes de cultures de mi-saison, ainsi que de la pratique consistant à lâcher du bétail dans les rizières. La méthode de culture intercalaire est appliquée en cultivant des produits sur les crêtes ou sur des sites sélectionnés. La technique de culture de mi-saison consiste à disperser les graines de légumineuses et de céréales à grosses graines une semaine avant la récolte du riz (Irangani et al., 2013 ; souvenirs d'enfance et expériences des auteurs).

Depuis la révolution verte, les gouvernements ont délaissé l'agriculture respectueuse de l'environnement au profit de l'intensification instantanée des volumes de production. Les subventions aux engrais que nous connaissons aujourd'hui sont une conséquence de ces initiatives. En outre, les variétés traditionnelles de riz respectueuses de l'environnement ont été remplacées par des variétés à haut rendement sensibles aux produits chimiques. Ces résultats sont

---

[11] Troisième labour pour niveler le terrain de la ferme afin d'améliorer l'irrigation

controversés. Les initiatives unidirectionnelles qui négligent les capacités locales font l'objet de nombreuses critiques de la part des experts (Weerahewa et al., 2010 ; Kikuchi et Aluwihare, 1990). En outre, ce programme d'intensification a persisté à réformer les réseaux d'irrigation, ce qui a conduit à une démocratie d'irrigation malsaine. Herath (1981) a souligné que la bureaucratie de l'irrigation détermine la quantité et le calendrier de distribution de l'eau sans prévoir de coordination avec la capacité des agriculteurs à utiliser l'eau.

Le respect des intervalles prescrits entre les préparations du sol est une leçon transmise par les anciens agriculteurs, qui contribue au maintien d'une fertilité durable des sols dans les champs agricoles. La pratique du nivellement du champ pour une irrigation adéquate fait partie intégrante de la fertilité du sol et de la gestion des mauvaises herbes.

Dans cette région, le riz est cultivé dans des champs entourés de digues qui nécessitent une inondation continue jusqu'à 7 à 10 jours avant la récolte. L'inondation continue permet de garantir une quantité d'eau suffisante et de lutter contre les mauvaises herbes (IRRI, 2019). Selon Aheeyar (2014), Mahaweli H est le système le plus ancien du programme de développement de Mahaweli, où la pénurie d'eau est aiguë par rapport aux autres systèmes des zones de développement de Mahaweli. La gestion de l'eau est donc cruciale pour la réussite de la culture de Mahaweli H, en particulier pendant les saisons sèches ("yala").

Le manque de sensibilisation des agriculteurs à l'entretien des digues autour des champs a aggravé les problèmes susmentionnés, entraînant une inefficacité de l'irrigation. La présence de digues solides (Niyara) autour de chaque parcelle agricole est essentielle pour retenir l'eau et prévenir l'érosion des nutriments du sol. La culture du riz dans cette région a récemment pris l'habitude de négliger la remise en état des diguettes autour des parcelles lors de la préparation des champs. En outre, les agriculteurs ont négligé le nivellement régulier des champs (Poru Gama), qui est essentiel pour inonder uniformément les lits de culture du riz avec une quantité d'eau minimale. Dans la riziculture traditionnelle de ce pays, la préparation de diguettes adéquates sans fuites d'eau et le nivellement des champs avant l'ensemencement ou le repiquage étaient des étapes obligatoires. Aujourd'hui, les agriculteurs négligent souvent les préparations fondamentales des champs mentionnées ci-dessus, choisissant de sauter ces étapes dans le but de réaliser des économies à court terme sur la main-d'œuvre. Un contrôle inadéquat de l'eau peut entraîner la perte d'éléments nutritifs, l'érosion du sol, la pollution de l'eau et la fuite inutile d'engrais chimiques et d'autres produits chimiques. Ces pratiques préjudiciables vont clairement à l'encontre de l'évolution vers une riziculture durable plus axée sur l'agriculture biologique. L'ignorance contribue au gaspillage de l'eau, les parcelles situées au début des canaux d'irrigation consommant trop d'eau en raison de fuites dues à des digues inadaptées. Ces fuites contribuent à leur tour à la pénurie d'eau dans d'autres champs situés en aval des canaux.

Le gouvernement du Sri Lanka a introduit la politique de gestion participative de l'irrigation (PIM) à la fin des années 1980, dont les résultats se limitent à quelques aspects, tels que la sollicitation de la participation des agriculteurs à l'entretien du système d'irrigation par la mobilisation de leur main-d'œuvre et la réduction des coûts pour le gouvernement. L'efficacité de ce programme n'est pas évidente dans cette recherche, ce qui indique la nécessité de le relancer. Il est impératif de prendre les mesures nécessaires pour réévaluer et réorienter le programme en vue d'une irrigation plus efficace et adéquate. La révision devrait spécifier les pratiques obligatoires pour la préparation des terres, garantissant la conformité des agriculteurs avec les exigences d'une utilisation durable et optimale des ressources en eau limitées.

5.6.3 Gestion intégrée des sols et de l'irrigation

Sur la base des résultats et des discussions, le chercheur suggère que les autorités mettent en œuvre des mesures réglementaires répondant aux exigences fondamentales de la gestion intégrée de la fertilité des sols et de l'irrigation. Il est urgent de procéder à une révision complète de la fertilité des sols, de la gestion de l'eau et des pratiques de préparation des terres, qui devrait inclure des prescriptions d'orientation. Indépendamment de la propriété des parcelles cultivées, les agriculteurs devraient adhérer aux règles et réglementations institutionnelles régissant l'utilisation des biens publics. L'eau, les réseaux d'adduction d'eau, les engrais verts et les subventions pour les fertilisants sont considérés comme des biens publics, et les autorités doivent mettre en œuvre des réglementations adéquates pour régir leur utilisation. Outre les cadres réglementaires, la promotion d'une vision commune de l'utilisation responsable du capital naturel est considérée comme une exigence essentielle pour aujourd'hui. Une révision urgente par des experts des canaux d'irrigation des champs (ouvrages hydrauliques), de l'entretien des digues environnantes, des champs de culture, ainsi que du calendrier et du volume des lâchers d'eau est fortement recommandée. Des modifications dans ces domaines et l'intégration des recommandations scientifiques sont cruciales avant la prochaine révision du cadre politique et réglementaire pour la transition de la culture vers une voie plus durable avec des pratiques biologiques (IRRI, 2019).

5.7 Intégrer les connaissances indigènes aux techniques modernes

D'après les résultats de la recherche, les connaissances actuelles des riziculteurs modernes en matière de ravageurs biologiques et de lutte contre les mauvaises herbes respectueuse de la nature sont limitées. Certaines bonnes pratiques efficaces du passé sont tombées dans l'oubli ou l'ignorance. Autrefois, les agriculteurs étaient conscients des attaques possibles des ravageurs à chaque étape du cycle de vie de la plante. Par exemple, ils mettaient en place des conditions sèches dans les champs lorsqu'ils remarquaient la présence de ravageurs tels que le Keedawa (Nilaparvata lugens), généralement pendant la période de maturité de la plante. En revanche, lorsqu'ils reçoivent des signaux d'attaque de vers dans le champ, ce qui se produit généralement aux premiers stades de la plante, ils fournissent plus d'eau, ce qui éloigne les vers des plantes. Dans le passé, il existait des techniques qui encourageaient la consommation de vers par les oiseaux (Irangani, 2013). Le développement de connaissances et de pratiques de lutte intégrée contre les ravageurs, incorporant un mélange d'approches modernes et traditionnelles, est un moyen de réduire la dépendance aux produits chimiques et de passer à une riziculture plus respectueuse de l'environnement. Des études récentes recommandent vivement d'intégrer les connaissances indigènes dans les pratiques contemporaines de lutte contre les ravageurs et les mauvaises herbes et de promouvoir des plans de lutte intégrée (Šūmane, 2018 ; Senanayake, 2006 ; Legg, 2001).

5.8 Intensification de l'utilisation des engrais verts

Les communautés agricoles de cette région rizicole sont peu sensibilisées à l'engrais vert à base de légumineuses en tant qu'alternative viable pour répondre aux besoins en azote. Nayak et al. (2012) ont étudié l'effet à long terme de différentes méthodes de gestion intégrée des éléments nutritifs sur les éléments organiques du sol dans les plaines indo-gangétiques de l'Inde. Ils ont constaté que les agriculteurs peuvent satisfaire 100 % de leurs besoins en azote grâce aux engrais verts à base de légumineuses. De même, dans cette région, les agriculteurs couvrent la moitié de leurs besoins en engrais grâce au fumier de ferme, aux résidus de culture ou aux engrais verts. Roger et al. (1991) ont souligné les possibilités d'utiliser la fixation biologique de l'azote comme source d'azote alternative ou complémentaire pour la riziculture. Selon eux, les engrais verts fixateurs d'azote (Azoda et légumineuses) sont utilisés depuis des siècles dans certaines zones rizicoles depuis des décennies dans les zones humides des Philippines. Altieri et al. (1995) ont également proposé de produire de grands volumes de biomasse d'engrais vert, comme le lupin, pour améliorer la teneur en azote du sol.

Bien que la faisabilité scientifique d'une utilisation généralisée d'engrais verts dans la riziculture sri-lankaise soit inconnue, le chercheur perçoit une opportunité manquée dans la recherche et le développement concernant l'utilisation d'engrais verts dans ce pays tropical. Par exemple, Mimosa pudica (Nidi Kumba), qui appartient à la famille des légumineuses, est une plante largement répandue au Sri Lanka. L'utilisation potentielle de ces plantes comme sources d'azote a été enseignée dans nos cours d'agriculture à l'école par le passé. Cependant, beaucoup d'entre nous n'ont pas été témoins de l'utilisation pratique de ces plantes comme source d'azote dans le pays. Le chercheur estime que le développement de connaissances pertinentes sur les engrais verts et les substances organiques domestiques pour une agriculture plus durable, obtenue en intégrant le meilleur des connaissances traditionnelles avec des pratiques modernes qui conviennent aux conditions et aux demandes actuelles, est d'une importance primordiale.

L'intégration des connaissances indigènes et scientifiques peut ainsi équilibrer les dimensions économiques et environnementales de l'agriculture durable. Dans son étude, Wang (2018) conclut que le système agricole actuel de la Chine peut tirer des leçons des pratiques agricoles traditionnelles. Les agriculteurs locaux apprennent et développent des connaissances indigènes sur la base de leurs expériences agricoles à long terme. Les connaissances scientifiques sont essentielles pour améliorer la productivité agricole et le revenu des agriculteurs d'un point de vue économique. Des recherches scientifiques supplémentaires sont nécessaires pour examiner les fondements scientifiques des connaissances indigènes, en particulier en ce qui concerne leurs implications écologiques.

5.9 Extension de la chaîne de valeur Extensions

Le soutien apporté aux agriculteurs pendant cette transition par les propriétaires terriens, les acheteurs de paddy (collecteurs), les vendeurs d'intrants agricoles, les chercheurs, les fonctionnaires de terrain et les agriculteurs aisés de ces communautés s'est avéré inefficace. L'influence de l'État, des banques privées et des institutions financières sur l'adaptation biologique n'est pas non plus significative. La présence de compagnies d'assurance est limitée ; cependant, les quelques options disponibles ont un impact positif sur la préparation des agriculteurs à la transition dans cette région. Les agriculteurs s'appuient principalement sur leurs collègues pour obtenir de l'aide et des conseils ; cependant, cette confiance n'est pas actuellement orientée vers l'agriculture biologique, car de nombreux collègues agriculteurs ne sont pas encore prêts à adopter des pratiques biologiques. Ces lacunes mettent en évidence la faiblesse de l'intégration de la chaîne de valeur du secteur, ce qui entrave la mise en place d'une vision commune pour une agriculture plus durable. Cependant, le chercheur propose que ces lacunes représentent des opportunités pour les secteurs public et privé, les institutions académiques et les individus. Les organisations paysannes (OP) sont des institutions socio-économiques vitales dans cette région de culture, puisqu'elles regroupent la quasi-totalité des riziculteurs. Le gouvernement peut s'appuyer sur le réseau des organisations paysannes pour améliorer les services de vulgarisation et en tirer parti. Une chaîne de valeur plus inclusive améliorera la productivité et la rentabilité de la production, créant des opportunités pour les agriculteurs de s'engager dans des interactions saines avec d'autres parties prenantes. En outre, la chaîne de valeur représente l'approche et la plateforme les plus efficaces pour promouvoir l'agriculture durable, diffuser les connaissances, promouvoir les meilleures pratiques et favoriser une vision commune. (Senanayake, 2016 ; FAO,2014 ; FIDA,1999 ; Banque mondiale,2007 ; Nations unies,2013 ; IRRI, 2019 ; DFFID, 1999)

5.10 Responsabilité et rôle des médias

Le rôle des médias dans le soutien de cette transition est crucial. L'étude a révélé que les journaux ont un impact négatif sur l'adaptation à l'agriculture biologique. Cette observation pourrait être attribuée aux priorités des presses papier, qui peuvent privilégier les publications de nouvelles attrayantes sur ce sujet plutôt que les articles qui aident les agriculteurs dans leur transition. Le chercheur estime que les médias électroniques devraient jouer un rôle central en soutenant les transitions dans la formation et la diffusion des connaissances, et en les préservant pour une utilisation future. En outre, leur responsabilité à l'égard des connaissances et de leur authenticité est essentielle pour transmettre un contenu approprié à l'ensemble de la communauté, en tirant parti de leur expertise en matière d'agriculture durable. Les résultats de cette étude indiquent que l'efficacité des médias électroniques pour préparer les agriculteurs à une approche agricole plus centrée sur l'agriculture biologique n'est pas significative. Cette constatation peut s'expliquer par de multiples raisons. Le contenu peut ne pas être pertinent ou aller à l'encontre de la promotion de l'agriculture biologique, ce qui le rend moins intéressant pour les agriculteurs. En outre, il se peut que le contenu n'atteigne pas le bon public au bon moment. Une autre raison pourrait être que les agriculteurs sont limités dans l'application des connaissances qu'ils tirent des médias en raison d'autres facteurs contraignants évoqués plus haut. Il est inattendu de constater que les radios n'ont pas d'influence sur cette transition, bien que des chercheurs précédents les aient trouvées convaincantes. Waseem (2020) a constaté que la radio et d'autres médias soutiennent efficacement l'adaptation de l'agriculture durable dans la culture de la banane au Pakistan. Blazquez et al. (2022) ont constaté que la radio et la télévision restent les moyens les plus rentables de diffusion des messages et des connaissances dans leur étude sur le transfert d'informations pour améliorer la résilience des agriculteurs face aux effets du changement climatique au Pérou.

Le chercheur suggère que les stations de radio et de télévision soient plus inclusives, fonctionnant comme un service d'extension de cette chaîne de valeur. Cette inclusion leur fournira une plateforme pour soutenir la transition de manière positive, en s'alignant sur la vision commune. Selon le chercheur, la contribution des médias à cette priorité nationale, liée à la sécurité alimentaire du pays, va au-delà de la diffusion d'informations et de messages. Dans le passé, les stations de radio communautaires qui étaient autrefois opérationnelles et se concentraient principalement sur l'agriculture ont disparu de ce pays. Il est temps d'envisager leur rétablissement. L'étude révèle que les agriculteurs sont plus motivés par les pratiques biologiques lorsqu'elles sont reconnues et approuvées par la société. En outre, l'attrait accru des consommateurs et la valeur économique de leurs produits axés sur l'agriculture biologique sont des facteurs encourageants qui les incitent à s'adapter davantage à l'agriculture biologique. Fondamentalement, les médias doivent jouer un rôle authentique en mettant directement en relation les agriculteurs et les consommateurs (acheteurs) pour un bénéfice mutuel. En outre, le rôle des médias dans la fourniture d'informations précises au bon public et au bon moment est inégalé dans cette transition.

5.11 Portée et limites de l'étude

L'écosystème de la riziculture fonctionne comme une chaîne de valeur englobant divers acteurs engagés dans les différentes étapes de la production de riz, couvrant l'approvisionnement en intrants, la production, la collecte, la transformation, la vente en gros et la vente au détail aux consommateurs finaux. Le chercheur soutient que tous les acteurs impliqués dans chaque facette de la chaîne de valeur portent une responsabilité collective dans la transition de la culture vers une trajectoire plus durable. Bien que l'étude proposée s'attache principalement à examiner les caractéristiques du segment des producteurs, qui font partie intégrante du maintien de la chaîne de valeur au cours de cette transition, le modèle peut être adapté pour évaluer l'état de préparation d'autres acteurs. Cela implique de sélectionner des variables pertinentes qui élucident leur potentiel et leur interconnexion au sein de leurs segments et processus respectifs dans l'écosystème.

À partir de 1962, les gouvernements successifs ont mis en place des subventions aux engrais pour le paddy, ainsi que pour d'autres cultures vivrières et de plantation. Dans les années 1950 et 1960, la stratégie agricole visant à stimuler la productivité impliquait l'adoption de variétés modernes de cultures vivrières et de plantations, ce qui nécessitait un recours accru aux engrais chimiques et aux produits agrochimiques. Cette recherche se concentre spécifiquement sur la culture du riz, un secteur important qui reçoit des subventions sous la forme d'engrais chimiques ou de subventions en espèces équivalentes. La culture du riz est répandue dans tous les districts de l'île, à des échelles variables, Anuradhapura, Ampara, Polonnaruwa, Kurunegala, Batticaloa et Kilinochchi se distinguant comme des districts rizicoles importants. Néanmoins, la population d'échantillonnage choisie pour cette étude est le système H de Mahaweli dans le district d'Anuradhapura, compte tenu de sa nature diversifiée et du volume produit chaque saison.

La théorie de la résilience, qui sert de fondement théorique à cette étude, englobe une large compréhension de la résilience des écosystèmes, y compris les potentiels inhérents à l'écosystème et la connectivité des acteurs au sein de cet écosystème. La théorie élucide les variables de contrôle qui peuvent soit déstabiliser soit stabiliser l'écosystème à la suite d'un événement, et le degré de connexion d'un acteur avec ces variables détermine sa résilience au sein de l'écosystème.

Dans cette recherche, les variables de contrôle étudiées sont spécifiquement axées sur "l'utilisation d'engrais chimiques", "l'utilisation d'engrais organiques" et "l'efficacité des interventions gouvernementales", ainsi que sur les liens entre les agriculteurs et ces variables. Il est admis qu'il peut y avoir d'autres variables de contrôle auxquelles les agriculteurs sont liés à des degrés divers, et que ces variables peuvent subir des changements en raison d'un événement, influençant la résilience des agriculteurs dans l'écosystème. Parmi ces variables potentielles, on peut citer "l'utilisation de machines modernes" et "les croyances religieuses". Bien qu'il n'ait pas été explicitement examiné dans cette étude, le modèle proposé peut être adapté pour explorer l'impact de différentes variables de contrôle si leurs changements entraînent une perturbation comme les variables considérées dans cette recherche.

5.12 Résumé et conclusion

Cette étude visait à évaluer le potentiel d'agriculture durable des agriculteurs et son lien avec leur volonté de passer à une agriculture plus biologique. Le sujet de recherche est d'actualité et s'aligne sur la révision en cours de la décision politique mal informée promulguée par le gouvernement en 2021, qui a causé une perturbation massive dans le secteur de la culture du riz dans le pays. Un modèle conceptuel a été développé pour évaluer la résilience des agriculteurs dans l'adoption de pratiques plus biologiques, en combinant des éléments de la théorie de la résilience des écosystèmes, du cadre d'évaluation des moyens de subsistance ruraux et des dimensions de la volonté personnelle de s'engager ou d'expérimenter une action. Les concepts et les indicateurs du modèle sont issus d'une analyse documentaire complète basée sur les principes généraux de l'agriculture durable. Le modèle intègre une combinaison de variables composites et covariantes, certaines prédictions étant dérivées des suggestions de la théorie de la résilience. Le modèle s'est avéré pratique pour découvrir les réalités du terrain étudiées dans cette étude.

Le modèle met l'accent sur la nécessité d'un modèle de recherche quantitatif et descriptif pour évaluer scientifiquement certaines réalités de terrain liées à l'objectif de la recherche. Le modèle comprend neuf concepts latents et huit hypothèses qui définissent les objectifs de recherche de cette étude. Les concepts latents et les hypothèses du modèle ont nécessité des indicateurs de mesure pour les estimations, qui ont été dérivés à partir d'une revue exhaustive de la littérature. Ce modèle de second ordre implique des construits composites et covariants avec des relations directes, médiatrices et modératrices entre les construits, ce qui exige une technique d'analyse des données sophistiquée telle que PLS-SEM, capable de traiter des modèles hiérarchiques complexes.

Un ensemble de 198 variables, initialement dérivées de la littérature, a fait l'objet d'un pré-test par un panel d'experts avant d'être testées sur le terrain par le biais d'une enquête pilote. L'enquête pilote a permis de réduire la dimension du questionnaire, le limitant à 119 questions (indicateurs) pour l'étude finale. Des riziculteurs, sélectionnés au hasard dans 8 régions rizicoles du système H de Mahaweli dans le district d'Anuradhapura, ont répondu à ce questionnaire. La taille de l'échantillon requise pour la population de cette étude était de 380, et 386 échantillons ont été utilisés pour l'analyse des données après le nettoyage initial des 400 échantillons collectés dans les régions susmentionnées.

Après avoir vérifié la conformité des modèles de mesure avec les exigences de la méthode PLS-SEM, les indicateurs ont été utilisés pour évaluer le modèle structurel. Le second ordre et la nature hiérarchique du modèle ont nécessité une analyse en deux étapes telle que décrite dans les techniques PLS-SEM. Ces techniques sont disponibles dans le progiciel SmartPLS4. La conformité de l'analyse du modèle structurel a permis de tester les hypothèses, les coefficients de cheminement et les effets directs et indirects étant utilisés pour tester les hypothèses explicites et médiatrices. L'analyse multigroupe, disponible dans les techniques PLS-SEM, a été utilisée pour tester les influences modératrices des facteurs démographiques sur les relations du modèle. En outre, parallèlement à la vérification des hypothèses, les scores moyens des concepts latents et leur impact sur les concepts précédents ont été évalués à l'aide des techniques IPMA décrites dans la littérature PLS-SEM. L'IPMA a permis d'obtenir des résultats utiles pour la discussion de cette étude. Les distributions de fréquence des facteurs de préparation de deux concepts sur la préparation des agriculteurs à l'abandon des produits chimiques et à l'adoption des produits biologiques ont permis de tirer des conclusions utiles pour la discussion. Les réponses supplémentaires reçues des agriculteurs, au-delà des questions de l'enquête structurée, ont été notées et utilisées pour fournir une synthèse qualitative dans la discussion.

Le potentiel d'agriculture durable des agriculteurs de cette région rizicole est modérément élevé (57 %) et ce potentiel a une influence positive sur la volonté des agriculteurs d'adopter une agriculture plus axée sur l'agriculture biologique. Bien que certains agriculteurs considèrent que le soutien du gouvernement est efficace, ce soutien ne se traduit pas encore par une adaptation biologique généralisée. Dans cette région, 20 % des agriculteurs sont prêts à passer directement à l'agriculture biologique, et 20 % supplémentaires sont prêts à abandonner les méthodes chimiques. Toutefois, parmi ce dernier groupe, seuls 45 % sont prêts à adopter des pratiques biologiques. Il existe un effet médiateur positif (0,20) de la volonté des agriculteurs d'abandonner les produits chimiques sur la relation entre leur potentiel en matière d'agriculture durable et leur volonté d'adopter l'agriculture biologique. Les effets modérateurs de l'éducation des agriculteurs, de leur sexe, de la taille des semis, des méthodes agricoles et des intrants agricoles utilisés dans l'agriculture jouent un rôle dans la relation entre le potentiel d'agriculture durable des agriculteurs et leur volonté de s'adapter à l'agriculture biologique.

Bien que les capitaux humains et sociaux soient plus importants que les autres actifs, leur impact sur l'adoption de pratiques biologiques par les agriculteurs est relativement faible. Le capital naturel est l'actif le plus important qui influence la volonté des agriculteurs de pratiquer davantage l'agriculture biologique. Le capital financier est modérément fort, mais son impact sur l'adaptation des agriculteurs à l'agriculture biologique est relativement faible. En revanche, le capital physique est faible et son influence sur la transformation biologique est actuellement négligeable.

Les domaines critiques discutés sur la base des résultats de cette recherche, en conjonction avec la position actuelle de ces domaines dans la littérature, comprennent l'amélioration de la fertilité des sols et la gestion de l'irrigation, leur intégration dans un cadre réglementaire, le développement de connaissances solides pour une meilleure gestion des mauvaises herbes et des ravageurs en combinant les connaissances indigènes avec des techniques modernes, l'intensification de la production d'engrais verts et leur utilisation appropriée dans les champs agricoles, l'expansion des extensions de la chaîne de valeur avec plus d'inclusions, et l'accent mis sur les responsabilités et les rôles des médias dans le soutien de cette transition.

Cette étude a porté sur les caractéristiques des agriculteurs, leurs biens et d'autres aspects économiques, écologiques et socioculturels liés aux cours de ferme, aux moyens de subsistance et aux institutions. Toutefois, le chercheur reconnaît que l'état de préparation des écosystèmes à une transition vers une agriculture durable est également lié à des caractéristiques biophysiques plus scientifiques qui nécessitent des études scientifiques thématiques et approfondies. Par exemple, les suggestions dérivées des comportements socio-économiques observés dans cette étude, telles que la gestion de la fertilité des sols, peuvent faire l'objet de recherches scientifiques plus approfondies.

Les agriculteurs n'ont pas rejeté l'adaptation des pratiques biologiques pour orienter la riziculture vers une voie plus durable. Les institutions, les sociétés et les médias doivent les soutenir en tirant parti de leur capacité à prendre des risques, en écoutant leurs besoins et en les reliant efficacement à la chaîne de valeur. Des décisions politiques éclairées, une vision commune dans la chaîne de valeur et la reconnaissance sociale de leurs efforts inciteraient les agriculteurs à passer à la phase d'exploitation de cette transition, en explorant des options plus axées sur l'agriculture biologique. Des orientations politiques fiables, un cadre réglementaire et un filet de sécurité sociale leur permettront d'exploiter une meilleure voie, avec une productivité et une rentabilité accrues, et une riziculture plus respectueuse de la société et de l'environnement, en utilisant un mélange approprié de produits chimiques et biologiques.

6 Références

Ackerman, K., Conard, M., Culligan, P., Plunz, R., Sutto, M. P., & Whittinghill, L. (2014).

Des systèmes alimentaires durables pour les villes de demain : Le potentiel de l'agriculture urbaine. *Revue économique et sociale*, *45*(2), 189-206.

Addinsall, C., Weiler, B., Scherrer, P. et Glencross, K. (2017). Le tourisme agroécologique :

Bridging conservation, food security, and tourism goals to enhance smallholders' livelihoods on South Pentecost, Vanuatu. *Journal of Sustainable Tourism*, *25*(8), 1100-1116.

Adger, W. N. (2000). Résilience sociale et écologique : sont-elles liées ? *Progress in Human*

Geography, 24(3), 347-364. doi:10.1191/030913200701540465

Alkire.

Adler, P. S. et Kwon, S. W. (2002). Social capital : Prospects for a new concept. *Academy of*

Management Review, 27(1), 17-40.

Aheeyar, M. M. M., Shantha, W. H. A., & Senevirathne, L. P. (2007). *Assessment of Bulk Water*

Programme d'allocation dans la région de Mahaweli--H. Colombo : Hector Kobbekaduwa Agrarian Research and Training Institute.

Ajzen, I. et Fishbein, M. (1980). *Understanding attitudes and predicting social behavior (Comprendre les attitudes et prédire le comportement social)*.

Englewood Cliffs, NJ : Prentice-Hall.

Ajzen, I. (1991). La théorie du comportement planifié. *Organizational behavior and human decision*

processus, 50(2), 179-211.

Altieri, M. (1995). Les connaissances indigènes revalorisées *dans l'agriculture andine ILEIA*

Newsletter, 12(1), 1-5 https://www.researchgate.net/profile/Miguel-Altieri/publication/239822488_Indigenous_Knowledge_Re-Valued_in_Andean_Agriculture/links/556dd5ac08aec2268308bc52/Indigenous-Knowledge-Re-Valued-in-Andean-

Agriculture.pdf?_tp=eyJjb250ZXh0Ijp7ImZpcnN0UGFnZSI6InB1Ymxp
Y2F0aW9uIiwicGFnZSI6InB1YmxpY2F0aW9uIn19.

Andersson, Mats et Svante Axelsson, (1988). "Bondernas ar- bets--och livsvillkor". ("Conditions de travail et de vie des agriculteurs"). Exameusarbete hr. ~, Department of Exten- sion Education, Swedish University of Agricultural Sci- ences, Uppsala.

Ashley, C. et Carney, D. (1999). *Moyens d'existence durables : Leçons tirées des premières expériences*

No. 1Vol. 7*Moyens d'existence durables : Lessons from early experience*, Department for International Development 0 85003 419 1.

Arellanes, P. et Lee, D. R. (2003). Les déterminants de l'adoption de l'agriculture durable

technologies : Evidence from the hillsides of Honduras. *Actes de la 25e conférence internationale des économistes agricoles, Durban, Afrique du Sud*, (août), 693-699.

Ary, D., Jacobs, L. C., Razavieh, A. et Sorensen, C. (2006). Introduction à la recherche en éducation,

Belmont, CA : Wadsworth Thomson Learning.

Azman, A., D'Silva, J. L., Samah, B. A., Man, N. et Shaffril, H. A. M. (2013). Relations

L'étude de l'impact de l'agriculture durable sur l'attitude, la connaissance et le soutien des agriculteurs sous contrat en Malaisie. *Asian Social Science*, 9(2), 99-105.

Babbie, E. et Mouton, J. (2001). La pratique de la recherche sociale : South African edition. *Le Cap*

Town : Oxford University Press Southern Africa.

Balafoutis, A. T., Evert, F. K. V. et Fountas, S. (2020). Tendances technologiques de l'agriculture intelligente : économie

et les effets sur l'environnement, l'impact sur la main-d'œuvre et l'état de préparation à l'adoption. *Agronomie*, 10(5), 743.

Becker, J.-M., Klein, K. et Wetzels, M. (2012). Formative hierarchical latent variable models in

PLS-SEM : recommandations et lignes directrices. *Long Range Planning*, 45, 359-394.

Barclay, D., Higgins, C. et Thompson, R. (1995). *The partial least squares (PLS) approach to*

    Modélisation occasionnelle : adoption et utilisation de l'ordinateur personnel à titre d'illustration.

Batterbury, S. et Forsyth, T. (1999). Fighting back : human adaptations in marginal

    environnements. *Environnement : Science and Policy for Sustainable Development*, 41(6), 6-9.

Baudron, F., Andersson, J. A., Corbeels, M. et Giller, K. E. (2012). Failing to yield ? Les charrues,

    l'agriculture de conservation et le problème de l'intensification agricole : An example from the Zambezi Valley, Zimbabwe. *Journal of Development Studies*, 48(3), 393-412.

Bell, J., & Waters, S. (2018). *Ebook : faire votre projet de recherche : un guide pour les premières fois.*

    chercheurs. McGraw-hill education (Royaume-Uni).

Bentler, P. M. (1988). Causal modeling via structural equation systems. In J. R.

    Nesselroade & R. B. Cattell (Eds.), *Handbook of multivariate experimental psychology*

    (2e édition, pp. 317-335). New York : Plenum.

Berkes, F., Colding, J. et Folke, C. (2003). *NAVIGUER DANS LE DOMAINE SOCIAL-ÉCOLOGIQUE*

    SYSTEMS (2003rd ed.). Cambridge university press. ISBN 0 521 81592 4.

Bisangwa, E. (2013). L'influence de l'adoption de l'agriculture de conservation sur la demande d'intrants

    et la production de maïs à Butha Buthe, au Lesotho.

Bisht, I. S. (2013). Conservation de la biodiversité, agriculture durable et changement climatique :

    A Complex Interrelationship. In *Environmental Science and Engineering* (pp. 119-142). Springer Science and Business Media Deutschland GmbH. https://doi.org/10.1007/978-3-642-36143-2_8.

Blanche , M. T., Blanche, M. J. T., Durrheim, K., & Painter, D. (Eds.). (2006). *Research in*

 pratique : Méthodes appliquées aux sciences sociales. Juta and Company Ltd.

Bollen, K. A. (2011). Évaluation des indicateurs d'effet, composites et causaux dans les équations structurelles

 modèles. *Mis Quarterly*, 359-372.

Bollen, K. A. et Bauldry, S. (2011). *Three Cs in measurement models* : Causal indicators,

 indicateurs composites et covariables. Psychological Methods, 16, 265-284.

Boardman, J., Bateman, S. et Seymour, S. (2017). Comprendre l'influence de l'agriculteur

 Les motivations des agriculteurs sur les changements du risque d'érosion du sol sur les sites d'ancienne érosion grave dans le parc national des South Downs, au Royaume-Uni. *Land Use Policy*, *60*, 298-312.

Borotis, S. et Poulymenakou, A. (2004). E-learning readiness components : Key issues to consider

 avant d'adopter des interventions d'apprentissage en ligne. In *E-Learn : E-Learn 2004--World Conference on E-Learning in Corporate, Government, Healthcare, and Higher Education) World Conference on E-Learning in Corporate, Government, Healthcare, and Higher Education* Washington, D.C., USA, (pp. 1622-1629).

Bourdieu, P. (1986). Les formes du capital. *In Manuel de théorie et de recherche pour la sociologie*

 de l'éducation, ed. J. Richardson, 241- 258. New York : Greenwood Press.

Bowers, J. (1995). Durabilité, agriculture et politique agricole. *Environnement et planification*

 A, *27*(8), 1231-1243. https://doi.org/10.1068/a271231.

 Encyclopedia of psychological assessment (Vol. 1, pp. 399-402). Thousand Oaks,CA :

Bowman, M. S. et Zilberman, D. (2013). Les facteurs économiques affectent l'agriculture diversifiée

 systèmes. *Ecology and Society*, *18*(1). https://doi.org/10.5751/ES-05574-180133.

Brodt, S., Feenstra, G., Kozloff, R., Klonsky, K. et Tourte, L. (2006, mars). Farmer-

Les liens communautaires et l'avenir de l'agriculture écologique en Californie. *Agriculture et valeurs humaines*. https://doi.org/10.1007/s10460-004-5870-y.

Bryman, A. (2016). *Social research methods*. Oxford university press.

Bryman, A. 2004. *Social research methods. 2e éd*. Oxford : Oxford University Press.

Byrne, B. M. (2003). Confirmatory factor analysis. Dans R. Fernández-Ballesteros (Ed.),

    Encyclopédie de l'évaluation psychologique (Vol. 1, pp. 399-402). Thousand Oaks, CA : Sage.

Byrne, B. M. (2001a). *Structural equation modeling with AMOS* : Basic concepts, applications et programmation. Mahwah, NJ : Erlbaum.

Byrne, M. M. (2001b*). Linking philosophy, methodology and methods in qualitative research.*

    AORN Journal 73(1):207-209.

Burgess, R. G. (1984). Sur le terrain : *An Introduction to Field Research*. Londres, Royaume-Uni :

    Unwin Hyman. Corbin, J. et Strauss, A. (2008). Les bases de la recherche qualitative :

    Techniques and Procedures for Developing Grounded Theory (3e édition).

Butler A, Le Grice P, Reed M (2006) : Délimiter le transfert de connaissances à partir de la formation. *Educ Train*.

    2006 ; 48(8/9) ; 627-641,

Carlisle, L. (2016). Facteurs influençant l'adoption par les agriculteurs de pratiques de santé des sols aux États-Unis :

    A narrative review. *Agroecology and Sustainable Food Systems*, *40*(6), 583-613.

Carolan, M. S. (2005). Barrières à l'adoption de l'agriculture durable sur les terres louées : Une

    examen des champs sociaux contestataires. *Rural Sociology*, *70*(3), 387-413.

Carpenter, S., Walker, B., Anderies, J. M. et Abel, N. (2001). From metaphor to measurement :

    résilience de quoi à quoi ? *Ecosystems*, *4*(8), 765-781.

Coleman, J. S. (1988). Social capital in the creation of human capital. *American journal de sociologie*, *94*, S95-S120.

Carney, D. (1998). Évolution des rôles publics et privés dans les services agricoles de l'agriculture. *Évolution des rôles des secteurs public et privé dans la fourniture de services agricoles.*

Banque centrale. (2020a). *Annual Reports.* Banque centrale du Sri Lanka.

    https://www.cbsl.gov.lk/en/publications/economic-and-financial-reports/annual-reports

Banque centrale. (2020b). *Statistiques économiques et sociales du Sri Lanka.* Banque centrale du Sri Lanka.

    https://www.cbsl.gov.lk/sites/default/files/cbslweb_documents/statistics/otherpub/ess_2020_e1.pdf.

Chambers, R. et Conway, G. (1992). *Sustainable rural livelihoods : practical concepts for the 21 st*

    siècle. Institute of Development Studies (Royaume-Uni).

Chandrasiri, N. A. K. R. D., Jayasinghe-Mudalige, U. K., Dharmakeerthi, R. S., Dandeniya, W. S..,

    Samarasinghe, D. V. S. S., & Lk, U. A. (2019). Adoption de technologies respectueuses de l'environnement pour réduire l'utilisation d'engrais chimiques dans la culture du riz au Sri Lanka : An Expert Perception Analysis. *Journal of Technology and Value Addition, 1*(1).

Chapin III, F. S., Kofinas, G. P., & Folke, C. (Eds.). (2009). *Principles of ecosystem stewardship (Principes de gestion des écosystèmes) :*

    la gestion des ressources naturelles basée sur la résilience dans un monde en mutation. Springer Science & Business Media.

Chin, W. W. (1998). The partial least squares approach to structural equation modeling. *Moderne*

    methods for business research, 295(2), 295-336.

Chin, W. W., Marcolin, B. L. et Newsted, P. R. (2003). A partial least squares latent variable

    approche de modélisation pour mesurer les effets d'interaction : résultats d'une étude de simulation monte carlo et d'une étude sur l'émotion et l'adoption du courrier électronique. *Information Systems Research, 14(2), 189-217.*

Chivenge, P. P., Murwira, H. K., Giller, K. E., Mapfumo, P. et Six, J. (2007). Long-term impact of reduced tillage and residue management on soil carbon stabilization : implications for conservation agriculture on contrasting soils. *Soil and Tillage Research*, *94*(2), 328-337.

Chloupkova, J., Svendsen, G. L. H., & Svendsen, G. T. (2003). Building and destroying social

capital : Le cas des mouvements coopératifs au Danemark et en Pologne. *Agriculture and Human values*, *20*(3), 241-252.

Clay, D., Reardon, T. et Kangasniemi, J. (1998). Intensification durable dans les hautes terres tropicales :

Investissements des agriculteurs rwandais dans la conservation des terres et la fertilité des sols. *Economic development and cultural change*, *46*(2), 351-377.

Cleveland DA (2001) La science de la sélection végétale est-elle une vérité objective ou une construction sociale ? Le cas

de la stabilité des rendements *Agriculture and Human Values* 18 : 251-270.

Clune, T. (2019). *Conceptualiser le développement durable de l'agro-industrie en Australie.*

(n° 2186-2019-1370).

Cohen, L., L. Manion et K. Morrison. (2007). *Research methods in education. 6e éd.* Londres :

Routledge Falmer.

Coleman, J. S. (1994). *Foundations of social theory*. Harvard university press.

Coleman, J. S. (1988). Social capital in the creation of human capital. *American journal of*

sociologie, *94*, S95-S120.

Cooper, D. R. et P. S. Schindler. 2003. *Business research methods*. 8e éd. New York : McGraw-

Colline.

Compagnone, C. et Hellec, F. (2015). Réseaux de dialogue professionnel des agriculteurs et dynamique de l'échange d'information.

Change : The Case of ICP and No-Tillage Adoption in Burgundy (France). *Rural Sociology*, *80*(2), 248-273.

Conway, G. et Barbier, E. B. (1990). Après la révolution verte : l'agriculture durable pour

développement Earthscan Publications.

Cornwall, A., Guijt, I., & Welbourn, A. (1994). Reconnaître les processus : Méthodologie

    défis pour la recherche et la vulgarisation agricoles. *Au-delà de l'agriculteur d'abord : Les connaissances des populations rurales, la recherche agricole et la pratique de la vulgarisation, 20*.

Creswell, J. W. et Clark, V. L. P. (2017). *Concevoir et mener une recherche sur les méthodes mixtes*.

    Sage publications.

Creswell, J. (2003). Research design : Méthodes qualitatives, quantitatives et mixtes approaches (2nd ed.). *Thousand Oaks, CA : SAGE Publications*.

Croasmun, J. T. et Ostrom, L. (2011). Using likert-type scales in the social sciences. *Journal*

    of Adult Education, 40(1), 19-22.

Curran, P. J., West, S. G. et Finch, J. F. (1996). La robustesse des statistiques de test à la non-normalité

    et l'erreur de spécification dans l'analyse factorielle confirmatoire. *Psychological methods, 1*(1), 16.

Curry, N. et Kirwan, J. (2014). Le rôle de la connaissance tacite dans le développement de réseaux pour une gestion durable des ressources naturelles.

    l'agriculture. *Sociologia Ruralis, 54*(3), 341-361.

Cusworth, G. et Dodsworth, J. (2021). Utilisation du concept de "bon agriculteur" pour explorer les

    les attitudes à l'égard de la fourniture de biens publics. A case study of participants in an English agri-environment scheme. *Agriculture and Human Values, 38*(4), 929-941.

Damianos, D. et Giannakopoulos, N. (2002). Farmers' participation in agri-environmental

    en Grèce. *British Food Journal*.

Damianos, D. et Giannakopoulos, N. (2002). Farmers' participation in agri-environmental

    en Grèce. *British Food Journal*.

Darnhofer, I., Moller, H. et Fairweather, J. (2010). La résilience des exploitations agricoles pour une production alimentaire durable :

    un cadre conceptuel. *Int. J. Agric. Sustain, 8*, 186-198.

Demont, M., & Rutsaert, P. (2017). Restructuration de la filière riz vietnamienne : vers une augmentation de la production de riz.

    la durabilité. *Durabilité*, *9*(2), 325.

Defrancesco, E., Gatto, P., Runge, F. et Trestini, S. (2008). Factors affecting farmers' participation aux mesures agro-environnementales : A Northern Italian perspective. *Journal of agricultural economics*, *59*(1), 114-131.

Denzin, N. K. (2017). L'acte de recherche : Une introduction théorique aux méthodes sociologiques.

    Routledge.

Denzin, N. K., & Lincoln, Y. S. (Eds.). (2011). *The Sage handbook of qualitative research*. sage.

Département de l'agriculture. (2019). *AgStat*. Département du Centre de socio-économie et de planification

    of Agriculture Peradeniya.

https://www.doa.gov.lk/SEPC/images/PDF/AgStat.pdf.

Département du recensement et des statistiques. (2021) . *Estimation des comptes nationaux du Sri Lanka 4th*

    trimestrielle et annuelle 2020. Ministère des finances du Sri Lanka.

    http://www.statistics.gov.lk/NationalAccounts/StaticalInformation/Reports/press_note_2020q4_en.

Département du recensement et des statistiques du Sri Lanka (1962). *Recensement de l'agriculture*. Département du

    recensement et statistiques. http://./repo.statistics.gov.lk/handle/1/331.

Diamantopoulos, A. et Winklhofer, H. M. (2001). Index construction with formative indicators :

    An alternative to scale development. *Journal of marketing research*, *38*(2), 269-277.

Dissanayake, A. K. A., Udari, U. R., Perera, M. D. D., & Wickramasinghe, W. A. R. (2019).

    Possibilités de minimiser l'utilisation des pesticides dans la culture du riz au Sri Lanka : L'accent mis sur la gestion des risques.

Dervin, B. (1991). La théorie comparative reconceptualisée : From entities and states to processes and

    dynamique. *Communication Theory*, *1*(1), 59-69.

Dervin, B. (1998). Théorie et pratique de la création de sens : Une vue d'ensemble des intérêts des utilisateurs dans la connaissance

    recherche et utilisation. *Journal of knowledge management.*

de Vries, J. R., Aarts, N., Lokhorst, A. M., Beunen, R. et Munnink, J. O. (2015). La confiance

    Les dynamiques liées à l'utilisation contestée des terres : A longitudinal study towards trust and distrust in intergroup conflicts in the Baviaanskloof, South Africa. *Forest Policy and Economics, 50*, 302-310.

Dharmawan, A. H., Mardiyaningsih, D. I., Rahmadian, F., Yulian, B. E., Komarudin, H.,

    Pacheco, P., ... & Amalia, R. (2021). Les contraintes agraires, structurelles et culturelles de la préparation des petits exploitants à la mise en œuvre des normes de durabilité : le cas de l'huile de palme durable indonésienne dans le Kalimantan oriental. *Sustainability, 13*(5), 2611.

D'souza, G., Cyphers, D., & Phipps, T. (1993). Factors affecting the adoption of sustainable

    pratiques agricoles. *Agricultural and Resource Economics Review, 22*(2), 159-165.

Duffy, M. E. (1987). La triangulation méthodologique : un moyen de fusionner les méthodes quantitatives et qualitatives.

    les méthodes de recherche qualitative. *Image : The Journal of Nursing Scholarship, 19*(3), 130-133.

Durrheim, K. et Painter, D. (2006). Collecte de données quantitatives : Sampling and measuring. Dans M.

    Terre Blanche, K. Durrheim & D. Painter (Eds.).

Easterby-Smith, M., Jaspersen, L. J., Thorpe, R. et Valizade, D. (2021). *Management et affaires*

    recherche. Sage.

FAO. (2020). Indicateur 2.4.1 des ODD. Proportion de la surface agricole utile productive et durable

    l'agriculture. Note méthodologique. Dixième révision - juillet 2020. Rome. Disponible à l'adresse suivante : http://www.fao.org/3/ca7154en/ca7154en.pdf.

FAO (2014). Principes clés pour la durabilité dans l'alimentation et l'agriculture . PLoS ONEConstruction

Une vision commune pour une alimentation et une agriculture durables : Principes et approches, 9 (Organisation pour l'alimentation et l'agriculture) E-ISBN 978-92-5-108472-4 https://www.fao.org/3/i3940e/i3940e.pdf).

Firestone, W. A. (1987). Meaning in method : The rhetoric of quantitative and qualitative
    recherche. *Educational researcher*, *16*(7), 16-21.

Fishbein, M. et Ajzen, I. (1975). Croyance, attitude, intention et comportement : *An introduction to theory*
    et la recherche. Reading, MA : Addison-Wesley.

Fornell, C. G., Johnson, M. D., Anderson, E. W., Cha, J. et Bryant, B. E. (1996). L'indice américain de satisfaction de la clientèle : Nature, purpose, and findings. *Journal of Marketing, 60*, 7-18.

Fornell, C. et Bookstein, F. L. (1982). Two structural equation models : LISREL et PLS appliqués
    to consumer exit-voice theory. *Journal of Marketing research*, *19*(4), 440-452.

Gachango, F. G., Andersen, L. M. et Pedersen, S. M. (2015). Adoption of voluntary water-
    technologies de réduction de la pollution et perception de la qualité de l'eau chez les agriculteurs danois. *Agricultural Water Management*, *158*, 235-244.

Galappattige, A. (2020) *USDA Foreign Agriculture Services. (2020). Céréales et aliments pour animaux*
    Annuel.
    https://apps.fas.usda.gov/newgainapi/api/Report/DownloadReportByFileName?fileName=Grain%20and%20Feed%20Annual_New%20Delhi_Sri%20Lanka_03-27-2020.

Gebska, M., Grontkowska, A., Swiderek, W. et Golebiewska, B. (2020). Farmer awareness and
    Mise en œuvre de pratiques agricoles durables dans différents types d'exploitations agricoles en Pologne. *Sustainability*, *12*(19), 8022.

Geisser, S. (1974). Une approche prédictive du modèle des effets aléatoires. *Biometrika*, 61, 101-107

Giller, K. E., Andersson, J. A., Corbeels, M., Kirkegaard, J., Mortensen, D., Erenstein, O., &

Vanlauwe, B. (2015). Au-delà de l'agriculture de conservation. *Frontiers in plant science*, *6*, 870.

Gómez-Limón, J. A., Vera-Toscano, E., & Garrido-Fernández, F. E. (2014). Farmers' Contribution au capital social agricole : Evidence from S outhern S pain. *Rural Sociology*, *79*(3), 380-410.

Gotschi, E., Njuki, J. et Delve, R. (2013). L'équité entre les sexes et le capital social chez les petits exploitants agricoles

    dans le centre du Mozambique. In *Participatory Research and Gender Analysis* (pp. 206-213). Routledge.

Gould, B. W., Saupe, W. E., & Klemme, R. M. (1989). Conservation tillage : the role of farm and

    caractéristiques des exploitants et perception de l'érosion des sols. *Land economics*, *65*(2), 167-182.

Granovetter, M. S. (1973). The strength of weak ties. *American journal of sociology*, *78*(6), 1360-

    1380.

Gunderson, L. H. (2000). Ecological resilience-in theory and application (résilience écologique - théorie et application). *Annual review of*

    écologie et systématique, *31*(1), 425-439.

Gravetter, F. J. et L-A. B. Forzano. (2009). Méthodes de recherche pour les sciences du comportement.

    3e éd. Belmont : Wadsworth Cengage Learning.

Greene, J. C. (2008). Is mixed methods social inquiry a distinctive methodology ? *Journal of mixed*

    methods research, *2*(1), 7-22.

Greene, J. C. (2006). Toward a methodology of mixed methods social inquiry (Vers une méthodologie d'enquête sociale à méthodes mixtes). *Research in the*

    Écoles, *13*(1), 93-98.

Greene, J. C., Kreider, H. et Mayer, E. (2005). Combiner les méthodes qualitatives et quantitatives dans

    enquête sociale. *Méthodes de recherche en sciences sociales*, *1*, 275-282.

Greene, J. C. et Caracelli, V. J. (2003). LA PRATIQUE DES MÉTHODES MIXTES. *Handbook of mixed*

    méthodes de recherche sociale et comportementale, 91.

Greene, J. C., Caracelli, V. J. et Graham, W. F. (1989). Toward a conceptual framework for mixed-
    des conceptions d'évaluation de la méthode. *Educational evaluation and policy analysis*, *11*(3), 255-274.

Guto, S. N., Pypers, P., Vanlauwe, B., De Ridder, N. et Giller*, K. E. (2012). Socio-écologique
    niches pour le travail minimum du sol et la conservation des résidus de culture dans les systèmes de culture continue du maïs dans les petites exploitations agricoles du centre du Kenya. *Agronomy Journal*, *104*(1), 188-198.

Hair, J. F., Black, W. C., Babin, B. J. et Anderson, R. E. (2009). Multivariate Data Analysis
    (7ème édition). Chollerstrasse : Prentice Hall.

Hair, J. F., Celsi, M., Money, A. H., Samouel, P. et Page, M. J. (2016). Essen- tials of business research methods (3e éd.). Armonk, NY : Sharpe.

Hair Jr, J. F., Matthews, L. M., Matthews, R. L. et Sarstedt, M. (2017). PLS-SEM ou CB-SEM :
    des lignes directrices actualisées sur la méthode à utiliser. *International Journal of Multivariate Data Analysis*, *1*(2), 107-123.

Hair, J. F., R. P. Bush et D. J. Ortinau. (2003). Marketing research within a changing information environment, 2e éd, Boston : McGraw-Hill Irwin.

Hair, J. F., Ringle, C. M. et Sarstedt, M. (2011). PLS-SEM : Indeed a silver bullet. *Journal*
    of Marketing Theory and Practice, 19, 139-151.

Hair, J.F., Sarstedt, M., Ringle, C.M. et Mena, J.A. (2012) 'An assessment of the use of
    partial least squares structural equation modeling in marketing research', *Journal of the Academy of Marketing Science*, Vol. 40, No. 3, pp.414-433.

Hair, J.F., W.C. Black, B.J. Babin, R.E. Anderson et R.L. Tatham, (2006). Multivariate data
    analyse. 6ème édition, Upper Saddle.

Hall, J. et Pretty, J. (2008). Then and now : L'évolution des relations et des liens entre les agriculteurs du Norfolk
    avec les agences gouvernementales lors des transformations de la gestion des terres. *Journal of Farm Management*, *13*(6), 393-418.

Han, E. S., & goleman, daniel ; boyatzis, Richard ; Mckee, A. (2019). Socio economic

statistiques 2018. *Autorité Mahaweli du Sri Lanka, 53*(9), 157.

Hani, U. (2011). Gestion des connaissances traditionnelles autochtones dans l'agriculture. Article.

Hedges, B. (2004). Sampling. In : Seale, C. (ed.) Social research methods : a reader. Londres.

Healey, M. et Healey, R.L. (2010). Comment effectuer une recherche documentaire. Dans N. Clifford, S.

French & G. Valentine (Eds.). *Key methods in geography*. Los Angeles : Sage. Routledge. pp. 63-72.

Henseler, J., Dijkstra, T. K., Sarstedt, M., Ringle, C. M., Diamantopoulos, A., Straub, D. W., . &

Calantone, R. J. (2014). Croyances communes et réalité à propos de la PLS : Commentaires sur Rönkkö et

Evermann (2013). *Organizational research methods, 17*(2), 182-209.

Henseler, J. et Fassott, G. (2010). Testing moderating effects in PLS path models : An illustration

des procédures disponibles. Dans *Handbook of partial least squares* (pp. 713-735). Springer, Berlin, Heidelberg.

Herath, H. G. (1981). La révolution verte dans le secteur du riz : le rôle du facteur de risque, avec une attention particulière pour le riz.

référence au Sri Lanka. *Asian Survey*, 664-675.

Hilgers, M. et Mangez, E. (2014). Introduction à la théorie des champs sociaux de Pierre Bourdieu.

In *Bourdieu's Theory of Social Fields* (pp. 1-36). Routledge.

Hobbs, P. R., Sayre, K. et Gupta, R. (2008). Le rôle de l'agriculture de conservation dans la

l'agriculture. *Philosophical Transactions of the Royal Society B : Biological Sciences, 363*(1491), 543-555.

Höck, C., Ringle, C. M. et Sarstedt, M. (2010). Gestion des stades polyvalents :

Importance et mesure de la performance des interfaces de service. *International Journal of Services Technology and Management, 14*, 188-207.

Holling, C. S., et Gunderson, L. H. (2002). Resilience and adaptive cycles. *In :* *Panarchy :*

Comprendre les transformations des systèmes humains et naturels, 25-62.

Holling, C.S. (1996). "Surprise pour la science, résilience pour les écosystèmes et mesures incitatives pour la protection de l'environnement.

People". *Ecological Applications* 6 (3):733-735.

Holling, C. S. (1973). Résilience et stabilité des systèmes écologiques. Annual review of ecology

et la systématique, 4(1), 1-23.

Hopkins, J., & Heady, E. C. (1962). *Registres agricoles et comptabilité* (No. 631.15 H774f Ej. 1).

Université d'État de l'IOWA.

Hosseini, S. J. F., Zand, A. et Arfaee, M. (2011). Facteurs déterminants influençant l'adoption de

indigenous knowledge in agriculture water management in dry areas of Iran (Connaissances indigènes en matière de gestion de l'eau en agriculture dans les zones arides d'Iran). *African Journal of Agricultural Research*, *6*(15), 3631-3635.

Ifejika Speranza, C., Wiesmann, U., & Rist, S. (2014). Un cadre d'indicateurs pour l'évaluation des

résilience des moyens de subsistance dans le contexte de la dynamique socio-écologique. *Global Environmental Change*, *28*(1), 109-119.

Irangani, M. K. L. et Shiratake, Y. (2013). Techniques indigènes utilisées dans la culture du riz au Sri

Lanka : Une analyse du point de vue de l'histoire de l'agriculture.

Israël, G. D. (1992). Détermination de la taille de l'échantillon, PEOD6. *Département américain de l'agriculture,*

Cooperative Extension Service, University of Florida, Institute of Food and Agricultural Sciences.

IRRI. (2019, 18 janvier). Le *Sri Lanka et l'IRRI signent un cadre pour stimuler le secteur national du riz.*

Institut international de recherche sur le riz. Consulté le 12 octobre 2022 sur le site http://www.slemb.ph/sri-lanka-irri-sign-framework-boost-national-rice-sector-published-international-rice-research-institute-18-january-2019/.

Janes, J. 1999. On research : survey construction". Library Hi Tech 17(3):321-325.

Jarvis, C. B., MacKenzie, S. B. et Podsakoff, P. M. (2003). A critical review of construct indicators

and measurement model misspecification in marketing and consumer research. *Journal of consumer research*, *30*(2), 199-218.

Jayatissa, R. L. N., Dissanayake, A. K. A., & Perera, M. D. D. (2019). *Importance de l'éducation et de la formation en matière de droits de l'homme dans les pays en développement.*

Connaissances pour la sécurité alimentaire : En relation avec la culture du paddy (No. 229). Rapport de recherche.

Jayasinghe, J. A. U. P., & Munaweera, T. P. (2017). Perception des agriculteurs et demande de pesticides

dans la culture du riz au Sri Lanka.

Jayasinghe, U. (2017). Diversification des revenus des ménages cultivant le paddy à Anuradhapura.

District.

http://www.harti.gov.lk/images/download/reasearch_report/2018/209.pdf.

Joreskog, K. G. (1982). Les techniques ML et PLS pour la modélisation avec des variables latentes : Historique

et aspects comparatifs. *Systèmes sous observation indirecte, partie I*, 263-270.

Joshi, R. et Narayan, A. (2019). Modèle de mesure de la performance pour la vulgarisation agricole.

pour les moyens de subsistance durables des agriculteurs : preuve de l'Inde. *Theoretical Economics Letters*, *9*(05), 1259.

Kallas, Z., Serra, T. et Gil, J. M. (2010). Farmers' objectives as determinants of organic farming (Les objectifs des agriculteurs en tant que facteurs déterminants de l'agriculture biologique)

l'adoption : The case of Catalonian vineyard production. *Agricultural Economics*, *41*(5), 409-423.

Kankwatsa, P., Muzira, R., Mutenyo, H. et Lamo, J. (2019). Riz pluvial amélioré :

Évaluation de l'adaptabilité, de l'agronomie et de l'acceptabilité par les agriculteurs dans les conditions semi-arides du sud-ouest de l'Ouganda. *OALib, 06*(12), 1-5)

Kaufmann, P., Stagl, S. et Franks, D. W. (2009). Simulation de la diffusion de l'agriculture biologique

dans deux nouveaux États membres de l'UE. *Ecological Economics*, *68*(10), 2580-2593.

Kendaragama, K. M. A. (2006). Environnement de culture au Sri Lanka, avec un accent particulier sur

l'utilisation des nutriments par les plantes. *J. Soil Sci. Soc. Sri Lanka*, *18*, 1-18.

Kerdsriserm, C., Suwanmaneepong, S. et Mankeb, P. (2016). Facteurs affectant l'adoption de l'agriculture biologique

riziculture dans le réseau d'agriculture durable, province de Chachoengsao, Thaïlande. *Int. J. Agric. Technol*, *12*, 1227-1237.

Kikuchi, M. & Aluwihare, P. B. (1990). Fertilizer response function of rice in Sri Lanka :

Estimation et quelques applications. *Institut international de gestion de l'irrigation*. Sri Lanka.

Kim, J., Rasouli, S. et Timmermans, H. (2014). "Modèles de choix hybrides : Principles and Recent

Progress Incorporating Social Influence and Nonlinear Utility Functions". *Procedia Environmental Sciences, Vol 22 (2014), pp.20-34.*

Kiptot, E., Franzel, S., & Degrande, A. (2014). Genre, agroforesterie et sécurité alimentaire en Afrique du Sud.

Afrique. *Current Opinion in Environmental Sustainability*, *6*, 104-109.

Knowler, D. et Bradshaw, B. (2007). Farmers' adoption of conservation agriculture : A review and

synthèse des recherches récentes. *Politique alimentaire*, *32*(1), 25-48.

Knowd, I. (2006). Tourism as a mechanism for farm survival (Le tourisme en tant que mécanisme de survie des exploitations agricoles). *Journal of Sustainable Tourism*, 14(1), 24-42. https://doi.org/10.1080/09669580608668589.

Knox, K. (2004). Le dilemme du chercheur - Pluralisme philosophique et méthodologique

École de commerce de Nottingham. *Université de Nottingham Trent, Royaume-Uni.*

Kothari, C. R. (2004). *Méthodologie de la recherche : Méthodes et techniques.* New Age International.

Koutsou, S., Partalidou, M. et Ragkos, A. (2014). Young farmers' social capital in Greece : Trust

    et les actions collectives. *Journal of Rural Studies, 34*, 204-211.

Krejcie, R. V. et Morgan, D. W. (1970). Determining sample size for research

    activités. *Educational and psychological measurement, 30*(3), 607-610.

Krishnankutty, J., Blakeney, M., Raju, R. K. et Siddique, K. H. (2021). Durabilité de l'agriculture traditionnelle

    riziculture dans le Kerala, en Inde - une analyse socio-économique. *Sustainability, 13*(2), 980.

Kristensen, K., Martensen, A. et Grønholdt, L. (2000). Customer satisfac- tion measurement at

    Poste du Danemark : Résultats de l'application de la méthodologie de l'indice européen de satisfaction de la clientèle. *Total Quality Management, 11*, 1007-1015.

Kuhfuss, L., Préget, R., Thoyer, S., & Hanley, N. (2016). Nudging farmers to enrol land into agri-

    environnementaux : le rôle d'une prime collective. *European Review of Agricultural Economics, 43*(4), 609-636.

Lanka, R., 2022. L'agriculture durable au Sri Lanka : les engrais organiques sont-ils une solution ?

    Renaissance Sri Lanka. [en ligne] Renasl.org. Disponible à l'adresse : <https://www.renasl.org/4391/sustainable-agriculture-in-sri-lanka-are-organic-fertilisers-a-solution/> [consulté le 24 septembre 2022].

La Porta, R., Lopez-de-Silanes, F., Shleifer, A. et Vishny, R. W. (1996). Trust in large

    des organisations.

Läpple, D. et Van Rensburg, T. (2011). Adoption of organic farming : Are there differences entre l'adoption précoce et l'adoption tardive ? *Ecological economics*, *70*(7), 1406-1414.

Lee, L., Petter, S., Fayard, D. et Robinson, S. (2011). On the use of partial least squares path

modeling in accounting research. *International Journal of Accounting Information Systems*, *12*(4), 305-328.

Leedy, P. D., & Ormrod, J. P. (20015). Quantitative Research . Upper Saddle River, NJPractical Research PLANNING AND DESIGN 11 (Pearson Education Limited) 154-22913:978-1-29-209587-5 https://pce-fet.com/common/library/books/51/2590_%5BPaul_D._Leedy,_Jeanne_Ellis_Ormrod%5D_Practical_Res(b-ok.org).pdf.

Leedy, P. D., et Ormrod, J. E. (2001). Practical research : Planning and research. Upper Saddle.

Somekh, B., & Lewin, C. (Eds.). (2005). *Research methods in the social sciences*. Sage.

Legg, W. et Viatte, G. (2001). Systèmes agricoles pour une agriculture durable. *Observateur de l'OCDE*,

(226-227), 21-24.

Lichtfouse, E., Navarrete, M., Debaeke, P., Souchère, V., Alberola, C., & Ménassieu, J.

(2009). Agronomie pour l'agriculture durable : une revue. *Agriculture durable*, 1-7.

Lobb, A. E., Mazzocchi, M., Traill, W. B., (2007). Modélisation de la perception du risque et de la confiance dans les aliments

L'information sur la sécurité dans le cadre de la théorie du comportement planifié. *Food and Quality Preference, Vol 18 No 2, pp.384-395*

Loehlin, J. C. et Beaujean, A. A. (2001). Latent Variable Models. *PSYKOLOGIA*, *36*(3), 189-189.

Lohr, L. et Salomonsson, L. (2000). Conversion subsidies for organic production : results from Sweden and lessons for the United States. *Agricultural economics*, *22*(2), 133-146.

Lohmöller, J. B. (1989). *Latent variable path modeling with partial least squares*. Heidelberg,

Allemagne : Physica.

Long, J. S. (1983). Confirmatory factor analysis : A preface to LISREL. Sage publications.

Luhmann, N. (1979). Trust and Power (John A. Wiley and Sons, Chichester).

Luo, Z., Wang, E. et Sun, O. J. (2010). Le semis direct peut-il stimuler la séquestration du carbone dans l'agriculture ?

sols ? A meta-analysis of paired experiments. *Agriculture, ecosystems & environment, 139*(1-2), 224-231.

Mahawansa, (1912), traduit par Geiger, W. Colombo : *Ceylon Government Information*

Département

Marcoulides, G. A. et Chin, W. W. (2013). Vous écrivez, mais d'autres lisent : Common methodological

misunderstandings in PLS and related methods. Dans *New perspectives in partial least squares and related methods* (pp. 31-64). Springer, New York, NY.

Marongwe, L. S., Kwazira, K., Jenrich, M., Thierfelder, C., Kassam, A., & Friedrich, T. (2011).

Une réussite africaine : le cas de l'agriculture de conservation au Zimbabwe. *International journal of agricultural sustainability, 9*(1), 153-161.

Marsden, T., Banks, J. et Bristow, G. (2002). La gestion sociale de la nature rurale : comprendre le développement rural fondé sur l'agriculture. *Environment and planning A, 34*(5), 809-825.

Mayer, R. C., Davis, J. H. et Schoorman, F. D. (1995). An integrative model of organizational

confiance. *Academy of management review, 20*(3), 709-734.

Ma, Y., L.D. Chen, X.F. Zhao, H.F. Zheng, et Y.H. Lu, 2009. "Qu'est-ce qui motive les agriculteurs à

Participer à l'agriculture durable ? Evidence and Policy Implications". International Journal of Sustainable Development and World Ecology 16 (6):374-380.

McAllister, D. J. (1995). Affect-and cognition-based trust as foundations for interpersonal

coopération dans les organisations. *Academy of management journal, 38*(1), 24-59.

McBurney, D. H. et T. L. White. 2004. *Research methods*. 6e éd. Belmont : Thomson

Wadsworth.

McSorley, R. et Porazinska, D. L. (2001). Elements of sustainable l'agriculture. *Nematropica*, *31*(1), 1-9.

Meade, A. W. et Craig, S. B. (2012). Identifier les réponses négligentes dans les enquêtes

données. *Psychological Methods*, *17*(3), 437-455. https://doi.org/10.1037/a0028085

Melles, G. et Perera, E. D. (2020). Réflexion sur la résilience et stratégies de reconquête d'une ruralité durable.

moyens de subsistance : Cascade Tank-Village System (CTVS) au Sri Lanka. *Challenges*, *11*(2), 27.

Memon, M. Y. (1989). *Compétences économiques nécessaires et possédées par les agriculteurs en*

District de Hyuderabad, Sind, Pakistan. Extrait de http://lib.dr.iastate.edu/rtd

Mert-Cakal, T. et Miele, M. (2020). Des "utopies réalisables" pour le changement social par l'inclusion

et l'autonomisation ? Community supported agriculture (CSA) in Wales as social innovation. *Agriculture and Human Values*, *37*(4), 1241-1260.

Mishra, B. (2017). L'adoption de pratiques agricoles durables parmi les agriculteurs du Kentucky et les agriculteurs de l'Union européenne.

Leur perception de la durabilité des exploitations agricoles.

Moore, R. 2008. Le capital. *Dans Pierre Bourdieu : Key concepts, ed.* M. Grenfell, 101-118. Stocksfield :

Éditions Acumen.

Moser, C. et G. Kalton. (2004). Questionnaire. In : Seale, C. (ed.) Social research methods : a

lecteur. Londres : Routledge. pp. 73-87.

Mulimbi, W., Nalley, L., Dixon, B., Snell, H. et Huang, Q. (2019). Facteurs influençant l'adoption

de l'agriculture de conservation en République démocratique du Congo. *Journal of Agricultural and Applied Economics*, *51*(4), 622-645.

Munyua, H. M. (2011). *Connaissances agricoles et systèmes d'information (AKIS) chez les petits agriculteurs.*

-scale farmers in Kirinyaga District, Kenya (Thèse de doctorat).

Mupangwa, W., Twomlow, S. et Walker, S. (2012). Travail réduit du sol, paillage et rotation.

> sur les rendements du maïs (Zea mays L.), du niébé (Vigna unguiculata (Walp) L.) et du sorgho (Sorghum bicolor L.(Moench)) dans des conditions semi-arides. *Field Crops Research*, *132*, 139-148.

Mutyasira, V. ; Hoag, D. ; Pendell, D. (2018) The adoption of sustainable agricultural practices by

> des petits exploitants agricoles des hauts plateaux éthiopiens : Une approche intégrative. *Cogent Food Agric. 2018, 4, 1552439.*

Myers, M. D. 1997. Qualitative research in information systems". MIS Quarterly 21(2):241-242.

Ndamani, F. et Watanabe, T. (2015). Perceptions des agriculteurs sur les pratiques d'adaptation au climat.

> et les obstacles à l'adaptation : A micro-level study in Ghana. *Water*, *7*(9), 4593-4604.

Nkomoki, W., Bavorová, M., & Banout, J. (2018). Adoption de pratiques agricoles durables.

> et les menaces pour la sécurité alimentaire : Effects of land tenure in Zambia. *Land use policy*, *78*, 532-538.

Myeni, L., Moeletsi, M., Thavhana, M., Randela, M., & Mokoena, L. (2019). Barriers affecting

> L'objectif est d'améliorer la productivité agricole durable des petits exploitants agricoles dans l'État libre oriental de l'Afrique du Sud. *Sustainability*, *11*(11), 3003.

Nagenthirarajah, S. et Thiruchelvam, S., (2008), 'Knowledge of Farmers about Pest Management Practices in Pambaimadu, Vavuniya District : An Ordered Probit Model Approach', *Sabaragamuwa University Journal, 8(1), pp. 79-89.*

Nayak, A. K., Gangwar, B., Shukla, A. K., Mazumdar, S. P., Kumar, A., Raja, R., ... Mohan, U.

> (2012). Long-term effect of different integrated nutrient management on soil organic carbon and its fractions and sustainability of rice-wheat system in Indo Gangetic Plains of India. *Field Crops Research*, *127*, 129-139.

Nagothu, U. S. (2016). *Changement climatique et développement agricole.* Taylor & Francis.

Nederlof, E. S., & Dangbégnon, C. (2007). Leçons pour la recherche orientée vers les agriculteurs : Expériences

d'un projet de gestion de la fertilité des sols en Afrique de l'Ouest.

Agriculture and Human Values, *24*(3), 369-38.

Neuman, W. L. (2006). Méthodes de recherche sociale : approches qualitatives et quantitatives. 6e éd.

Boston : Pearson.

Nitsch, U. (1984). La confrontation culturelle entre les agriculteurs et le service de agricole. *Studies in : Communication*, (10), 41-51.

Nishantha, B. M. N., Semasinghe, W. M., & Kularathne, M. G. (2015). Impact of External Costs

et les avantages de la culture du riz au Sri Lanka.

Nkuruziza, G., Kasekende, F., Otengei, S. O., Mujabi, S., & Ntayi, J. M. (2016). An investigation

de prédicteurs clés de la performance des projets agricoles en Afrique subsaharienne : Le cas de l'Ouganda. *International Journal of Social Economics*.

Oelofse, M. et Cabell, J. F. (2012). Un cadre d'indicateurs pour l'évaluation des agroécosystèmes

La résilience. *Écologie et société*.

Omobolanle, O. L. (2007). Les conditions socio-économiques des paysans : le cas de l'agriculture

dans le sud-ouest du Nigeria. *World Journal of Agricultural Sciences*, *3*(5), 678-684.

Opoku, P. D., Bannor, R. K. et Oppong-Kyeremeh, H. (2020). Examining the willingness to

produire des légumes biologiques dans les régions de Bono et d'Ahafo au Ghana. *International Journal of Social Economics*, *47*(5), 619-641.

Okeyo, J. M., Norton, J., Koala, S., Waswa, B., Kihara, J., & Bationo, A. (2016). Impact of reduced

Le travail du sol et la gestion des résidus de culture sur les propriétés du sol et les rendements des cultures dans un essai à long terme dans l'ouest du Kenya. *Soil Research*, *54*(6), 719-729.

Okoye, C. U. (1998). Analyse comparative des facteurs d'adoption de la méthode traditionnelle et de la méthode des
> pratiques recommandées de contrôle de l'érosion des sols au Nigeria. *Soil and Tillage Research, 45*(3-4), 251-263.Patton, M. Q. 2002. Qualitative research and evaluation methods. 3e éd. Thousand Oaks : Sage Publications.

Palm, C., Blanco-Canqui, H., DeClerck, F., Gatere, L., & Grace, P. (2014). Conservation
> l'agriculture et les services écosystémiques : An overview. *Agriculture, Ecosystems & Environment, 187,* 87-105.

Pampel, F. et van Es, J. C. (1977). Environmental quality and issues of adoption research (Qualité de l'environnement et questions relatives à la recherche sur l'adoption). *Rural*
> *sociologie, 42*(1), 57.

Patton, Michael Quinn. Qualitative research & evaluation methods. sage, 2002.

Peil, M. et Peil, M. (1995). *Méthodes de recherche en sciences sociales : A handbook for Africa*. Afrique de l'Est
> Éditeurs d'ouvrages pédagogiques.

Petticrew, M. (2001). Les revues systématiques de l'astronomie à la zoologie : mythes et
> idées fausses. *Bmj, 322*(7278), 98-101.

Petway, J. R., Lin, Y. P. et Wunderlich, R. F. (2019). Analyse des opinions sur le développement durable
> agriculture : Toward increasing farmer knowledge of organic practices in Taiwan-Yuanli Township. *Sustainability, 11*(14), 3843.

Pickering, C. et Byrne, J. (2014). Les avantages de la publication d'une littérature quantitative systématique
> reviews for PhD candidates and other early-career researchers. *Higher Education Research and Development, 33*(3), 534-548.

Porritt, Jonathon. (2011). Le modèle des cinq capitaux - un cadre pour la durabilité.
> besoin d'un cadre pour la durabilité ? 6. Extrait de
> https://www.forumforthefuture.org/Handlers/Download.ashx?IDMF=8cdb0889-fa4a-4038-9e04-b6aefefe65a9.

Pretty, J. N., Morison, J. I., & Hine, R. E. (2003). Réduire la pauvreté alimentaire en augmentant la durabilité de l'agriculture dans les pays en développement. *Agriculture, ecosystems & environment, 95*(1), 217-234.

Pretty, J. et Ward, H. (2001). Social capital and the environment. *World development, 29*(2),

209-227.

Memon Putnam, R., R. Leonardi, et R.Y. Nanetti. (1993). Making democracy work. Princeton :

Princeton University Press .

Radcliffe, C. (2017). Le cadre d'apprentissage de l'agriculture durable : Une extension pour les agriculteurs indigènes. *Rural Extension & Innovation Systems Journal, 13*(2), 41-51.

Rahm, M. R. et Huffman, W. E. (1984). The adoption of reduced tillage : the role of human

capital et autres variables. *American journal of agricultural economics, 66*(4), 405-413.

Rao, A. B. (2004). Techniques quantitatives dans les affaires. Jaico.

Razali, N. M. et Wah, Y. B. (2011). Power comparisons of shapiro-wilk, kolmogorov-smirnov,

lilliefors and anderson-darling tests. *Journal of statistical modeling and analytics, 2*(1), 21-33.

Redman, C. L. (2005). Resilience theory in archaeology (théorie de la résilience en archéologie). *American anthropologist, 107*(1),

70-77.

Reimer, A., Thompson, A., Prokopy, L. S., Arbuckle, J. G., Genskow, K., Jackson-Smith, D., ...

& Nowak, P. (2014). Personnes, lieu, comportement et contexte : Un programme de recherche pour élargir notre compréhension de ce qui motive les comportements de conservation des agriculteurs. *Journal of Soil and Water Conservation, 69*(2), 57A-61A.

Reinartz, W., Haenlein, M. et Henseler, J. (2009). An empirical comparison of the efficacy of

SEM basée sur la covariance et SEM basée sur la variance. *Interna- tional Journal of Research in Marketing,* 26, 332-344.

Alliance pour la résilience, (2010). *Évaluer la résilience dans les systèmes socio-écologiques :*

Work- book for Practitioners (Version révisée 2.0).
http://www.resalliance.org/srv/file.php/261 (consulté le 30.04.12.).

Regmi, A. et Gehlhar, M. J. (2005). Nouvelles orientations des marchés alimentaires mondiaux.

Rehman, F., Muhammad, S., Ashraf, I. et Hassan, S. (2011). Facteurs affectant l'efficacité

of Print Media in the Dissemination of Agricultural Information. *Sarhad Journal of Agriculture*, 27(271), 119-124.

Reynolds, N., Diamantopoulos, A., & Schlegelmilch, B. (1993). Pre-testing in questionnaire

conception : Une revue de la littérature et des suggestions pour la poursuite de la recherche. *Market Research Society. Journal. 35*(2), 1-11.

Rezvanfar, A., Samiee, A. et Faham, E. (2009). Analyse des facteurs affectant l'adoption de

pratiques de conservation durable des sols chez les producteurs de blé. *World applied sciences journal*, 6(5), 644-651.

Rigdon, E. E. (2012). Rethinking partial least squares path modeling : In praise of simple

méthodes. *Long range planning*, 45(5-6), 341-358.

Rigdon, E. E., Becker, J. M., Rai, A., Ringle, C. M., Diamantopoulos, A., Karahanna, E., ... &

Dijkstra, T. K. (2014). Confusion des antécédents et des indicateurs de formation : A comment on Aguirre-Urreta and Marakas. *Information Systems Research*, 25(4), 780-784.

Ringle, C. M., Wende, S. et Becker, J. M. (2015). SmartPLS 3, Bönningstedt : SmartPLS.

Rodrigo, C. et Abeysekera, L., (2015). Pourquoi la subvention aux engrais devrait être supprimée : clés

Les facteurs qui déterminent réellement la demande d'engrais dans le secteur du riz au Sri Lanka. *Sri Lanka J Econ Res*, 3, pp.71-98.

Rodríguez-Entrena, M. et Arriaza, M. (2013). Adoption de l'agriculture de conservation dans l'oléiculture

bosquets : Evidences from southern Spain. *Land Use Policy*, 34, 294-300.

Rogers, E. M. (2003). Diffusion of innovations. Free Press. *New York*, 551.

Roger, P.A., Zimmerman, W.J. et Lumpkin, T. (1991) Microbiological manage- ment of

    rizières humides. In : Metting, B. (ed.), *Soil Microbial Technologies*. Marcel Dekker, New York (sous presse).

Rossiter, J. R. (2002). La procédure C-OAR-SE pour le développement d'échelles en marketing. *International*

    Journal of Research in Marketing, 19(4), 305-335.

Rust, N. A., Jarvis, R. M., Reed, M. S. et Cooper, J. (2021). Encadrement de l'agriculture durable

    par la presse agricole et son effet sur l'adoption. *Agriculture and Human Values, 38*(3), 753-765.

Saltiel, J., Bauder, J. W., & Palakovich, S. (1994). Adoption de pratiques agricoles durables :

    Diffusion, structure des exploitations et rentabilité 1. *Rural sociology, 59*(2), 333-349.

Salvia, R. et Quaranta, G. (2015). Le cycle adaptatif en tant qu'outil pour sélectionner des modèles résilients de développement rural.

    développement. *Sustainability, 7*(8), 11114-11138.

Sapsford, R. et V. Jupp (eds). (2006). Data collection and analysis. 2e éd. Londres :

    Sage Publications

Sarstedt, M., Ringle, C. M., Henseler, J. et Hair, J. F. (2014). Sur l'émancipation du PLS-SEM :

    Commentaire sur Rigdon (2012). *Long range planning, 47*(3), 154-160.

Scherer, L. A., Verburg, P. H., & Schulp, C. J. (2018). Opportunités de développement durable

    l'intensification de l'agriculture européenne. *Global Environmental Change, 48*, 43-55.

Schneider, F., Fry, P., Ledermann, T. et Rist, S. (2009). Processus d'apprentissage social dans les sols suisses

    protection - le projet "d'agriculteur à agriculteur". *Human ecology, 37*(4), 475-489.

Scoones, I (1998). Moyens de subsistance ruraux durables : un cadre d'analyse.

Sekaran, U. et Bougie, R. (2016). *Méthodes de recherche pour l'entreprise : Une approche de développement des compétences.*

john wley & sons.

Serebrennikov, D., Thorne, F., Kallas, Z. et McCarthy, S. N. (2020). Facteurs influencer l'adoption de pratiques agricoles durables en europe : A systemic review of empirical literature. *Sustainability (Suisse)*. MDPI AG.

Sevinç, G., Aydoğdu, M. H., Cançelik, M., & Sevinç, M. R. (2019). Attitudes des agriculteurs

    vers une politique de soutien public à l'agriculture durable dans la région de GAP-Sanliurfa, en Turquie. *Sustainability (Suisse)*, *11*(23).

Senanayake, S.G.J.N., (2006), 'Indigenous Knowledge as a Key to Sustainable Development", *Journal of Agricultural Sciences*, 1(2), pp.87-94.

Senanayake, S. M. P. et Premaratne, S. P. (2016). Une analyse des chaînes de valeur paddy/riz dans les pays suivants

    Sri Lanka. *Asia-Pacific Journal of Rural Development*, *26*(1), 105-126.

Shapiro, S. S. et Wilk, M. B. (1965). An analysis of variance test for normality (Échantillons complets). *Biometrika*, *52*(3/4), 591-611.

Shadi-Talab, J. (1977). *Facteurs affectant l'adoption des technologies agricoles par les agriculteurs.*

    Dans les pays moins développés : IRAN. Iowa State University.

Sibley, D. N. (1966). *Adoption of agricultural technology among the Indians of Guatemala.* Iowa

    Université d'État.

Sheppard, M. (2004). *L'évaluation et l'utilisation de la recherche sociale dans les services à la personne : An*

    introduction pour les professionnels du travail social et de la santé. Jessica Kingsley Publishers.

Silvasti, T. (2003). Le modèle culturel du "bon agriculteur" et la question de l'environnement dans les pays en développement.

    Finlande. *Agriculture and human values*, *20*(2), 143-150.

Shortle, J. S., et Miranowski, J. A. (1986). Effets de la perception du risque et d'autres caractéristiques des

    Les agriculteurs et les exploitations agricoles sur l'adoption de pratiques de conservation du sol. *Appliqué*

Slack, N. (1994). La matrice importance-performance comme déterminant de la priorité d'amélioration.

International Journal of Operations and Production Management, 44, 59-75.

Sobel, J. (2002). Can we trust social capital ? *Journal of economic literature, 40*(1), 139-154.

Sorenson, O. et Singh, J. (2007). Science, Social Networks and Spillovers. Industrie et

    Innovation, 14 (2), 219-238. *Recherche agricole, 1*(2), 85-90.

So, T., & Swatman, P. M. (2006). e-Learning readiness of Hong Kong teachers. *Université de*

    Australie-Méridionale.

Spaling, H., & Vander Kooy, K. (2019). L'agriculture à la manière de Dieu : agronomie et foi.

    contestée. *Agriculture and Human Values, 36*(3), 411-426.

Le Sri Lanka et l'IRRI signent un accord-cadre pour stimuler le secteur national du riz. International Rice

    Institut de recherche. (2019, 4 février). Consulté le 10 octobre 2022 sur le site https://www.irri.org/news-and-events/news/sri-lanka-and-irri-sign-framework-boost-national-rice-sector

Stack, J. (2004). Using secondary data sources. The green book : a guide to effective graduate

    dans l'agriculture, l'environnement et le développement rural en Afrique. Kampala, The African Crop Science Society, 115-128.

Stern, M. J. et Coleman, K. J. (2015). La multidimensionnalité de la confiance : Applications in

    la gestion collaborative des ressources naturelles. *Society & Natural Resources, 28*(2), 117-132.

Stevens, J. (1996). *Applied multivariate statistics for the social sciences (Statistiques multivariées appliquées pour les sciences sociales).* Mahwah, NJ : Lawrence

    Erlbaum Publishers.

Stone, M. (1974). Cross-validatory choice and assessment of statistical predictions". *Journal of the*

    Royal Statistical Society, 36, 111-147.

Stonehouse, D. P. (1995). Rentabilité de la conservation des sols et des eaux au Canada : A

    revue. *Journal of Soil and Water Conservation, 50*(2), 215-219.

Šūmane, S., Kunda, I., Knickel, K., Strauss, A., Tisenkopfs, T., des Ios Rios, I., ... & Ashkenazy,

A. (2018). Les connaissances locales et celles des agriculteurs comptent ! Comment l'intégration des connaissances informelles et formelles améliore l'agriculture durable et résiliente. *Journal of Rural Studies*, *59*, 232-241.

Sundaramurthy, C. (2008). Sustaining trust within family businesses. *Family business revue*, *21*(1), 89-102.

Sutherland, L. A., Mills, J., Ingram, J., Burton, R. J., Dwyer, J. et Blackstock, K. (2013). Considering the source : Commercialisation and trust in agri-environmental information and advisory services in England. *Journal of environmental management*, *118*, 96-105.

Synodinos, N. E. (2003). L'art de la construction des questionnaires : quelques considérations importantes

pour les études de fabrication. *Systèmes de fabrication intégrés*.

Szreter, S. (2002). L'état du capital social : Bringing back in power, politics, and history (L'état du capital social : le pouvoir, la politique et l'histoire). *Théorie*

et société, *31*(5), 573-621.

Tacoli, C. (1998). Bridging the divide : rural-urban interactions and livelihood strategies (pp. 1-20).

Londres : Iied.

Taylor, B. M. et Van Grieken, M. (2015). Les institutions locales et la participation des agriculteurs à l'agri-

des programmes environnementaux. *Journal of Rural Studies*, *37*, 10-19.

Teddlie, C. et Tashakkori, A. (2009). *Fondements de la recherche sur les méthodes mixtes :*

Intégrer les approches quantitatives et qualitatives dans les sciences sociales et comportementales. Sage.

Tenenhaus, M., Esposito Vinzi, V., Chatelin, Y. M. et Lauro, C. (2005). PLS path modeling.

Computational Statistics & Data Analysis, 48, 159-205.

Terre Blanche, M., Durrheim, K. et Painter, D. (2006). Research in Practice. Le Cap

Town. *University of Cape Town Press Thomas, E., et Magilvy, JK (2011).*

Qualitative Rigour Or Research Validity In Qualitative Research (Rigueur

qualitative ou validité de la recherche dans la recherche qualitative). Journal For Specialists In Pediatric Nursing, 16, 151-155.

Banque mondiale 2009a, *Sri Lanka Agriculture Commercialization : Améliorer les revenus des agriculteurs*

    dans les régions les plus pauvres, Poverty Reduction and Economic Management Sector Unit, The World Bank, Washington DC.

Banque mondiale 2009b, *Sri Lanka : Priorités pour l'agriculture et le développement rural*, Banque mondiale.

    Groupe de la Banque mondiale, consulté le 20 octobre 2009.

Banque mondiale (2007) *Rapport sur le développement dans le monde 2008 : L'agriculture au service du développement* (Banque mondiale

    Bank, Washington, DC).

Thiruchelvam, S. (2005). Efficacité de la production de riz et questions relatives au coût de production dans les pays de l'Union européenne.

    les districts d'Anuradhapura et de Polonnaruwa. *Journal of the National Science Foundation of Sri Lanka, 33*(4).

Thorbecke, E. et Svejnar, J. (1987). *Politiques économiques et performances agricoles au Sri Lanka :*

    1960-1984. OCDE.

Traoré, N., Landry, R., & Amara, N. (1998). L'adoption de pratiques de conservation dans les exploitations agricoles : le rôle

    des caractéristiques de l'exploitation et de l'agriculteur, des perceptions et des risques pour la santé. *Land economics*, 114-127.

Tsai, W. et Ghoshal, S. (1998). Social capital and value creation : The role of intrafirm réseaux. *Academy of management Journal, 41*(4), 464-476.

Tubiello, F. N., Wanner, N., Asprooth, L., Mueller, M., Ignaciuk, A., Khan, A. A., & Rosero

    Moncayo, J. (2021). *Mesurer les progrès vers l'agriculture durable*. Food & Agriculture Org.

Twomlow, S., Hove, L., Mupangwa, W., Masikati, P. et Mashingaidze, N. (2008). Précision

    l'agriculture de conservation pour les agriculteurs vulnérables dans les zones à faible potentiel.

Uddin, M. N., Bokelmann, W. et Entsminger, J. S. (2014). Facteurs affectant l'adaptation des agriculteurs

    à la dégradation de l'environnement et aux effets du changement climatique : A farm level study in Bangladesh. *Climate*, *2*(4), 223-241.

Département des affaires économiques et sociales des Nations unies Développement durable.

    (2021). *Alimentation et agriculture : la durabilité pour le 21e siècle.* https://sdgs.un.org/topics/food-security-and-nutrition-and-sustainable-agriculture.

Nations Unies. 2013. Chapitre 10 : Restaurer et conserver les ressources naturelles essentielles à l'alimentation

    sécurité. Groupe de travail du projet du millénaire sur la faim. p. 171-183.

Assemblée générale des Nations unies. (2012). *Résolution adoptée par l'Assemblée générale le 27 juillet*

    2012.

https://www.un.org/ga/search/view_doc.asp?symbol=A/RES/66/288&Lang=E.

UNODC. (2015). *Programme de développement pour l'après-2015*. Nations Unies.

    https://www.unodc.org/unodc/en/about-unodc/post-2015-development-agenda.html

Van der Leeuw, S. E. (2009). Une "crise" pour un archéologue ? L'archéologie de l'environnement

    Change : Legs sociaux-naturels de la dégradation et de la résilience, 40 .

Von Loeper, W., Musango, J., Brent, A., & Drimie, S. (2016). Analyse des défis auxquels sont confrontés les

    les petits exploitants agricoles et l'agriculture de conservation en Afrique du Sud : A system dynamics approach. South African Journal of Economic and Management Sciences, 19(5), 747-773.

Wang, H., Wang, X., Sarkar, A. et Zhang, F. (2021). How capital endowment and ecological

    L'adoption d'une technologie respectueuse de l'environnement est influencée par la connaissance de l'environnement : A case of apple farmers of Shandong province, China. *International Journal of Environmental Research and Public Health*, *18*(14).

Wang, J., (2018). Intégration des connaissances indigènes et scientifiques pour le développement de la technologie de l'information et de la communication.

    Agriculture durable : Studies in Shaanxi Province. *Asian Journal of Agriculture and Development, 15*(2), 41-58.

Wanasinghe, Y. A. D. S. (1987). A study of service centres and the evolving patterns of linkages (Étude des centres de services et de l'évolution des liens).

    dans la zone de développement de Mahaweli. *GeoJournal, 14*(2), 237-251.

Waseem, R., Mwalupaso, G. E., Waseem, F., Khan, H., Panhwar, G. M. et Shi, Y. (2020).

    Adoption of sustainable agriculture practices in banana farm production : a study from the sindh region of pakistan. *International Journal of Environmental Research and Public Health, 17*(10), 3714.

Watawala, R. C., Liyanage, J. A. et Mallawatantri, A. (2010). Évaluation des risques pour les masses d'eau

    due aux résidus de fongicides agricoles dans les zones d'agriculture intensive de l'arrière-pays du Sri Lanka à l'aide d'un modèle indicateur. Dans les *actes de la conférence nationale sur l'eau, la sécurité alimentaire et le changement climatique au Sri Lanka* (pp. 69-76).

Watawala, R. C., Aravinna, P., Liyanage, J. A., & Mallawatantri, A. P. (2003). Potential threats to

    groundwater in Kalpitiya by the use of highly soluble pesticides in agriculture. In *Proc. Sri Lanka Assoc. AdV. Sci* (Vol. 59, p. 251).

Warriner, G. K. et Moul, T. M. (1992). Kinship and personal communication network influences

    on the adoption of agriculture conservation technology. *Journal of rural studies, 8*(3), 279-291.

Weerahewa, J. (2021). *Réforme des politiques d'importation d'engrais pour une intensification durable de la production agricole.*

    Systèmes agricoles au Sri Lanka : Y a-t-il un échec politique ?

Weerahewa, J., Kodithuwakku, S. S. et Ariyawardana, A. (2010). *Le programme de subvention des engrais*

    au Sri Lanka. Politique alimentaire pour les pays en développement : Case studies (pp. 27-39). ecommons.cornell.edu.

Weerahewa, J. (2006). *Libéralisation du marché du riz et bien-être des ménages au Sri Lanka : une analyse générale de la situation.*

analyse d'équilibre (n° 1617-2016-134617).

Wetzels, M., Odekerken-Schroder, G. et van Oppen, C. (2009). Using PLS path modeling for

l'évaluation des modèles de construction hiérarchiques : Guidelines and empirical illustration. *MIS Quarterly*, 33, 177-195.

Wilson, T. D. (2002). Sciences de l'information et méthodes de recherche. *Kniznicna a Informacna*

Veda, *19*, 63-71.

Wijesinghe, A. (2021). Importations d'engrais chimiques et environnement : Evidence-based

Approach for a Green Economy Accounting for the Tradeoff. *Sri Lanka Journal of Economic Research*, *9*(1), 117-130.

Wijesooriya, N., Champika, J., Kuruppu, V. (2020). The Socio-Economic Status, Channel

Choice and the Perception of Paddy Farmers' Links to the Public and Private Marketing Channels in Sri Lanka (Choix et perception des liens des producteurs de riz avec les circuits de commercialisation publics et privés au Sri Lanka). *Institut de recherche et de formation agraire Hector Kobbekaduwa.*

Wilson, G. (2010). Qualité multifonctionnelle et résilience des communautés rurales. *Transactions of the*

Institute of British Geographers, *35*(3), 364-381.

Zahra, F. T. (2018). *Éduquer les agriculteurs à la durabilité environnementale : Connaissances,*

Skills And Farmer Productivity In Rural Bangladesh (Thèse de doctorat, Université de Pennsylvanie).

Zemo, K. H. et Termansen, M. (2018). Volonté des agriculteurs de participer à un projet collectif de biogaz.

l'investissement : A discrete choice experiment study. *Resource and Energy Economics*, *52*, 87-101.

Zucker, L. G. (1986). Production of trust : Government sources of economic structure, 1840-

1920. *Recherche sur le comportement organisationnel.*

Zingore, S., Murwira, H. K., Delve, R. J. et Giller, K. E. (2007). Influence de la gestion des nutriments
sur la variabilité de la fertilité des sols, les rendements des cultures et les bilans de nutriments dans les petites exploitations agricoles du Zimbabwe. *Agriculture, ecosystems & environment*, *119*(1-2), 112-126.

Zoveda, F., Garcia, S., Pandey, S., Thomas, G., Soto, D., Bianchi, G., ... & Kollert, W. (2014).
Construire une vision commune pour une alimentation et une agriculture durables.

7 Annexe 01 Tableaux et figures de la synthèse quantitative de l'analyse documentaire

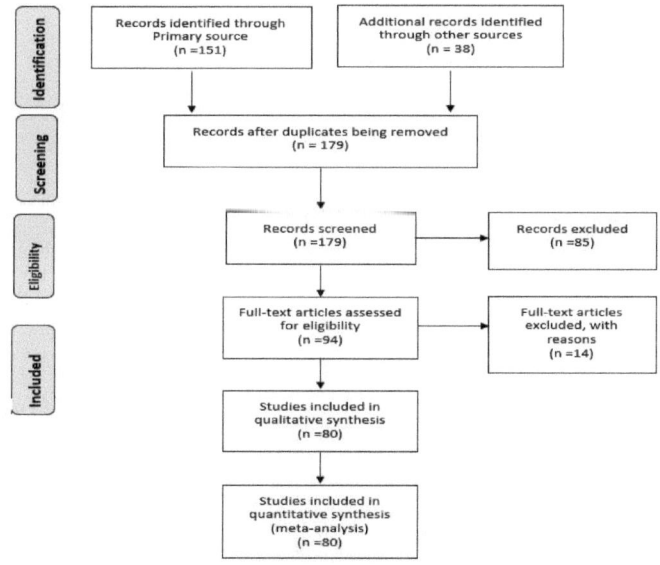

Figure 7-1 Sélection de l'article

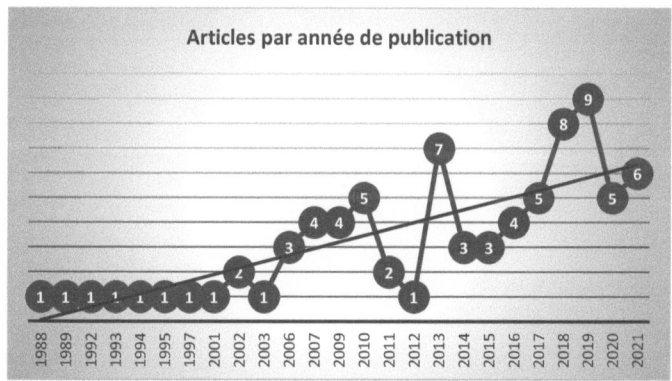

Figure 7-2 Croissance de l'intérêt pour la recherche au fil des ans

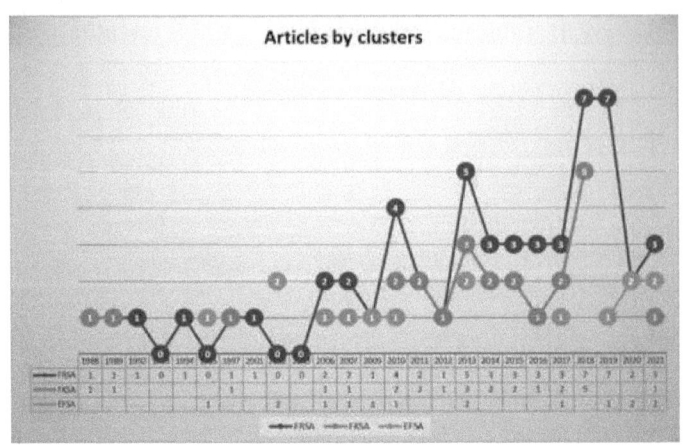

Figure 7-3 Intérêt de la recherche par groupe d'examen

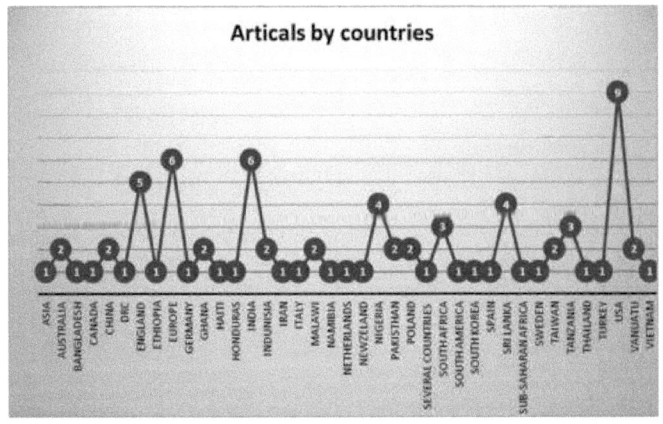

Figure 7-4 Intérêt pour la recherche par pays

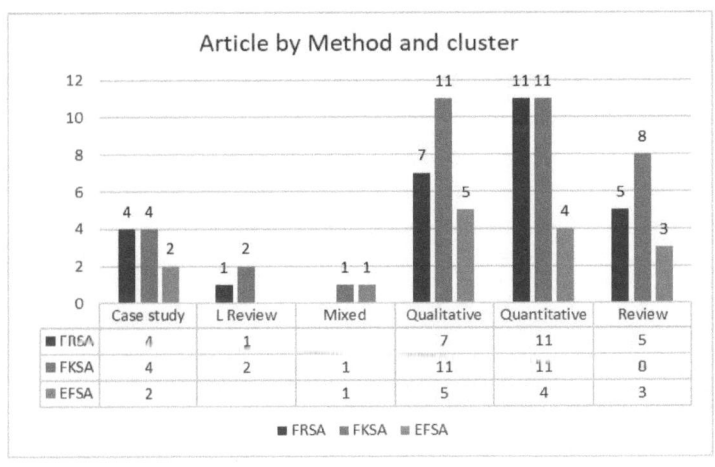

Figure 7-5 Intérêt de la recherche selon le groupe d'examen

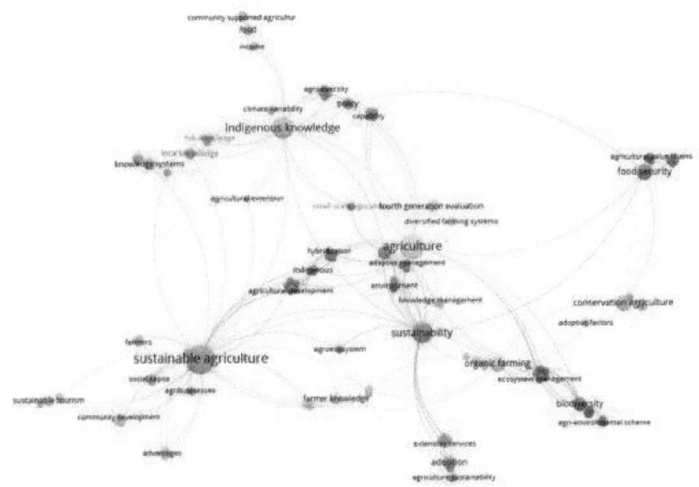

Figure 7-6 Intensité et Nexus des occurrences principales des mots clés

Tableau 7-1 Revues et éditeurs des articles sélectionnés

Nom du journal	Rang de l'ABDC	No n	Facteur d'impact	Éditeur
Changement environnemental mondial	A*	2	10.427	Elsevier
Écologie	A	1	4.7	Wiley-Blackwell Publishing
Environnement local		1	4.55	Elsevier
Systèmes agricoles		1	4.49	Elsevier
Gestion de l'environnement			4.175	Springer International Publishing
Écologie et société		2	4.14	Blackwell Publishing Asia Pty Ltd
Revue américaine d'agriculture expérimentale		1	4.12	Publions
Revue internationale d'économie sociale	B	2	3.986	Emerald Group Publishing
Journal du tourisme durable	A*	4	3.986	Taylor & Francis Online
Politique d'aménagement du territoire	A	1	3.85	Elsevier
Politique alimentaire	B	1	3.788	Emerald Publishing
Dégradation des terres et développement		1	3.775	Bibliothèque en ligne Wiley
Environnement et planification A	A*	2	3.033	Sage Publications
Revue économique et sociale	B	1	2.661	Études économiques et sociales Ltd
Agriculture et valeurs humaines	B	12	2.222	Springer International Publishing
Australian Journal of Agricultural and Resource Economics (Journal australien de l'économie agricole et des ressources)	A	1	1.49	Wiley-Blackwell Publishing
Revue européenne d'économie politique	A	1	1.248	Elsevier
Revue de l'économie agricole et des ressources	B	1	0.61	Cœur de Cambridge

Tableau 7-2 Détails des auteurs sélectionnés

Auteur	Citations	Affiliation	Intérêt pour la recherche
Duncan Knowler	1771	Université Simon Fraser, Canada	Économie des ressources naturelles écologiques et environnementales
Darnhofer Ika	376	Université des ressources naturelles et des sciences de la vie, Vienne	Résilience, agriculture biologique, sociologie rurale, développement rural, prise de décision des agriculteurs
Gerard D'Souza	318	Collège de l'agriculture et des sciences humaines, Prairie View	Économie agricole
L'article de Johan Ahnström	308	Université suédoise des sciences agricoles	Les agriculteurs et la conservation de la nature
Hoffmann, Volker	283	Science informatique, télédétection, apprentissage automatique	Département de gestion, de technologie et d'économie de l'ETH Zurich

Auteur	Citations	Affiliation	Intérêt pour la recherche
Marsden, Terry	260	Université de Cardiff	Politique et planification environnementales
Bowman, Maria S.	232	Service de recherche économique de l'USDA	Économie des ressources naturelles
Šūmane, Sandra	230	Centre d'études baltiques	Géoinformatique (SIG), Théorie sociale, Recherche sociale qualitative, Sociologie urbaine/rurale

Tableau 7-3 Articles les plus cités par groupe de revues

Groupement d'entreprises	Étiquette de citation	Pays	Nombre de citations
Préparation des agriculteurs à l'agriculture durable (FRSA)	Ahnstroem2009	L'Europe	308
	Dsouza1993	ÉTATS-UNIS	318
	Knowler2007	Canada	1771
	Ackerman2014	ÉTATS-UNIS	199
	Bowman2013	ÉTATS-UNIS	232
	Darnhofer2010	Nouvelle-Zélande	376
	Ndamani2015	Ghana	100
Connaissances des agriculteurs en matière d'agriculture durable (FKSA)	Changa2010	Tanzanie	112
	Senanayake2006	Sri Lanka	118
	Sumane2018	L'Europe	230
Facteurs exogènes sur l'agriculture durable (EFSA)	Choo2009	Corée du Sud	153
	Hoffmann2007	Namibie	283
	Knowd2006	Australie	131
	Marsden2002	L'Europe	260

8 Annexe 02 Commentaires des experts sur le questionnaire de recherche initial

Tableau 8-1 Commentaires des experts

Commentaires des évaluateurs
Réviseur 01
D'une manière générale, le questionnaire a abordé de manière exhaustive le domaine de recherche. L'attachement des agriculteurs à leurs parcelles de culture apparaît comme un facteur critique dans l'adaptation à l'agriculture durable. Les questions suivantes sont recommandées pour évaluer les concepts pertinents :   1. Avez-vous récemment effectué une analyse de sol sur votre exploitation ?   2. Conservez-vous les résidus de culture dans la parcelle agricole ?   3. Respectez-vous un plan de rotation des cultures ?   L'élevage joue un rôle important dans l'agriculture de subsistance et l'agriculture biologique en Inde. Par conséquent, l'évaluateur suggère d'étudier l'étendue des pratiques d'élevage dans les moyens de subsistance de l'agriculture rurale au Sri Lanka. En outre, il est recommandé d'évaluer les ravageurs et les animaux les plus nuisibles à la riziculture, y compris la fréquence et l'ampleur des dommages qu'ils causent, car ces facteurs sont des éléments essentiels à prendre en compte dans de telles études
Réviseur 02
L'évaluateur suggère d'évaluer le niveau d'éducation des agriculteurs en tenant compte des années d'études spécifiques plutôt qu'en les regroupant par intervalles. En outre, il est recommandé d'inclure une question supplémentaire pour recueillir des informations sur la formation agricole spécifique des agriculteurs, ce qui pourrait potentiellement avoir un impact sur les tests d'hypothèses. En outre, l'évaluateur propose d'incorporer des questions supplémentaires pour évaluer la "santé et le bien-être" des agriculteurs. Il est conseillé de séparer les questions à double barreau identifiées en plusieurs questions afin d'améliorer la clarté. Pour lever toute ambiguïté, certaines questions surlignées devraient être reformulées en conséquence.
Réviseur 03

L'inclusion d'une question relative au genre pour les agriculteurs contribuerait de manière significative à l'analyse multigroupe. Pour plus de précision, il est conseillé de remplacer les variables nominales par des variables nominales et de reformuler les questions de manière à saisir les expériences des agriculteurs au cours des mêmes années plutôt que par intervalles. Il est recommandé d'étudier si les agriculteurs pratiquent l'agriculture à temps plein ou à temps partiel, ainsi que d'explorer leurs autres occupations, leurs sources de revenus et leurs activités agricoles supplémentaires, car ces facteurs peuvent avoir des répercussions directes ou indirectes sur leur potentiel en matière d'agriculture durable (AD).

L'évaluateur suggère également d'intégrer une question sur la manière dont les agriculteurs se procurent la main-d'œuvre pour l'agriculture (famille, embauche ou les deux), car des études antérieures ont montré que le type de main-d'œuvre employée peut influer sur l'adoption de pratiques agricoles durables. Il est convenu d'utiliser l'échelle de Likert 0-5 (SD, D, N, A, SA) pour ces questions.

Réviseur 04

L'évaluateur reconnaît la qualité des questions, indiquant que le chercheur possède probablement une expérience des zones rurales. Toutefois, il s'inquiète de la longueur du questionnaire, qui devrait durer 65 minutes. Pour y remédier, l'évaluateur recommande de condenser le questionnaire pour obtenir une enquête plus facile à gérer, d'une durée de 30 à 40 minutes. Il est suggéré d'identifier et d'éliminer les questions moins cruciales ou d'envisager de fusionner certaines questions, telles que celles relatives au fumier de vache et de poulet.

Le réviseur note une prédominance de questions de type Likert formulées de manière positive et recommande d'introduire des questions formulées de manière plus neutre pour une compréhension plus nuancée des variables mesurées. Cette approche vise à empêcher les répondants de sélectionner automatiquement l'option la plus favorable par paresse ou par désir de se présenter sous un jour positif.

En ce qui concerne la corrélation entre l'âge de l'agriculteur et le nombre d'années consacrées à l'agriculture, le réviseur recommande d'être attentif aux problèmes de colinéarité potentiels lors de l'analyse, même s'il est raisonnable de les interroger séparément. L'évaluateur suggère également d'éviter les questions dont les réponses possibles sont intrinsèquement orientées vers une lumière positive, car les agriculteurs peuvent avoir tendance à répondre par l'affirmative même s'ils ne sont pas d'accord.

9 Annexe 03 Résultats de l'analyse des données de l'enquête pilote

9.1 Résultats Analyse des composantes de principe (modèle de mesure)

Exabit 01 - Évaluation de la validité convergente Capital humain

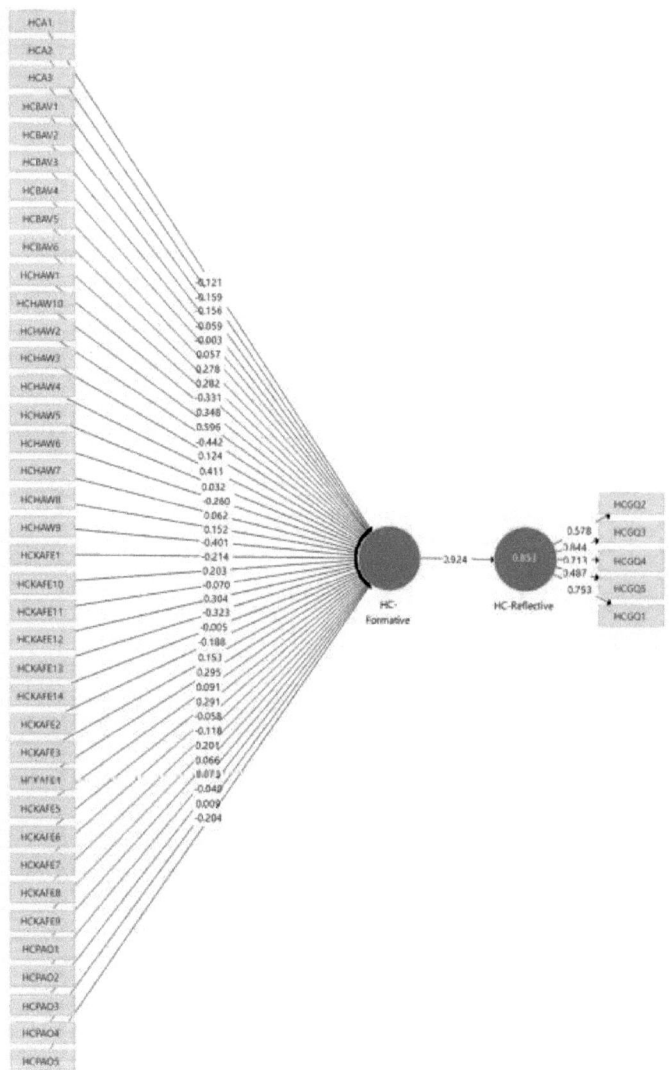

Tableau 9-1 Analyse de redondance Capital humain

Statistiques de colinéarité		Poids extérieur				Chargement extérieur		
Indicateur	VIF	Écart std.	Écart T Statistiques	P Valeurs		Écart std. Écart	T Statistiques	P Valeurs
HCA1	2.316	2.22	0.054	0.957		0.127	0.922	0.357
HCA2	3.902	1.738	0.091	0.927		0.128	0.413	0.68

HCA3	3.144	1.621	0.096	0.923	0.122	1.544	0.123
HCBAV1	3.011	2.564	0.023	0.982	0.112	1.678	0.094
HCBAV2	2.039	2.269	0.001	0.999	0.129	0.071	0.943
HCBAV3	2.338	1.394	0.041	0.967	0.126	2.313	0.021
HCBAV4	7.576	3.843	0.072	0.942	0.122	2.749	0.006
HCBAV5	5.201	2.536	0.111	0.911	0.089	5.565	0
HCBAV6	4.704	2.43	0.136	0.892	0.13	2.513	0.012
HCGQ2	1.355	0.047	4.768	0	0.116	4.991	0
HCGQ3	1.889	0.028	13.515	0	0.028	30.593	0
HCGQ4	1.546	0.031	9.387	0	0.083	8.547	0
HCGQ5	1.145	0.061	3.805	0	0.146	3.343	0.001
HCHAW1	7.024	4.188	0.083	0.934	0.119	4.077	0
HCHAW10	6.871	2.879	0.207	0.836	0.115	3.595	0
HCHAW2	5.578	3.787	0.117	0.907	0.132	2.119	0.034
HCHAW3	4.245	2.153	0.058	0.954	0.137	2.099	0.036
HCHAW4	6.806	3.605	0.114	0.909	0.097	6.786	0
HCHAW5	4.296	1.785	0.018	0.986	0.123	3.355	0.001
HCHAW6	5.298	3.104	0.084	0.933	0.118	2.582	0.01
HCHAW7	2.101	2.006	0.031	0.975	0.127	2.267	0.024
HCHAW8	3.695	2.828	0.054	0.957	0.111	4.232	0
HCHAW9	5.906	2.48	0.162	0.872	0.138	2.585	0.01
HCKAFE1	11.956	3.802	0.056	0.955	0.121	2.644	0.008
HCKAFE10	4.945	3.016	0.067	0.946	0.093	6.789	0
HCKAFE11	6.713	2.901	0.024	0.981	0.092	5.866	0
HCKAFE12	5.548	2.452	0.124	0.901	0.086	6.785	0
HCKAFE13	11.873	4.326	0.075	0.941	0.074	8.482	0
HCKAFE14	6.849	3.237	0.002	0.999	0.121	4.007	0
HCKAFE2	6.545	4.157	0.045	0.964	0.121	2.601	0.009
HCKAFE3	12.714	4.694	0.033	0.974	0.122	3.226	0.001
HCKAFE4	5.445	2.294	0.129	0.898	0.134	1.927	0.054
HCKAFE5	3.77	2.548	0.036	0.972	0.108	4.559	0
HCKAFE6	4.641	2.232	0.13	0.896	0.1	6.542	0
HCKAFE7	5.091	2.604	0.022	0.982	0.105	4.475	0
HCKAFE8	4.393	2.882	0.041	0.967	0.134	3.79	0
HCKAFE9	9.668	4.181	0.048	0.962	0.077	9.036	0
HCPAO1	7.69	4.005	0.017	0.987	0.143	2.823	0.005
HCPAO2	6.215	3.323	0.022	0.983	0.131	3.235	0.001
HCPAO3	4.743	3.009	0.013	0.989	0.127	2.783	0.005
HCPAO4	9.484	3.22	0.003	0.998	0.117	1.955	0.051
HCPAO5	6.531	2.558	0.08	0.936	0.126	1.562	0.119
HCGQ1	1.519	0.032	9.468	0	0.067	11.245	0

Exabit 02- Évaluation Validité convergente Capital social

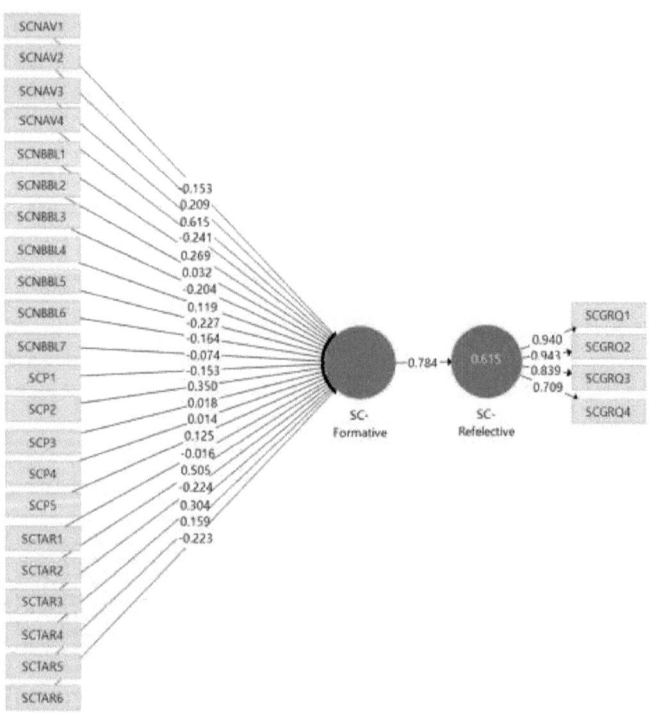

Tableau 9-2 Analyse de redondance Capital social

Statistiques de colinéarité		Poids extérieur			Chargement extérieur		
Indicateur	VIF	Écart std. Écart	T Statistiques	P Valeurs	Écart std. Écart	T Statistiques	P Valeurs
SCGRQ1	6.434	0.021	14.89	0	0.017	56.434	0
SCGRQ2	6.326	0.023	14.818	0	0.016	59.27	0
SCGRQ3	2.271	0.024	10.392	0	0.052	16.103	0
SCGRQ4	1.448	0.04	6.025	0	0.12	5.902	0
SCNAV1	2.004	0.219	0.699	0.485	0.155	2.67	0.008
SCNAV2	2.007	0.239	0.876	0.381	0.149	0.813	0.416
SCNAV3	2.671	0.233	2.644	0.008	0.124	5.14	0
SCNAV4	2.262	0.213	1.129	0.259	0.138	1.564	0.118
SCNBBL1	2.553	0.294	0.915	0.36	0.124	3.775	0

	Statistiques de colinéarité	Poids extérieur			Chargement extérieur		
SCNBBL2	3.078	0.246	0.131	0.895	0.125	0.547	0.585
SCNBBL3	4.003	0.338	0.605	0.545	0.143	0.012	0.99
SCNBBL4	3.971	0.336	0.354	0.723	0.126	0.107	0.915
SCNBBL5	2.686	0.254	0.895	0.371	0.128	0.252	0.801
SCNBBL6	4.732	0.29	0.566	0.571	0.143	2.441	0.015
SCNBBL7	7.757	0.327	0.226	0.821	0.123	4.342	0
SCP1	2.433	0.228	0.67	0.503	0.094	2.068	0.039
SCP2	2.401	0.241	1.451	0.147	0.116	4.768	0
SCP3	3.621	0.285	0.064	0.949	0.107	4.242	0
SCP4	3.55	0.258	0.055	0.956	0.121	4.679	0
SCP5	3.36	0.251	0.5	0.617	0.083	7.132	0
SCTAR1	1.747	0.228	0.069	0.945	0.147	1.198	0.231
SCTAR2	5.336	0.331	1.525	0.127	0.117	4.618	0
SCTAR3	4.077	0.321	0.698	0.485	0.14	0.187	0.852
SCTAR4	2.635	0.3	1.012	0.312	0.169	1.845	0.065
SCTAR5	3.071	0.235	0.674	0.5	0.103	4.808	0
SCTAR6	3.696	0.287	0.777	0.437	0.133	0.94	0.347

Exabit 03 Évaluation Validité convergente Capital financier

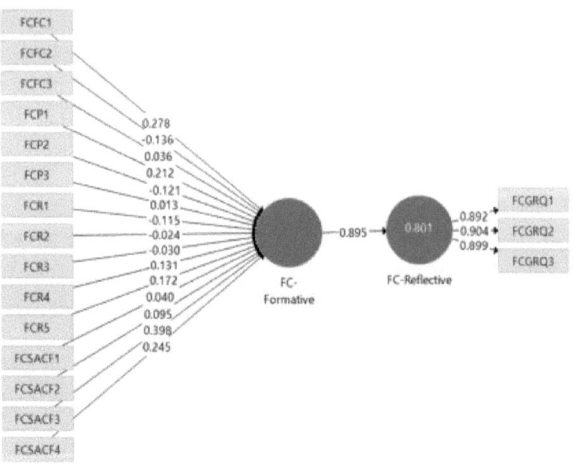

Tableau 9-3 Analyse de redondance Capital financier

Indicateur	Statistiques de colinéarité VIF	Poids extérieur Écart std. Écart	T Statistiques	P Valeurs	Chargement extérieur Écart std. Écart	T Statistiques	P Valeurs
FCFC1	6.562	0.234	1.189	0.235	0.075	9.144	0
FCFC2	6.239	0.244	0.557	0.578	0.09	6.621	0
FCFC3	2.242	0.127	0.282	0.778	0.117	4.577	0
FCGRQ1	2.394	0.018	19.569	0	0.031	28.755	0
FCGRQ2	2.461	0.018	21.112	0	0.029	30.65	0
FCGRQ3	2.462	0.018	20.943	0	0.033	27.469	0
FCP1	2.207	0.145	1.466	0.143	0.077	9.118	0
FCP2	2.132	0.11	1.097	0.273	0.114	4.122	0
FCP3	2	0.126	0.106	0.916	0.135	3.046	0.002
FCR1	2.909	0.16	0.718	0.473	0.13	3.618	0
FCR2	1.583	0.096	0.248	0.804	0.131	0.051	0.959
FCR3	2.834	0.135	0.225	0.822	0.147	1.114	0.265
FCR4	2.752	0.136	0.963	0.335	0.111	4.921	0
FCR5	2.663	0.13	1.317	0.188	0.116	4.755	0
FCSACF1	2.273	0.112	0.357	0.721	0.099	6.477	0
FCSACF2	3.561	0.159	0.601	0.548	0.086	8.922	0
FCSACF3	3.541	0.177	2.245	0.025	0.053	17.066	0
FCSACF4	3.882	0.16	1.529	0.126	0.061	14.185	0

Exabit 04 Évaluation Validité convergente Capital physique

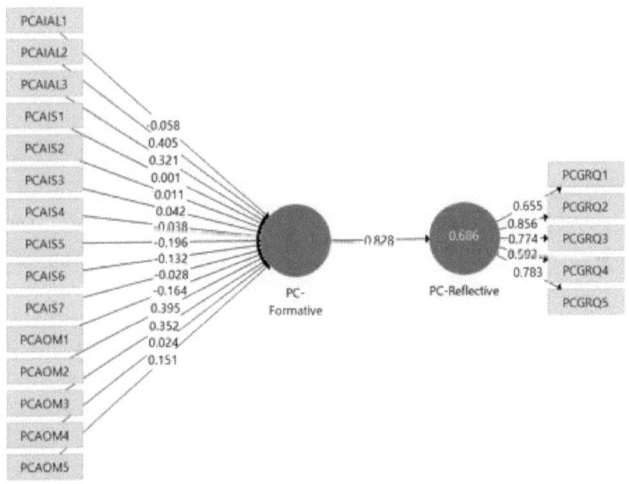

Tableau 9-4 Analyse de redondance Capital physique

Statistiques de colinéarité		Poids extérieur			Chargement extérieur		
Indicateur	VIF	Écart std. Écart	T Statistiques	P Valeurs	Écart std. Écart	T Statistiques	P Valeurs
PCAIAL1	3.437	0.334	0.175	0.861	0.176	3.379	0.001
PCAIAL2	3.797	0.34	1.191	0.234	0.14	5.333	0
PCAIAL3	1.953	0.16	2.002	0.045	0.12	5.008	0
PCAIS1	2.556	0.166	0.006	0.995	0.167	0.083	0.934
PCAIS2	3.618	0.238	0.048	0.962	0.162	0.236	0.814
PCAIS3	8.064	0.354	0.12	0.905	0.147	0.134	0.893
PCAIS4	7.524	0.354	0.109	0.914	0.15	0.32	0.749
PCAIS5	4.176	0.372	0.528	0.598	0.157	0.211	0.833
PCAIS6	3.793	0.293	0.449	0.653	0.146	0.753	0.451
PCAIS7	2.761	0.192	0.145	0.885	0.148	0.547	0.584
PCAOM1	3.407	0.242	0.68	0.497	0.159	2.626	0.009
PCAOM2	4.455	0.287	1.375	0.169	0.115	4.904	0

PCAOM3	2.794	0.221	1.594	0.111	0.077	10.797	0
PCAOM4	3.191	0.193	0.122	0.903	0.091	7.149	0
PCAOM5	1.951	0.151	1.005	0.315	0.128	2.931	0.003
PCGRQ1	1.481	0.039	6.1	0	0.086	7.61	0
PCGRQ2	2.375	0.038	8.334	0	0.054	15.82	0
PCGRQ3	1.764	0.034	8.22	0	0.081	9.577	0
PCGRQ4	1.445	0.064	2.703	0.007	0.154	3.85	0
PCGRQ5	1.912	0.041	7.915	0	0.069	11.312	0

Exabit 05 Évaluation Validité convergente Capital naturel

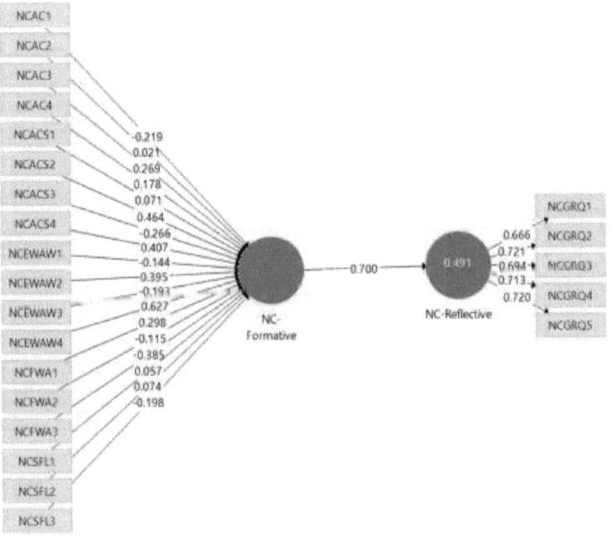

Tableau 9-5 Analyse de redondance Capital naturel

Statistiques de colinéarité		Poids extérieur			Chargement extérieur		
Indicateur	VIF	Écart std. Écart	T Statistiques	P Valeurs	Écart std. Écart	T Statistiques	P Valeurs
NCAC1	10.226	40.198	0.005	0.996	0.149	2.506	0.012
NCAC2	9.509	0.804	0.026	0.979	0.151	2.63	0.009
NCAC3	19.538	58.429	0.005	0.996	0.149	2.694	0.007
NCAC4	9.909	20.203	0.009	0.993	0.141	2.896	0.004

NCACS1	6.394	0.406	0.175	0.861	0.129	4.67	0
NCACS2	5.078	0.322	1.442	0.15	0.121	4.742	0
NCACS3	2.944	0.282	0.943	0.346	0.151	3.344	0.001
NCACS4	2.972	0.273	1.49	0.137	0.14	4.179	0
NCEWAW1	3.675	0.342	0.42	0.675	0.138	4.752	0
NCEWAW2	3.785	0.304	1.301	0.194	0.146	3.807	0
NCEWAW3	2.467	0.269	0.719	0.472	0.151	2.651	0.008
NCEWAW4	3.599	0.307	2.044	0.041	0.131	4.926	0
NCFWA1	2.182	0.248	1.204	0.229	0.187	0.905	0.365
NCFWA2	2.644	0.266	0.433	0.665	0.194	0.651	0.515
NCFWA3	2.811	0.313	1.228	0.22	0.182	0.853	0.394
NCGRQ1	1.318	0.084	3.747	0	0.138	4.831	0
NCGRQ2	1.5	0.066	5.495	0	0.102	7.065	0
NCGRQ3	1.637	0.079	2.721	0.007	0.142	4.871	0
NCGRQ4	2.719	0.066	3.904	0	0.115	6.172	0
NCGRQ5	2.76	0.071	3.814	0	0.12	6.025	0
NCSFL1	1.799	0.206	0.278	0.781	0.164	2.297	0.022
NCSFL2	2.397	0.284	0.259	0.795	0.193	2.111	0.035
NCSFL3	1.621	0.207	0.955	0.34	0.157	0.117	0.907

Exabit 06 Évaluation Validité convergente Efficacité perçue des interventions gouvernementales

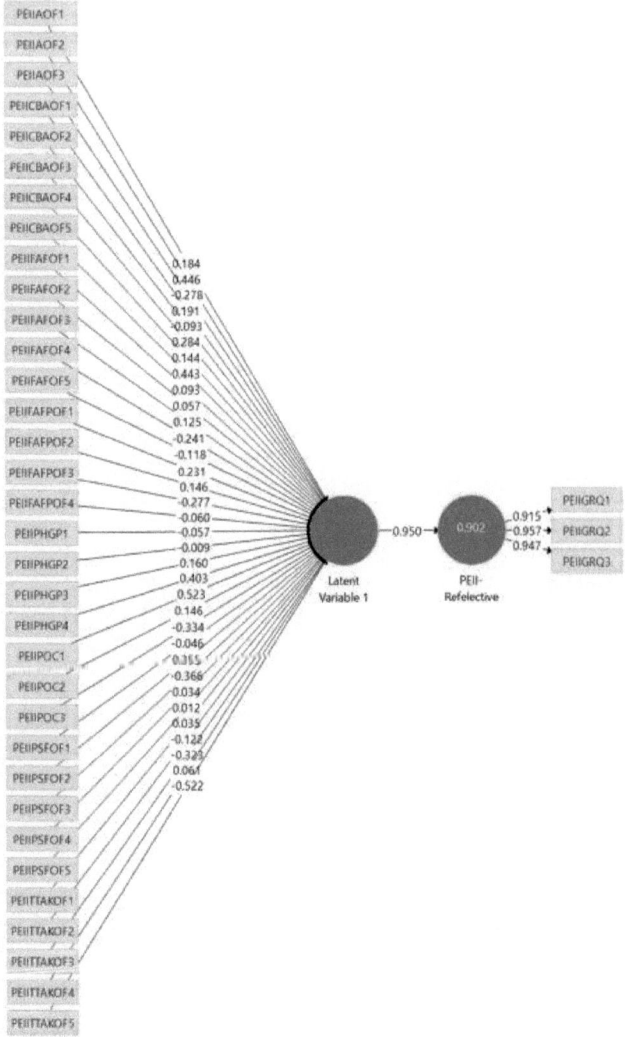

Tableau 9-6 Analyse de redondance Efficacité perçue des interventions gouvernementales

Statistiques de colinéarité		Poids extérieur			Chargement extérieur		
Indicateur	VIF	Écart std. Écart	T Statistiques	P Valeurs	Écart std. Écart	T Statistiques	P Valeurs
PEIIAOF1	3.118	0.574	0.321	0.748	0.091	6.051	0
PEIIAOF2	4.162	1.362	0.328	0.743	0.111	4.657	0
PEIIAOF3	5.203	1.383	0.201	0.841	0.103	3.415	0.001
PEIICBAOF1	5.056	0.937	0.204	0.838	0.086	7.002	0
PEIICBAOF2	8.162	1.8	0.051	0.959	0.101	4.829	0
PEIICBAOF3	35.021	3.048	0.093	0.926	0.093	5.654	0
PEIICBAOF4	26.373	2.877	0.05	0.96	0.094	5.457	0
PEIICBAOF5	14.034	1.792	0.247	0.805	0.101	3.55	0
PEIIFAFOF1	6.18	1.321	0.07	0.944	0.11	3.575	0
PEIIFAFOF2	4.078	1.283	0.044	0.965	0.106	3.253	0.001
PEIIFAFOF3	4.767	0.86	0.145	0.885	0.096	5.44	0
PEIIFAFOF4	20.896	2.331	0.104	0.918	0.098	4.35	0
PEIIFAFOF5	15.948	2.18	0.054	0.957	0.109	4.534	0
PEIIFAFPOF1	7.501	1.663	0.139	0.89	0.066	9.98	0
PEIIFAFPOF2	5.523	1.761	0.083	0.934	0.088	7.271	0
PEIIFAFPOF3	7.636	1.599	0.174	0.862	0.102	4.48	0
PEIIFAFPOF4	6.276	1.463	0.041	0.967	0.089	6.437	0
PEIIGRQ1	3.062	0.006	58.248	0	0.028	32.413	0
PEIIGRQ2	5.556	0.009	39.226	0	0.013	72.263	0
PEIIGRQ3	4.831	0.01	38.303	0	0.018	51.287	0
PEIIPHGP1	5.809	1.221	0.047	0.963	0.11	4.039	0
PEIIPHGP2	6.936	1.143	0.008	0.994	0.142	1.366	0.172
PEIIPHGP3	8.445	1.018	0.157	0.875	0.104	4.499	0
PEIIPHGP4	6.653	1.131	0.356	0.722	0.091	5.563	0
PEIIPOC1	3.346	0.987	0.53	0.596	0.089	7.625	0

Statistiques de colinéarité		Poids extérieur			Chargement extérieur		
PEIIPOC2	3.257	0.65	0.225	0.822	0.109	3.855	0
PEIIPOC3	3.046	1.077	0.31	0.756	0.115	2.735	0.006
PEIIPSFOF1	5.102	1.001	0.046	0.964	0.134	0.026	0.979
PEIIPSFOF2	4.79	0.844	0.421	0.674	0.104	3.929	0
PEIIPSFOF3	5.292	1.207	0.304	0.761	0.113	3.022	0.003
PEIIPSFOF4	4.39	0.781	0.044	0.965	0.115	0.927	0.354
PEIIPSFOF5	7.051	1.213	0.01	0.992	0.119	1.82	0.069
PEIITTAKOF1	7.512	1.873	0.019	0.985	0.103	4.072	0
PEIITTAKOF2	11.886	2.175	0.056	0.955	0.108	2.814	0.005
PEIITTAKOF3	29.113	2.417	0.134	0.894	0.092	5.566	0
PEIITTAKOF4	21.372	2.216	0.028	0.978	0.094	5.359	0
PEIITTAKOF5	13.026	1.746	0.299	0.765	0.104	3.093	0.002

Tableau 9-7 Analyse de redondance des variables réflexives

Statistiques de colinéarité		Poids extérieur			Chargement extérieur		
Indicateur	VIF	St. Écart	T Statistiques	P Valeurs	St. Écart	T Statistiques	P Valeurs
PCGRQ3	3.256	0.012	9.205	0	0.059	13.324	0
PEIIGRQ2	9.003	0.019	5.631	0	0.103	7.109	0
PCGRQ2	3.608	0.015	5.391	0	0.097	6.841	0
HCGQ3	2.694	0.016	5.357	0	0.104	6.072	0
HCGQ2	2.722	0.016	5.366	0	0.097	5.673	0
PEIIGRQ3	6.332	0.019	4.952	0	0.111	5.608	0
NCGRQ1	2.073	0.019	4.565	0	0.112	5.531	0
PEIIGRQ1	4.568	0.019	4.622	0	0.116	5.224	0
HCGQ4	2.714	0.016	4.685	0	0.11	4.991	0
SCGRQ3	3.837	0.02	3.666	0	0.125	4.924	0
FCGRQ1	4.529	0.016	4.158	0	0.118	4.714	0

Statistiques de colinéarité		Poids extérieur			Chargement extérieur		
FCGRQ3	4.328	0.018	4.675	0	0.126	4.644	0
SCGRQ2	9.149	0.025	2.722	0.007	0.136	4.557	0
SCGRQ4	3.17	0.018	3.068	0.002	0.122	4.371	0
PCGRQ5	2.531	0.021	3.559	0	0.133	4.139	0
HCGQ5	2.188	0.022	2.153	0.031	0.112	4.081	0
FCGRQ2	3.929	0.02	3.828	0	0.135	4.074	0
SCGRQ1	9.387	0.024	2.37	0.018	0.142	3.81	0
NCGRQ2	3.035	0.021	3.126	0.002	0.131	3.494	0
HCGQ1	2.017	0.024	3.142	0.002	0.133	3.352	0.001
PCGRQ1	2.566	0.019	2.822	0.005	0.13	3	0.003
NCGRQ5	3.979	0.021	2.742	0.006	0.139	2.502	0.012
PCGRQ4	2.569	0.025	1.69	0.091	0.164	1.934	0.053
NCGRQ3	2.7	0.025	1.481	0.139	0.165	1.66	0.097
NCGRQ4	3.778	0.023	1.393	0.164	0.156	1.448	0.148

Tableau 9-8 Indicateur retenu pour les variables catégorielles (variables de regroupement)

Chemin dans le modèle	Effets totaux Original		Effets totaux Différence initiale	Effets totaux Permutation Différence moyenne	Permutation	
	CAT1-MJ	CAT1-Mis	CAT1(MJ - MIs)	CAT1(MJ - MIs)	Valeurs p	
Capital social -> Efficacité perçue de l'IG	0.301	-0.026	0.327	0.015	0.03	
Capital social -> Préparation de l'agriculteur au déblocage de la FC	0.249	-0.003	0.252	0.008	0.028	
Capital social -> Potentiels d'AS des agriculteurs	0.469	-0.037	0.506	0.015	0.01	
	CAT4-MJ	CAT4-Mis	CAT4 (MJ - MIs)	CAT4 (MJ -MIs)	Valeurs p	
Potentiel de l'AS de l'agriculteur -> Disposition de l'agriculteur à adopter l'OF	0.542	0.063	0.479	-0.001	0.05	
Capital humain -> disposition des agriculteurs à adopter l'OF	0.198	0.012	0.185	0.001	0.03	
	CAT7-MJ	CAT7-MIS	CAT7(MJ - MIs)	CAT7 (MJ -MIs)	Valeurs p	
Efficacité perçue de l'IG -> disposition des agriculteurs à adopter l'OF	0.133	1.141	-1.008	-0.069	0.047	

	CAT8-MJ	CAT8-Mis	CAT8 (MJ -MIs)	CAT8(MJ -MIs)	Valeurs p
Capital social -> Préparation de l'agriculteur au déblocage de la FC	0.232	0.004	0.229	0.007	0.02

	CAT10 -MJ	CAT10 -Mis	CAT10(MJ -MIs)	CAT10(MJ -MIs)	Valeurs p
Capital humain -> Préparation de l'agriculteur au déblocage de la FC	0.246	0.006	0.24	0.001	0.022
Capital physique -> Préparation de l'agriculteur au déblocage du FC	0.211	0.003	0.208	0.003	0.043

	CAT12 -MJ	CAT12 -Mis	CAT12 ((MJ -MIs)	CAT12(MJ -MIs)	Valeurs p
Capital financier -> Préparation de l'agriculteur au déblocage de la FC	0.161	0.001	0.16	0.003	0.05
Capital financier -> disposition de l'agriculteur à adopter l'OF	0.186	0.002	0.184	0.005	0.017
Capital social -> disposition de l'agriculteur à adopter l'OF	0.264	0.036	0.228	0.005	0.033

	CAT14 -MJ	CAT14 -Mis	CAT14 (MJ -MIs)	CAT14 (MJ -MIs)	Valeurs p
Capital naturel -> Potentiels de l'agriculteur en matière de sécurité sociale	0.373	-0.076	0.449	-0.003	0.008
Capital naturel -> disposition de l'agriculteur à adopter l'OF	0.13	-0.032	0.162	-0.002	0.012
Capital naturel -> Efficacité perçue des IG	0.266	-0.06	0.325	-0.003	0.01

	CAT16 -MJ	CAT16 -Mis	CAT16 (MJ -MIs)	CAT16 (MJ -MIs)	Valeurs p de permutation
Potentiel de l'AS pour les agriculteurs -> Efficacité perçue de l'IG	0.503	0.816	-0.313	-0.022	0.035
Efficacité perçue de l'IG -> disposition des agriculteurs à adopter l'OF	0.237	1.206	-0.969	-0.077	0.048

	CAT23 -MJ	CAT23 -Mis	CAT23 (MJ -MIs)	CAT23 (MJ -MIs)	Valeurs p de permutation
Capital financier -> Potentiels de l'AS de l'agriculteur	0.398	-0.034	0.432	-0.016	0.05
Capital financier -> Efficacité perçue de l'IG	0.315	-0.029	0.344	-0.008	0.03

Modèle Exabit 07 avec indicateurs retenus pour l'analyse du modèle structurel

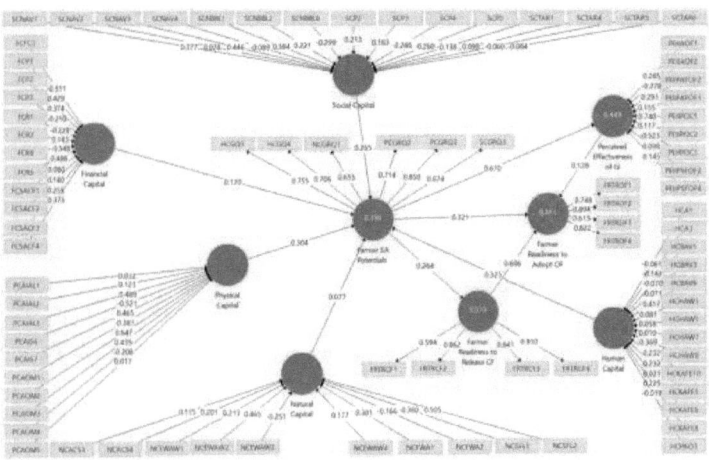

Tableau 9-9 Analyse de redondance du modèle

Statistiques de colinéarité		Poids extérieur			Chargement extérieur		
Indicateur	VIF	St. Écart	T Statistiques	P Valeurs	St. Écart	T Statistiques	P Valeurs
FCFC3	1.832	0.232	0.931	0.352	0.192	1.723	0.085
FCGRQ1	4.529	0.016	4.158	0	0.118	4.714	0
FCGRQ2	3.929	0.02	3.828	0	0.135	4.074	0
FCGRQ3	4.328	0.018	4.675	0	0.126	4.644	0
FCP1	2.101	0.225	1.848	0.065	0.148	4.703	0
FCP2	2.11	0.214	1.546	0.122	0.134	5.232	0
FCP3	1.928	0.284	0.205	0.837	0.167	2.733	0.006
FCR1	2.283	0.254	0.029	0.977	0.171	2.584	0.01
FCR2	1.519	0.19	0.485	0.627	0.181	0.873	0.383
FCR4	2.195	0.24	1.612	0.107	0.188	2.149	0.032
FCR5	2.284	0.235	2.004	0.045	0.126	5.165	0
FCSACF1	2.228	0.268	0.679	0.497	0.155	4.041	0
FCSACF2	2.986	0.303	0.577	0.564	0.166	3.39	0.001
FCSACF3	3.511	0.324	1.165	0.244	0.152	4.779	0
FCSACF4	3.702	0.3	0.571	0.568	0.136	5.447	0

Statistiques de colinéarité		Poids extérieur			Chargement extérieur		
FRTRCF1	1.428	0.074	2.023	0.043	0.143	4.182	0
FRTRCF2	1.995	0.055	7.38	0	0.069	12.532	0
FRTRCF3	2.449	0.034	8.076	0	0.067	12.477	0
FRTRCF4	2.877	0.054	6.72	0	0.039	23.409	0
FRTROF1	1.306	0.072	5.37	0	0.081	9.277	0
FRTROF2	3.421	0.041	8.359	0	0.05	17.767	0
FRTROF3	1.449	0.069	2.96	0.003	0.131	4.698	0
FRTROF4	2.686	0.053	6.513	0	0.062	13.277	0
HCA1	1.302	0.129	0.341	0.733	0.141	0.58	0.562
HCA3	1.405	0.134	1.406	0.16	0.144	1.83	0.067
HCBAV1	1.55	0.141	0.981	0.326	0.14	2.381	0.017
HCBAV3	1.327	0.119	0.068	0.946	0.146	1.753	0.08
HCBAV6	1.297	0.172	2.548	0.011	0.122	5.66	0
HCGQ1	2.017	0.024	3.142	0.002	0.133	3.352	0.001
HCGQ2	2.722	0.016	5.366	0	0.097	5.673	0
HCGQ3	2.694	0.016	5.357	0	0.104	8.072	0
HCGQ4	2.714	0.016	4.685	0	0.11	4.991	0
HCGQ5	2.188	0.022	2.153	0.031	0.112	4.081	0
HCHAW3	1.429	0.128	0.558	0.577	0.165	1.187	0.235
HCHAW5	1.649	0.161	0.753	0.452	0.144	2.854	0.004
HCHAW7	1.288	0.132	0.011	0.991	0.131	2.534	0.011
HCHAW8	1.416	0.135	3.142	0.002	0.107	6.494	0
HCKAFE10	2.029	0.171	1.002	0.317	0.131	4.603	0
HCKAFE5	1.785	0.152	0.726	0.468	0.163	2.668	0.008
HCKAFE6	2.178	0.213	0.48	0.631	0.152	3.357	0.001
HCKAFE8	1.628	0.183	0.354	0.724	0.167	2.45	0.014
HCPAO3	1.328	0.146	0.503	0.615	0.16	1.755	0.079
NCACS3	1.991	0.194	0.606	0.545	0.144	3.753	0

Statistiques de colinéarité		Poids extérieur			Chargement extérieur		
NCACS4	2.416	0.217	1.411	0.158	0.129	5.33	0
NCEWAW1	2.405	0.219	1.187	0.235	0.156	3.95	0
NCEWAW2	2.734	0.214	1.35	0.177	0.16	3.927	0
NCEWAW3	1.742	0.199	0.016	0.987	0.169	2.185	0.029
NCEWAW4	2.166	0.31	0.977	0.329	0.183	3.231	0.001
NCFWA1	1.43	0.176	1.089	0.276	0.183	1.688	0.092
NCFWA2	1.58	0.199	0.205	0.837	0.157	1.886	0.059
NCGRQ1	2.073	0.019	4.565	0	0.112	5.531	0
NCGRQ2	3.035	0.021	3.126	0.002	0.131	3.494	0
NCGRQ3	2.7	0.025	1.481	0.139	0.165	1.66	0.097
NCGRQ4	3.778	0.023	1.393	0.164	0.156	1.448	0.148
NCGRQ5	3.979	0.021	2.742	0.006	0.139	2.502	0.012
NCSFL1	1.481	0.19	2.048	0.041	0.185	0.702	0.483
NCSFL2	1.813	0.178	1.83	0.067	0.152	3.73	0
PCAIAL1	3.248	0.234	0.515	0.606	0.169	2.848	0.004
PCAIAL2	3.537	0.251	0.985	0.325	0.158	3.83	0
PCAIAL3	1.812	0.155	2.891	0.004	0.107	7.16	0
PCAIS6	2.439	0.171	0.82	0.412	0.17	1.201	0.23
PCAIS7	2.624	0.213	1.555	0.12	0.196	2.066	0.039
PCAOM1	3.348	0.225	1.262	0.207	0.168	1.85	0.064
PCAOM2	4.183	0.273	1.491	0.136	0.151	2.974	0.003
PCAOM3	2.62	0.187	2.519	0.012	0.083	10.047	0
PCAOM4	2.916	0.189	0.25	0.802	0.114	5.629	0
PCAOM5	1.669	0.128	0.044	0.965	0.194	0.611	0.541
PCGRQ1	2.566	0.019	2.822	0.005	0.13	3	0.003
PCGRQ2	3.608	0.015	5.391	0	0.097	6.841	0
PCGRQ3	3.256	0.012	9.205	0	0.059	13.324	0
PCGRQ4	2.569	0.025	1.69	0.091	0.164	1.934	0.053
PCGRQ5	2.531	0.021	3.559	0	0.133	4.139	0
PEIIAOF1	1.54	0.17	1.695	0.09	0.146	4.091	0

Statistiques de colinéarité		Poids extérieur			Chargement extérieur		
PEIIAOF2	1.383	0.129	0.394	0.694	0.134	3.189	0.001
PEIIFAFOF2	1.885	0.163	1.266	0.206	0.155	3.374	0.001
PEIIFAFOF3	2.303	0.242	0.622	0.534	0.139	5.3	0
PEIIGRQ1	4.568	0.019	4.622	0	0.116	5.224	0
PEIIGRQ2	9.003	0.019	5.631	0	0.103	7.109	0
PEIIGRQ3	6.332	0.019	4.952	0	0.111	5.608	0
PEIIPOC1	2.164	0.228	3.115	0.002	0.112	7.5	0
PEIIPOC2	1.446	0.139	0.645	0.519	0.116	3.902	0
PEIIPOC3	1.53	0.146	2.55	0.011	0.176	0.958	0.338
PEIIPSFOF2	1.487	0.132	1.2	0.23	0.154	2.46	0.014
PEIIPSFOF4	1.169	0.143	0.125	0.9	0.179	0.511	0.609
SCGRQ1	9.387	0.024	2.37	0.018	0.142	3.81	0
SCGRQ2	9.149	0.025	2.722	0.007	0.136	4.557	0
SCGRQ3	3.837	0.02	3.666	0	0.125	4.924	0
SCGRQ4	3.17	0.018	3.068	0.002	0.122	4.371	0
SCNAV1	1.568	0.141	1.342	0.18	0.129	4.761	0
SCNAV2	1.79	0.15	0.751	0.453	0.146	1.999	0.046
SCNAV3	2.123	0.165	2.914	0.004	0.105	6.736	0
SCNAV4	1.868	0.152	0.559	0.576	0.13	3.808	0
SCNBBL1	2.067	0.176	1.962	0.05	0.125	5.216	0
SCNBBL2	1.662	0.141	1.783	0.075	0.136	2.621	0.009
SCNBBL6	1.588	0.148	1.951	0.051	0.179	0.704	0.482
SCP2	2.107	0.167	1.021	0.307	0.099	6.679	0
SCP3	2.538	0.175	1.036	0.3	0.138	2.708	0.007
SCP4	2.295	0.159	1.766	0.078	0.132	3.354	0.001
SCP5	2.779	0.19	1.08	0.28	0.106	4.88	0
SCTAR1	1.448	0.132	0.517	0.605	0.148	0.86	0.39
SCTAR4	1.468	0.151	0.396	0.692	0.154	2.764	0.006
SCTAR5	1.951	0.137	0.8	0.424	0.133	2.739	0.006

Statistiques de colinéarité		Poids extérieur			Chargement extérieur		
SCTAR6	1.704	0.149	0.401	0.688	0.165	2.21	0.027

9.2 Résultats de l'analyse du modèle structurel

Test de l'indice de colinéarité

La colinéarité entre les concepts de ce modèle a été examinée en se référant aux valeurs des "facteurs d'inflation de la variance" (VIF). La littérature suggère que la valeur de tolérance (VIF) de chaque prédicteur doit être supérieure à 0,20 et inférieure à 5. Dans le cas contraire, la littérature suggère d'éliminer des construits, de fusionner des prédicteurs en un seul construit ou de créer des construits d'ordre supérieur pour traiter les problèmes de colinéarité. Les résultats de ce modèle montrent que les indicateurs se situent dans le niveau satisfaisant de la valeur VIF. Le tableau 9-10 ci-dessous présente les résultats du test de l'IVF pour chaque concept.

Tableau 9-10 Résultats du test VIF

Construire	Préparation de l'agriculteur à l'adoption de l'OF	Préparation de l'agriculteur à la libération CF	Potentiels de l'AS pour les agriculteurs	Efficacité perçue de l'IG
Préparation de l'agriculteur à la libération CF	1.141			
Potentiels de l'AS pour les agriculteurs	1.82	1		1
Capital financier			1.878	
Le capital humain			1.759	
Le capital naturel			1.672	
Efficacité perçue de l'IG	1.928			
Capital physique			1.95	
Le capital social			2.092	

Test des mesures d'adéquation du modèle

Dans le CB-SEM, une valeur SRMR (racine carrée standardisée du résidu) indique un bon ajustement ; toutefois, ce paramètre ne s'applique pas aux modèles PLS-SEM. Lohmöller (1989) suggère également d'utiliser le paramètre de covariance résiduelle quadratique moyenne (RMStheta) pour tester l'adéquation du modèle. Henseler et al. (2014) proposent des résultats de simulation générant des RMS_{theta} de 0,12 qui reflètent un bon ajustement du modèle, tandis que les valeurs RMS_{theta} inférieures à 0,12 indiquent un modèle bien ajusté et vice versa. La valeur RMS_{theta} générée pour ce modèle est de 0,137, ce qui est raisonnablement bon par rapport au petit nombre d'échantillons. Le paramètre est jugé applicable au test d'adéquation du modèle de l'étude principale avec des échantillons adéquats.

Test de signification et de pertinence Coefficients de sentier

L'algorithme PLS-SEM estime les relations du modèle structurel qui représentent l'hypothèse. La méthode de bootstrapping PLS-SEM a permis d'évaluer la signification des coefficients de chemin et les valeurs t et p respectives. Hair et al. (2017) suggère que les fourchettes acceptables pour les valeurs t d'un test bilatéral sont de 1,65 (niveau de signification = 10 %), 1,96 (niveau de signification = 5 %) et 2,57 (niveau de signification = 1 %) et, pour les valeurs p, inférieures à 0,10 (niveau de signification = 10 %), 0,05 (niveau de signification = 5 %) ou 0,01 (niveau de signification = 1 %). Les chercheurs supposent généralement un niveau de signification de 5 % dans des applications telles que la présente étude. Le résultat du test du coefficient de cheminement effectué à l'aide de la technique de bootstrapping est présenté dans le tableau 9-11 et la figure 9-1 ci-dessous.

Tableau 9-11 Signification et pertinence du modèle Coefficients de cheminement

Coefficient de chemin	Échantillon original	Moyenne de l'échantillon	Écart std. Écart	T Valeur	P Valeurs
Préparation de l'agriculteur à la libération de la FC -> Préparation de l'agriculteur à l'adoption de l'OF	0.606	0.581	0.089	6.834	0
Potentiel de l'AS de l'agriculteur -> Disposition de l'agriculteur à adopter l'OF	0.075	0.022	0.165	0.457	0.648
Potentiel de l'AS de l'agriculteur -> Préparation de l'agriculteur au déblocage de la FC	0.264	0.267	0.146	1.809	0.07
Potentiel de l'AS pour les agriculteurs -> Efficacité perçue de l'IG	0.67	0.695	0.079	8.445	0
Capital financier -> Potentiels de l'AS de l'agriculteur	0.12	0.145	0.099	1.211	0.226
Capital humain -> Potentiels de SA des agriculteurs	0.325	0.309	0.077	4.229	0
Capital naturel -> Potentiels de l'agriculteur en matière de sécurité sociale	0.077	0.091	0.095	0.808	0.419
Efficacité perçue de l'IG -> disposition des agriculteurs à adopter l'OF	0.128	0.222	0.223	0.574	0.566
Capital physique -> Potentiels de l'agriculteur en matière d'AS	0.304	0.263	0.091	3.358	0.001

| Capital social -> Potentiels d'AS des agriculteurs | 0.265 | 0.268 | 0.098 | 2.699 | 0.007 |

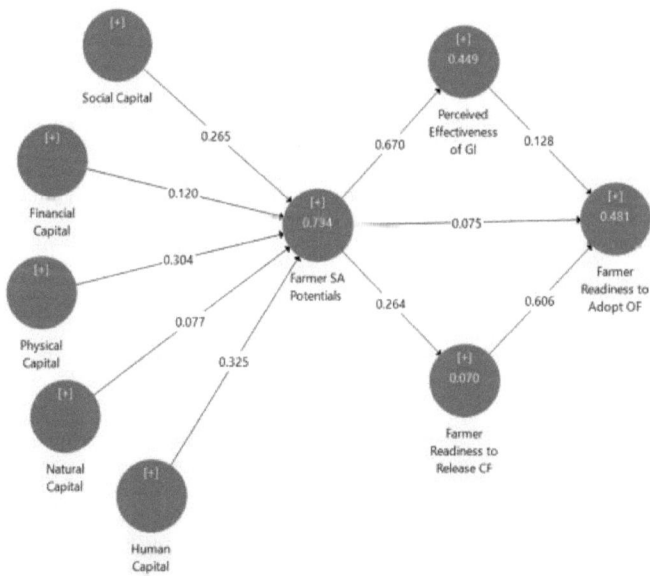

Figure 9-1 Coefficients de cheminement du modèle et valeurs de R^2

Test Coefficient de détermination (valeur R^2)

Le coefficient R^2 mesure le pouvoir prédictif du modèle et est calculé comme le carré de la corrélation entre les valeurs réelles et prédites d'une construction endogène spécifique. Le coefficient représente les effets combinés des variables exogènes latentes sur la variable endogène latente. La valeur de R^2 est comprise entre 0 et 1, les valeurs les plus élevées indiquant des niveaux plus élevés de précision prédictive. L'interprétation de la valeur R^2 de ce modèle peut être traitée différemment selon les concepts. Les valeurs R^2 de 0,75, 0,50 ou 0,25 sont généralement considérées comme substantielles, modérées et faibles. Les résultats présentés ci-dessous dans le tableau 9-12 montrent que les résultats sont à un niveau acceptable malgré l'utilisation d'échantillons limités (64 échantillons).

Tableau 9-12 R^2 valeurs des construits

Construction latente	Carré R	R Square Ajusté
Efficacité perçue de l'IG	0.449	0.441

Potentiels de l'AS pour les agriculteurs	0.794	0.776
Préparation de l'agriculteur à la libération CF	0.07	0.055
Préparation de l'agriculteur à l'adoption de l'OF	0.481	0.455

Taille de l'effet f²

Le changement de la valeur R² de la construction endogène après l'omission d'une construction exogène spécifique montre si cette construction exogène a un impact substantiel sur les constructions endogènes. La valeur de l'ampleur de l'effet f² indique la contribution de la construction exogène à la valeur R^2 d'une variable latente endogène. Les valeurs f2 de 0,02, 0,15 et 0,35 indiquent l'effet faible, moyen ou significatif d'un construit exogène sur un construit endogène. Le tableau 9-13 montre les tailles d'impact ; pour ce modèle, chaque construction contribue au R^2 respectif avec des résultats variant de grand à petit.

Tableau 9-13 Tailles d'effet des construits

Construire	Adopter l'OF	Libération de la CF	Potentiels de l'AS	Efficacité de l'IG
Préparation de l'agriculteur à la libération CF	0.621			
Efficacité perçue de l'IG	0.016			
Potentiels de l'AS pour les agriculteurs	0.006	0.075		0.816
Capital financier			0.037	
Le capital humain			0.292	
Le capital naturel			0.017	
Capital physique			0.23	
Le capital social			0.162	

Pertinence prédictive

La méthode de l'aveugle dans le PLS-SEM permet de valider le modèle pour les mesures de redondance pour chaque construction endogène. Outre l'évaluation de l'ampleur des valeurs R² en tant que critère de précision prédictive, les chercheurs doivent également examiner la valeur Q² de Stone-Geisser (Geisser, 1974 ; Stone, 1974). Cette mesure indique le pouvoir prédictif ou la pertinence prédictive du modèle en dehors de l'échantillon. La valeur Q² résulte d'une procédure d'aveuglement mesurée à l'aide d'une distance d'omission spécifiée (paramètre D dans l'algorithme). Les techniques d'aveuglement omettent chaque point de données D^{th} dans les indicateurs de la construction endogène et estiment les paramètres avec les points de données restants (Chin, 1998 ; Henseler et al., 2009 ; Tenenhaus et al., 2005). Les valeurs de Q^2 supérieures à 0 qui en résultent indiquent que les concepts exogènes ont une pertinence prédictive pour le concept endogène considéré. Le tableau 9-14 ci-dessous présente les valeurs satisfaisantes du Q^2 pour ce modèle.

Tableau 9-14 Pertinence prédictive

Constructions	SSO	ESS	Q^2 (=1-SSE/SSO)
Préparation de l'agriculteur à l'adoption de l'OF	256	194.807	0.239
Préparation de l'agriculteur à la libération CF	256	245.906	0.039
Potentiels de l'AS pour les agriculteurs	384	260.713	0.321
Capital financier	768	768	
Le capital humain	896	896	
Le capital naturel	640	640	
Efficacité perçue de l'IG	576	534.413	0.072
Capital physique	640	640	
Le capital social	960	960	

L'ampleur de l'effet q^2

La valeur de q^2 permet d'évaluer la contribution d'une construction exogène à la valeur Q^2 d'une variable latente endogène. En tant que mesure relative de la pertinence prédictive, les valeurs q2 de 0,02, 0,15 et 0,35 indiquent qu'un construit exogène a une pertinence prédictive faible, moyenne ou considérable pour un construit endogène spécifique. Les résultats du tableau 9-14 montrent que la pertinence prédictive des concepts de ce modèle varie de faible à importante, ce qui est acceptable.

Test des effets directs et indirects

Les effets directs et indirects des coefficients de chemin de ces modèles sont une réplique des hypothèses prédites définies dans l'étude. Les résultats présentés dans la figure 9-2 et le tableau 9-15/16 indiquent que le modèle et les techniques PLS-SEM sont appropriés pour tester les hypothèses prédites dans le modèle conceptuel.

Tableau 9-15 Effets directs et indirects

Effets totaux	Coefficient	Écart std. Écart	P Valeurs
Potentiel de l'AS de l'agriculteur -> Disposition de l'agriculteur à adopter l'OF	0.321	0.118	0.006
Potentiel de l'AS de l'agriculteur -> Préparation de l'agriculteur au déblocage de la FC	0.264	0.145	0.069
Potentiel de l'AS pour les agriculteurs -> Efficacité perçue de l'IG	0.67	0.09	0
Préparation de l'agriculteur au déblocage de la FC -> Préparation de l'agriculteur à l'adoption de l'OF	0.606	0.079	0
Efficacité perçue de l'IG -> disposition des agriculteurs à adopter l'OF	0.128	0.227	0.573
Effets indirects spécifiques	**Coefficient**	**Écart std. Écart**	**P Valeurs**
Potentiel de l'AS de l'agriculteur -> Disposition de l'agriculteur à libérer la FC -> Disposition de l'agriculteur à adopter l'OF	0.16	0.092	0.081
Potentiel d'AS des agriculteurs -> Efficacité perçue de l'IG -> Disposition des agriculteurs à adopter l'OF	0.086	0.161	0.593

Tableau 9-16 Coefficients du chemin dans le modèle

Individuel Effets totaux	Échantillon original (O)	P Valeurs
Capital humain -> Préparation de l'agriculteur au déblocage de la FC	0.086	0.087
Capital social -> Préparation de l'agriculteur au déblocage de la FC	0.07	0.162
Capital financier -> Préparation de l'agriculteur au déblocage de la FC	0.032	0.375
Capital physique -> Préparation de l'agriculteur au déblocage du FC	0.08	0.099
Capital naturel -> Préparation de l'agriculteur à la libération des FC	0.02	0.477
Capital humain -> disposition des agriculteurs à adopter l'OF	0.105	0.019
Capital social -> disposition de l'agriculteur à adopter l'OF	0.085	0.088
Capital financier -> disposition de l'agriculteur à adopter l'OF	0.038	0.297
Capital physique -> disposition de l'agriculteur à adopter l'OF	0.098	0.026
Capital naturel -> disposition de l'agriculteur à adopter l'OF	0.025	0.484
Capital humain -> Efficacité perçue de l'IG	0.218	0
Capital social -> Efficacité perçue de l'IG	0.178	0.016
Capital financier -> Efficacité perçue de l'IG	0.08	0.252
Capital physique -> Efficacité perçue de l'IG	0.204	0.003
Capital naturel -> Efficacité perçue des IG	0.051	0.42

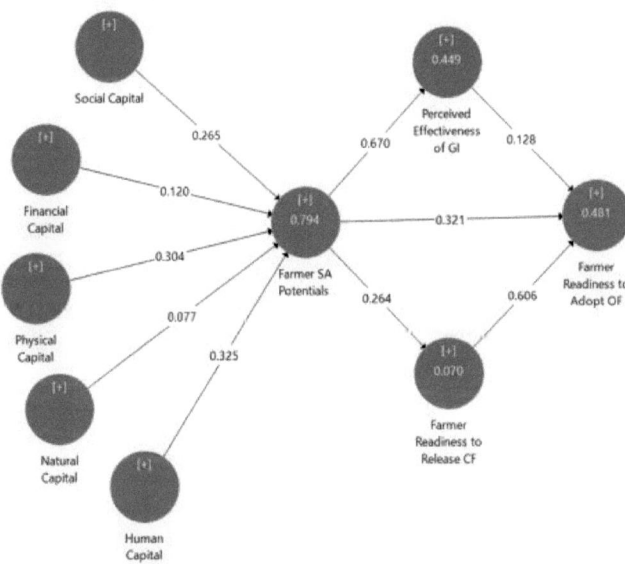

Figure 9-2 Effets totaux et coefficients de cheminement Hypothèse

I want morebooks!

Buy your books fast and straightforward online - at one of world's fastest growing online book stores! Environmentally sound due to Print-on-Demand technologies.

Buy your books online at
www.morebooks.shop

Achetez vos livres en ligne, vite et bien, sur l'une des librairies en ligne les plus performantes au monde!
En protégeant nos ressources et notre environnement grâce à l'impression à la demande.

La librairie en ligne pour acheter plus vite
www.morebooks.shop

info@omniscriptum.com
www.omniscriptum.com

Printed by Books on Demand GmbH, Norderstedt / Germany